水工大坝与地基
模型试验及工程应用
（第二版）

主 编　张　林　陈　媛

副主编　杨宝全　董建华　陈建叶

科学出版社

北　京

内 容 简 介

本书较系统地介绍了水工大坝结构模型与地质力学模型试验的有关理论、方法和技术，以及在高坝工程中的应用；主要内容包括模型相似理论、大坝结构试验方法与技术、大坝地质力学模型试验方法与技术；重点介绍两类模型的相似原理、模型材料、加载系统、量测技术和成果分析。本书在第一版的基础上增加了基于变温相似材料的降强法试验技术的内容以及应用模型试验手段解决高坝工程稳定安全问题的典型工程实例。

本书可作为高等院校水利水电工程专业本科生、研究生的教学或参考用书，同时也可供从事水利、土建工程结构模型和地质力学模型试验的科研及工程技术人员参考。

图书在版编目(CIP)数据

水工大坝与地基模型试验及工程应用(第二版) / 张林，陈媛主编.
—北京：科学出版社，2015.8
ISBN 978-7-03-045476-8

Ⅰ.①水⋯　Ⅱ.①张⋯　②陈⋯　Ⅲ.①大坝–水工模型试验
Ⅳ.①TV64

中国版本图书馆 CIP 数据核字（2015）第 198945 号

责任编辑：杨　岭　于　楠 / 责任校对：贺江艳
封面设计：墨创文化 / 责任印制：余少力

科 学 出 版 社 出版
北京东黄城根北街16号
邮政编码：100717
http://www.sciencep.com

成都创新包装印刷厂印刷
科学出版社发行　各地新华书店经销
*
2015 年 8 月第 一 版　　开本：787×1092 1/16
2015 年 8 月第一次印刷　　印张：17
字数：460 千字
定价：58.00 元

前　言

为了保证水工大坝的顺利建成及安全运行，必须解决好大坝结构的强度和高坝地基稳定问题，数值分析与物理模型是解决上述问题的两种有效途径。数值分析是以计算力学为基础，随着有限元分析方法和电子计算机技术的迅速发展得到广泛应用；物理模型则是以实验力学为基础，随着试验方法与技术的不断发展和创新而具有独特的优势，尤其是本书介绍的大坝结构模型试验与大坝地质力学模型试验是解决上述问题的重要方法之一。一直以来，国内外许多高坝工程均采用计算分析与试验研究相结合的方法，充分发挥各自的优势，相互验证和互为补充，以此全面分析论证大坝结构的强度与稳定问题。

本书是在第一版的基础上，根据使用本书的教师、学生和相关专家的建议，以及模型试验一些新的研究进展等进行全面的修订。修订后全书共分为 10 章：第 1 章介绍了相似现象的基本概念、相似原理、相似关系的分析方法、线弹性与弹塑性模型相似关系；第 2 章概述了大坝模型主要试验方法，重点介绍了大坝结构模型、地质力学模型两种重要试验方法，并对其他模型如动力模型、离心模型等进行了简要介绍；第 3 章讲述了大坝结构模型试验的目的及意义、试验分类、模型材料、加载系统、量测技术及成果分析；第 4 章对大坝地质力学模型试验方法与技术进行了阐述，重点介绍了破坏试验的三种方法，即超载法、强度储备法和综合法的基本原理及安全系数评价体系，并简述了地基岩石力学指标测试技术和方法；第 5 章对基于变温相似材料的降强法试验技术进行了系统介绍，包括变温相似材料的原理、分类、温度特性研究，升温降强试验技术，以及最新开展的对坝肩坝基岩体结构面弱化效应研究的初步成果。第 6～10 章列举了国内外部分高坝工程模型试验实例，试验类型包含了结构模型试验和地质力学模型试验、三维整体模型试验和平面模型试验、拱坝模型试验和重力坝模型试验，并附有相关的试验照片。

本书得到国家自然科学基金面上项目（编号：51379139）和青年基金项目（编号：51109152、51409179）的资助，是国家特色专业（四川大学水利水电工程专业）的建设成果之一。书中的许多观点与成果凝聚着四川大学水工结构研究室老一辈模型试验工作者的智慧结晶，特别是李朝国教授和陈世英教授，长期以来在模型材料研究方面、试验方法与技术方面给予作者精心指导和真诚教诲，在此，向他们表示衷心的感谢！

本书修订工作是在张林、陈媛主持下完成的，参加修订的有董建华、陈建叶、杨宝全、胡成秋、徐进、刘建锋等。作者所在教研室的老师和同事们对本书的修订再版也给予了大力支持与帮助，在此一并致谢！

本书的撰写参考了大量的相关文献和专业书籍，谨向这些文献的作者表示衷心感谢！由于作者水平与经验所限，本书难免有一些错误和不妥之处，敬请读者不吝指正。

目　　录

第1章 模型试验相似理论

1.1 相似的概念

在自然界中，从宏观的天体到微观的粒子，从无机界到有机界，从原生生物到人类，一般来说，都是由一定要素组成的系统，存在着某些具体的属性和特征。各个系统的属性和特征是客观存在的，不依赖于人们的感性认识而存在。在不同类型、不同层次的系统之间可能存在某些共有的物理、化学、几何等具体属性或特征。这些属性和特征具有明确概念和意义，并可以进行数值上的度量。对于两个或两个以上不同系统间存在着某些共有属性或特征，并在数值上存在差异的现象，我们称之为相似。相似的概念首先出现在几何学中，例如图1.1.1中的两个相似三角形，是指对应尺寸不同，但形状一样的图形。

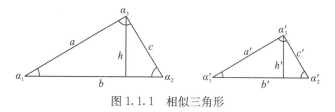

图1.1.1 相似三角形

这两个相似的三角形具有如下的性质：各对应线段（各边长、各垂线）的比例相等，各对应角角度相等，即

$$\left.\begin{array}{l} \dfrac{a}{a'} = \dfrac{b}{b'} = \dfrac{c}{c'} = \dfrac{h}{h'} = C_L \\ \alpha_1 = \alpha_1', \ \alpha_2 = \alpha_2', \ \alpha_3 = \alpha_3' \end{array}\right\} \tag{1.1.1}$$

式中，C_L 为几何相似常数。

有此同类性质的还有相似的多边形、圆、椭圆、立方体、长方体、球等，而这相似现象均称为几何相似。推而广之，有物理相似。在自然界的一切物质体系中，存在着各种不同的物理变化过程，这些物理变化过程可以具体反映各种物理量（如时间、力、速度、加速度、位移、变形等）的变化。物理相似，是指不同物理体系的形态和某种变化过程的相似。通常所说的"相似"，有下面三种类型：

(1)相似，或同类相似（similitude），即两个物理体系在几何形态上，保持所对应的线性尺寸成比例，所对应的夹角角度相等，同时具有同一物理变化过程，如图1.1.1所示两个相似三角形。

(2)拟似，或异类相似（analogy），即两个物理体系物理性质不同，但它们的物理变化过程，遵循同样的数学规律或模式，如渗流场和电场，热传导和热扩散现象。

(3)差似，或变态相似(affinity)，即两个物理体系在几何形态上不相似，但有同一物理变化过程。

本书主要讨论的是第一种相似，即几何形状相似体系进行的同一物理变化过程，这种体系中对应点上的同名物理量之间具有固定的比数。如果我们找到这些体系中两个物理现象的同名物理量之间的固定比数，就可以用其中的一个物理现象去模拟另外一个物理现象。这个固定比数可以用相似系数(也称相似常数)、相似指标及相似判据(相似准数)三个概念来描述。

(1)相似系数。在模型与原型中，任一物理变化过程的同名物理量都保持着固定的比例关系，这种现象称为物理量相似；阐明这种比例关系的，叫做相似系数。在相似现象中，物理量相似的条件是相似系数为常数，因此，相似系数也叫相似常数。相似常数用C表示，同时右下角标明物理量类型，如几何尺寸L、正应力σ、容重γ等，式(1.1.1)中C_L即两个相似三角形的几何相似系数。

(2)相似指标。在模型与原型之间，若有关物理量的相似系数是互相制约的，则它们相互之间以某种形式保持着固有的关系，这种关系被称为相似指标，记为C_i。

(3)相似判据。既然相似指标是表示相似现象中各相似系数之间的关系，而相似系数代表了某个物理量之间所保持的比例关系，那么相似现象中各物理量之间应具有的比例关系就可由相似指标导出。这种比例关系是一个定数，称为相似判据或相似准数，通常写成$K = idem$。

1.2　相似理论

相似理论揭示了相似的物理现象之间存在的固有关系。人们可以根据该理论找出同名物理量之间的固定比数，并将该理论应用在科学试验及工程技术实践中。

本书讨论的相似理论主要应用于实验力学中的水工模型试验。水工模型试验的任务是将作用在原型水工建筑物上的物理现象，在缩尺模型上重现，从模型上测出与原型相似的物理现象和数据，如应力、位移等，再通过模型相似关系推算到原型，从而达到用模型试验来研究原型的目的，以校核或改进设计方案。可见，相似理论是模型试验的基础，模型试验是用来预演和测定工程中物理现象的手段。因此，在模型试验研究中，应依照相似理论来进行模型设计，以及建立工程与模型之间物理量的换算关系。

1.2.1　相似第一定理——相似现象的性质

相似第一定理可表述为："彼此相似的现象，以相同文字符号的方程所描述的相似指标为1，或相似判据为一不变量。"

相似指标等于1或相似判据相等是现象相似的必要条件。相似指标和相似判据所表达的意义是一致的，互相等价，仅表达式不同。

相似第一定理是由法国科学院院士贝特朗(J. Bertrand)于1848年确定的，其实早在1686年，牛顿(Isaac Newton)就发现了第一相似定理确定的相似现象的性质。现以牛顿第二定律为例，说明相似指标和相似判据的相互关系。

设两个相似现象，它们的质点所受的力 F 的大小等于其质量 M 和其受力后产生的加速度 a 的乘积，质点所受力的方向与加速度的方向相同，则对第一个现象有

$$F_1 = M_1 a_1 \tag{1.2.1}$$

对第二个对象有

$$F_2 = M_2 a_2 \tag{1.2.2}$$

因为两现象相似，各物理量之间有下列关系：

$$C_F = \frac{F_2}{F_1}, \quad C_M = \frac{M_2}{M_1}, \quad C_a = \frac{a_2}{a_1} \tag{1.2.3}$$

式中，C_F、C_M、C_a 均为两相似现象的同名物理量之比，即相似系数。

将式(1.2.3)代入式(1.2.2)，得

$$C_F F_1 = C_M M_1 C_a a_1$$

$$\frac{C_F}{C_M C_a} F_1 = M_1 a_1 \tag{1.2.4}$$

对比式(1.2.4)和式(1.2.1)可知，必须有下列关系才能成立：

$$\frac{C_F}{C_M C_a} = C_i = 1 \tag{1.2.5}$$

式中，C_i 为相似指标(或称相似指数)，它是相似系数的特定关系式。

若将式(1.2.4)移项可得如下形式：

$$\frac{F_1}{M_1 a_1} = \frac{C_M C_a}{C_F} = \frac{1}{C_i} = 1 \tag{1.2.6}$$

同理由式(1.2.2)可得

$$\frac{F_2}{M_2 a_2} = 1 \tag{1.2.7}$$

则

$$\frac{F_1}{M_1 a_1} = \frac{F_2}{M_2 a_2} = \frac{F}{Ma} = K = idem \tag{1.2.8}$$

式中，K 为各物理量之间的常数，称为相似现象的"相似判据"或称"相似不变量"，它是相似物理体系的物理量的特定组合关系式；$idem$ 表示同一个数的意思。

由式(1.2.8)可知，两个相似现象中，它们对应的质点上的各物理量虽然是 $F_1 \neq F_2$，$m_1 \neq m_2$，$a_1 \neq a_2$，但它们的组合量 $\frac{F}{ma}$ 的数值保持不变，这就是"两物理量相似其相似指标等于1"的等价条件。总之，以牛顿第二定律为例可得相似指标和相似判据的关系如下：

$$\left. \begin{array}{ll} \text{牛顿第二定律} & F = Ma \\[2mm] \text{相似系数} & C_F = \dfrac{F_2}{F_1}, \ C_M = \dfrac{M_2}{M_1}, \ C_a = \dfrac{a_2}{a_1} \\[3mm] \text{相似指标} & \dfrac{C_F}{C_M C_a} = 1 \\[3mm] \text{相似判据} & \dfrac{F}{Ma} = idem \end{array} \right\} \tag{1.2.9}$$

物理现象总是服从某一规律，这一规律可用相关物理量的数学方程式来表示。当现象相似时，各物理量的相似常数之间应该满足相似指标等于 1 的关系。应用相似常数的转换，由方程式转换所得相似判据的数值必然相同，即无量纲的相似判据在所有相似系统中都是相同的。

1.2.2 相似第二定理——相似判据的确定

相似第二定理，又称为 π 定理，可表述为："表示一现象的各物理量之间的关系方程式，都可换算成无量纲的相似判据方程式。"

这样，在彼此相似的现象中，其相似判据可不必用相似常数导出，只要将各物理量之间的方程式转换成无量纲方程式的形式，其方程式的各项就是相似判据。例如，一条截面直杆，两端受有一偏心距为 L 的轴向力 F，则其外侧面的最大应力 σ 可表示为

$$\sigma = \frac{F}{A} + \frac{FL}{W} \tag{1.2.10}$$

式中，A 为杆的截面积；W 为抗弯截面模量。

用 σ 除式(1.2.10)两端得

$$1 = \frac{F}{\sigma A} + \frac{FL}{W\sigma} \tag{1.2.11}$$

式(1.2.11)即为无量纲方程式，其中 $\dfrac{F}{\sigma A}$、$\dfrac{FL}{W\sigma}$ 就是相似判据。

若有两个这种类型的相似现象，则它们的无量纲式分别如下：对第一个现象

$$\frac{F_1}{\sigma_1 A_1} + \frac{F_1 L_1}{W_1 \sigma_1} = 1 \tag{1.2.12a}$$

对第二个现象

$$\frac{F_2}{\sigma_2 A_2} + \frac{F_2 L_2}{W_2 \sigma_2} = 1 \tag{1.2.12b}$$

因为两现象相似，各物理量之间的相似关系式为

$$F_2 = C_F F_1, \ A_2 = C_A A_1, \ L_2 = C_L L_1, \ \sigma_2 = C_\sigma \sigma_1, \ W_2 = C_W W_1$$

将上述关系代入式(1.2.12b)得

$$\frac{C_F}{C_\sigma C_A} \cdot \frac{F_1}{\sigma_1 A_1} + \frac{C_F C_L}{C_\sigma C_W} \cdot \frac{F_1 L_1}{W_1 \sigma_1} = 1 \tag{1.2.12c}$$

对比式(1.2.12a)和式(1.2.12c)可知，要使两现象相似，则必须满足下列条件：

$$\left. \begin{array}{l} C_1 = \dfrac{C_F}{C_\sigma C_A} = 1 \\[3mm] C_2 = \dfrac{C_F C_L}{C_\sigma C_W} = 1 \end{array} \right\} \tag{1.2.12d}$$

根据相似的第一定律可知，C_1、C_2 都是彼此相似现象的相似指标，将各物理量及相似关系各代入式(1.2.12d)得

$$\frac{F_2}{F_1} \div \left(\frac{\sigma_2}{\sigma_1} \cdot \frac{A_2}{A_1} \right) = 1 \tag{1.2.13}$$

即

$$\frac{F_2}{\sigma_2 A_2} = \frac{F_1}{\sigma_1 A_1} = \frac{F}{\sigma A} = K_1 = idem \tag{1.2.14}$$

又

$$\frac{F_2 L_2}{F_1 L_1} \div \frac{\sigma_2 W_2}{\sigma_1 W_1} = 1 \tag{1.2.15}$$

即

$$\frac{F_2 L_2}{\sigma_2 W_2} = \frac{F_1 L_1}{\sigma_1 W_1} = \frac{FL}{\sigma W} = K_2 = idem \tag{1.2.16}$$

由上式可看出，无量纲方程中的各项就是相似判据。

如果用偏微分方程描述现象，则相似第二定理可将偏微分方程无量纲化，从而将有量纲的偏微分方程变换为无量纲的常微分方程，使之易于求解，这种方法被广泛用于数学方程式的理论分析中。常用 π 定理将各物理量之间的方程式转换成无量纲方程式的形式，之后将在 1.3 节详细介绍其应用。

1.2.3　相似第三定理——相似现象的必要和充分条件

相似第一定理阐述了相似现象的性质及各物理量之间存在的相似关系，相似第二定理证明了描述物理过程的方程经过转换后可由无量纲数群的关系式表示，相似现象的方程形式应相同，其无量纲数也应相同。第一、第二定理是在把物理相似作为已知条件的基础上，说明相似现象的性质，故称为相似正定理，是物理相似的必要条件。但如何判别两现象是否相似呢？1930 年苏联科学家 M. B. 基尔皮契夫和 A. A. 古赫曼提出的相似第三定理补充了前面两个定理，是相似理论的逆定理。提出了判别物理相似的充分条件："在几何相似系统中，具有相同文字符号的关系方程式，单值条件相似，且由单值条件组成的相似准数相等，则两物理现象是相似的。"简单地说，现象的单值量相似，则两物理现象相似。

单值条件是指从一群现象中把某一具体现象从中区分处理的条件，单值条件相似应包括：几何相似、物理相似、边界条件相似、力学相似、初始条件相似。所谓单值量，是指单值条件中所包含的各物理量，如力学现象中的尺寸、弹性模量、面积力、体积力等。因此，各单值量相似，当然包括各单值量的单值条件也就相似，则两现象自然相似。

综上所述，用以判断相似现象的是相似判据，它描述了相似现象的一般规律。所以，在进行模型试验之前，应先求得被研究对象的相似判据，然后按照相似判据确定的相似关系开展模型设计、试验测试和数据整理等工作。

1.2.4　相似条件

不同的物理体系有着不同的变化过程，物理过程可用一定的物理量来描述。物理体系的相似是指在两个几何相似的物理体系中，进行着同一物理性质的变化过程，并且各体系中对应点上的同名物理量之间存在固定的相似常数。

两个相似的物理体系之间一般存在以下 5 个方面的相似条件：几何相似、物理相似、力学相似、边界条件相似及初始条件相似。

1. 几何相似

几何相似是指原型和模型的外形相似，对应边边长成比例、对应角角度相等，如图 1.2.1 重力坝原型和模型剖面图所示。

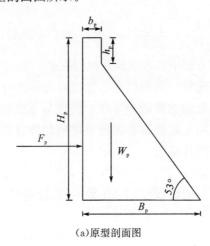

(a)原型剖面图

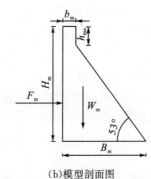

(b)模型剖面图

图 1.2.1　重力坝原型和模型剖面图

两个重力坝剖面相似，则有

$$\frac{H_p}{H_m} = \frac{B_p}{B_m} = \frac{h_p}{h_m} = C_L, \quad \frac{\theta_p}{\theta_m} = C_\theta \tag{1.2.17}$$

两个几何相似的体系就是同一几何体系通过不同的比例放大或缩小而得，常见的相似常数有

$$\left. \begin{array}{l} C_L = \dfrac{L_p}{L_m} \\[3mm] C_\theta = \dfrac{\theta_p}{\theta_m} \end{array} \right\} \tag{1.2.18}$$

式中，L_p、L_m 分别为原型、模型中某一线段的长度；θ_p、θ_m 分别为原型、模型中两条边的夹角；C_L、C_θ 分别为几何相似常数和几何比尺；下标 p 表示原型，m 表示模型(下同)。

2. 物理相似

物理相似是指原型和模型材料的物理力学性能参数相似，常见的相似常数有

$$
\left.
\begin{aligned}
&\text{应力相似常数 } C_\sigma = \frac{\sigma_{\mathrm p}}{\sigma_{\mathrm m}} \\[4pt]
&\text{应变相似常数 } C_\varepsilon = \frac{\varepsilon_{\mathrm p}}{\varepsilon_{\mathrm m}} \\[4pt]
&\text{位移相似常数 } C_\delta = \frac{\delta_{\mathrm p}}{\delta_{\mathrm m}} \\[4pt]
&\text{弹性模量相似常数 } C_E = \frac{E_{\mathrm p}}{E_{\mathrm m}} \\[4pt]
&\text{泊松比相似常数 } C_\mu = \frac{\mu_{\mathrm p}}{\mu_{\mathrm m}} \\[4pt]
&\text{体积力相似常数 } C_X = \frac{X_{\mathrm p}}{X_{\mathrm m}} \\[4pt]
&\text{密度相似常数 } C_\rho = \frac{\rho_{\mathrm p}}{\rho_{\mathrm m}} \\[4pt]
&\text{容重相似常数 } C_\gamma = \frac{\gamma_{\mathrm p}}{\gamma_{\mathrm m}}
\end{aligned}
\right\}
\tag{1.2.19}
$$

3. 力学相似

力学相似是指相似结构物对应点所受力的作用方向相同，力的大小成比例。以图 1.2.1 中坝上作用的力为例，则有

$$
\frac{F_{\mathrm p}}{F_{\mathrm m}} = \frac{W_{\mathrm p}}{W_{\mathrm m}} = \cdots = C_F
\tag{1.2.20}
$$

式中，$F_{\mathrm p}$、$F_{\mathrm m}$ 分别为原型、模型的水推力，$W_{\mathrm p}$、$W_{\mathrm m}$ 分别为原型、模型的坝体自重。

常见的力学相似常数有

$$
\left.
\begin{aligned}
&\text{重力 } F_\gamma = \gamma L^3 \\
&\text{重力相似常数 } C_{F_\gamma} = C_\gamma C_L^3 \\[4pt]
&\text{惯性力 } F_{\mathrm a} = Ma = \frac{\varrho L^4}{t^2} \\[4pt]
&\text{惯性力相似常数 } C_{F_{\mathrm a}} = C_\rho C_L^4 C_t^{-2} \\[4pt]
&\text{弹性力 } F_{\mathrm e} = E\varepsilon A \\
&\text{弹性力相似常数 } C_{F_{\mathrm e}} = C_E C_\varepsilon C_L^2
\end{aligned}
\right\}
\tag{1.2.21}
$$

4. 边界条件相似

边界条件相似即要求模型与原型在与外界接触区域内的各种条件(包括支撑条件、约束条件、边界荷载和周围介质等)保持相似。

5. 初始条件相似

对于动态过程，各物理量在某瞬间的值一方面取决于该现象的变化规律，另一方面取决于初始条件，即各变量的初始值，如初始位移、初始速度及加速度等。

完全满足上述各种相似条件的模型称为完全相似模型。实际上，获得完全相似模型是很困难的，一般只能根据研究重点满足主要的相似条件实现基本相似。

1.3 相似关系分析方法

要保持原型和模型相似，必须使某个或某几个特定的相似系数相等（或相似指标等于1）。确定了相似系数，各物理量的相似常数之间就建立了一定的关系，则选择模型试验中各物理量的比尺也就有了可遵循的依据。

因此，研究两体系相似的一个主要问题，就是找出必须保持为同量的相似系数。确定相似系数的方法一般有如下三种：

（1）根据相似定义，相似体系中同名物理量之间成一固定的比例。对力学体系，可根据体系中不同作用力之间所保持的固定关系，采用牛顿普遍相似定律寻求表示这种体系主要特征的相似系数。

（2）因次分析法。通过齐次原理与白金汉 π 理论研究体系中各物理量的因次之间的关系，从而得出一系列无因次的相似系数。

（3）方程分析法。通过该法分析描述研究体系的物理方程式，寻求这类相似体系必须共同遵守的量的规律，得出相似系数。

下面分别对这三种方法进行介绍。

1.3.1 牛顿普遍相似定律

在两个几何相似的体系中，对应点上的力的方向互相平行，且力的大小互成比例（就是对应的力之间有一定的相似常数），则这两个体系是力学相似的。

力学现象常常很复杂，要研究现象的相似，必须从这类现象所共同遵守的规律出发。一个具体的力学现象遵循某些具体的规律，而力学现象（指经典力学范围内的现象）的最普遍的规律是牛顿定律，其中规定了量的关系的是牛顿第二定律，即

$$F = M \frac{\mathrm{d}v}{\mathrm{d}t} \tag{1.3.1}$$

对第一个体系有

$$F_1 = M_1 \frac{\mathrm{d}v_1}{\mathrm{d}t_1} \tag{1.3.2}$$

对第二个体系有

$$F_2 = M_2 \frac{\mathrm{d}v_2}{\mathrm{d}t_2} \tag{1.3.3}$$

令各同名物理量之间的相似常数分别为 C_F、C_M、C_v 和 C_t，代入以上方程式，则有

$$C_F F_2 = C_M M_2 \frac{C_v \mathrm{d}v_2}{C_t \mathrm{d}t_2} \qquad (1.3.4)$$

$$\frac{C_F C_t}{C_M C_v} F_2 = M_2 \frac{\mathrm{d}v_2}{\mathrm{d}t_2} \qquad (1.3.5)$$

式中，左端的系数显然应等于 1，即

$$C_i = \frac{C_F C_t}{C_M C_v} = 1 \qquad (1.3.6)$$

这就是力学体系的相似指标，$\frac{C_F C_t}{C_M C_v} = 1$ 也就是 $\frac{F_1 t_1}{M_1 v_1} \Big/ \frac{F_2 t_2}{M_2 v_2} = 1$ 或 $\frac{F_1 t_1}{M_1 v_1} = \frac{F_2 t_2}{M_2 v_2}$。

如果推广到其他相似体系，则有

$$\frac{F_1 t_1}{M_1 v_1} = \frac{F_2 t_2}{M_2 v_2} = \frac{F_3 t_3}{M_3 v_3} = \cdots \qquad (1.3.7)$$

或

$$\frac{Ft}{Mv} = idem \qquad (1.3.8)$$

因此，所有相似体系中 $\frac{Ft}{Mv}$ 都应等于同一数值。这一数值称为相似准数或相似判据。相似准数相同是物理体系相似的必要条件。

这个必要条件用相似指标和相似准数所表示的意义是一致的：以各物理量的相似常数组合起来的乘积相似指标等于 1，就是以这些物理量按同一结构形式组合起来的乘积相似准数等于同一量。

如果有

$$\frac{C_F C_t}{C_M C_v} = 1 \qquad (1.3.9)$$

则有

$$\frac{Ft}{Mv} = idem \qquad (1.3.10)$$

如果有

$$\frac{C_A C_B^2}{C_C C_D^3} = 1 \qquad (1.3.11)$$

则有

$$\frac{AB^2}{CD^3} = idem \qquad (1.3.12)$$

$\frac{Ft}{Mv}$ 这一相似准数表示了牛顿的相似定律，其形式还可以进行变换。准数中包含质量 M，但我们所研究的对象通常不是单个质点，而是连续介质。某一部分连续介质的质量和它的体积有关，所以用密度 ρ 乘体积 L^3 来表示质量是很方便的。时间 t 也是体系运动的坐标，可用 L/v 表示，因 L 和 v 是体系本身的几何特性和运动特性。具体变换过程如下：

$$C_M = C_\rho C_L^3, \quad C_v = \frac{C_L}{C_t} \qquad (1.3.13)$$

代入式(1.3.9),得

$$C_F = C_\rho C_L^2 C_v^2 \tag{1.3.14}$$

也就是

$$\frac{F_1}{F_2} = \frac{\rho_1 L_1^2 v_1^2}{\rho_2 L_2^2 v_2^2}, \quad \frac{F_1}{\rho_1 L_1^2 v_1^2} = \frac{F_2}{\rho_2 L_2^2 v_2^2} = \cdots = K \tag{1.3.15}$$

或

$$K = \frac{F}{\rho L^2 v^2} = idem \tag{1.3.16}$$

K 就是从牛顿第二定律导出的力学体系的相似准数,称为牛顿数 Ne,即

$$Ne = \frac{F}{\rho L^2 v^2} = idem \tag{1.3.17}$$

这一相似准数表明,在力学相似的体系中,对应力之间的比例与其对应长度的平方、对应速度的平方和对应密度的乘积之间的比例相同,这就是牛顿普遍相似定律。

将牛顿普遍相似定律中的惯性力与各种力相比,就可求得使各种力保持相似所需满足的判据。以重力相似准则为例,在体系处于重力作用下时,重力 $F = Mg$,其与惯性力相比,由式(1.3.12)推导如下:

$$C_F = C_M C_g = C_\rho C_L^2 C_v^2 = C_\rho C_L^3 C_g \tag{1.3.18}$$

$$\frac{C_\rho C_L^2 C_v^2}{C_\rho C_L^3 C_g} = 1 \tag{1.3.19}$$

$$\frac{C_v^2}{C_L C_g} = 1, \quad \frac{v^2}{gL} = idem, \quad \frac{v}{\sqrt{gL}} = Fr \tag{1.3.20}$$

这一判据称为弗劳德数 Fr。对于重力作用的相似体系,其弗劳德数必须相同。这种方法在水力学中比较常用,如雷诺数 Re 及韦伯数 We 的相似判据均可由这种方法推导得到。

1.3.2 齐次原理与白金汉 π 理论

1. 量纲齐次原理

1)量纲的基本概念

各种物理量的数值经过量测并用各种度量单位来表示。所谓对某一物理量的"量测",就是先制定或选定一个单位,再把该物理量同这个单位进行比较,得出一个倍数。一个物理量 E 就是一个数值 e 和一个单位 U 结合在一起来表示。如质量 5kg 就是一个数值"5"和一个单位"kg"结合在一起表示了这一物理量(质量)的大小。如果单位改变,则数值也相应地改变。但这个物理量不变。客观事实不因人为选定的量度标准而发生改变,例如,一长度为 3m,如果单位减小 100 倍,改为"cm",则数值放大 100 倍,由"3"变为"300",但这个物理量并未发生改变,300cm 和 3m 所表示的是同一长度。

自然现象的变化有一定的规律,各个物理量并不是互不相关的,而是处在符合这些规律的一定关系之中。当我们还不知道物理现象的物理量间的关系,但已知影响该物理

现象的物理量时，就以可用量纲分析法模拟该物理量。一般先确定几个物理量的单位，然后就能求出其他物理量的单位。把这几个先确定的物理量叫做基本物理量，基本物理量的单位叫做基本单位。将一个物理导出量用若干个基本量的乘方之积表示出来的表达式，称为该物理量的量纲式，简称量纲（dimension）。量纲是物理学中的一个重要概念。它又称为因次，是在选定单位制之后，由基本物理量单位表达的式子。量纲可以定性地表示出物理量与基本物理量之间的关系，可以用来有效地进行单位换算、检查物理公式正确与否，还可以通过它来推知某些物理规律。

2）基本量纲和导出量纲

在国际单位制（SI）中，7 个基本物理量，即长度、质量、时间、电流、热力学温度、物质的量、发光强度的量纲符号分别是 L、M、T、I、Θ、N 和 J。按照国家标准（GB3101–1993），物理量 Q 的量纲记为 $\dim Q$，国际物理学界沿用的习惯记为 $[Q]$。在工程中一般采用长度 L、力 F 和时间 T 作为基本物理量，某物理量 K 的量纲式可用如下的符号表示：

$$[K] = [L^\alpha F^\beta T^\gamma] \tag{1.3.21}$$

式中，α、β 和 γ 分别称为物理量 K 对长度 L、力 F 和时间 T 的量纲。

静力结构模型试验中常用的物理量如表 1.3.1 所示。

表 1.3.1　常用物理量及其单位

物理量		符号	量纲	米制（米千克力秒制）				国际单位制			
				单位名称	单位符号		导出单位	单位名称	单位符号		导出单位
					中文	国际			中文	国际	
基本物理量	长度	L	$[L]$	米	米	m		米	米	m	
	时间	T	$[T]$	秒	秒	s		秒	秒	s	
	力	F	$[F]$	千克力	千克力	kgf		牛顿	牛[顿]	N	
导出物理量	应力	σ	$[FL^{-2}]$		kgf·m^{-2}	帕斯卡	帕[斯卡]	Pa			N·m^{-2}
	密度	ρ	$[FT^2L^{-4}]$		kgf·s^2·m^{-4}						N·s^2·m^{-4}
	比重	γ	$[FL^{-3}]$		kgf·m^{-2}						N·m^{-3}
	应变	ε	$[0]$								
	泊松比	μ	$[0]$								

3）无量纲量或量纲为零

某些物理量与三个基本单位都无关，如应变 ε、泊松比 μ、摩擦系数 f、角度 θ 等，这些物理量叫做无量纲量。另外，还有一些物理量与三个基本单位中的某一个无关，便可说这个物理量的单位对该基本单位的量纲为零，如应力 σ 对时间 T 的量纲为零等。

4）量纲的齐次原理或量纲的和谐性

下面举两个例子。

例一，牛顿第二定律公式 $F = Ma$ 的量纲：等式左边量纲为 $[F]$，等式右边的量纲为 $[M][a] = [F \cdot L^{-1} \cdot T^2] \cdot [L \cdot T^{-2}] = [F]$。

例二，简支梁受均布荷载 q 作用下的挠度公式 $y = \dfrac{qx}{24EI}[x^3 + l^3 - 2lx^2]$ 的量纲：等式左边的量纲为 $[y] = [L]$；等式右边的量纲为

$$\left[\frac{qx}{EI}\right] \cdot [x^3] = [q] \cdot [x] \cdot [E^{-1}] \cdot [I^{-1}] \cdot [x^3]$$
$$= [FL^{-1}] \cdot [L] \cdot [F^{-1}L^2] \cdot [L^{-4}] \cdot [L^3]$$
$$= [L]$$

式中，L 为简支梁长度；E 为弹性模量；I 为惯性矩。

从以上两个例子的量纲分析可以看出：

(1)不管物理方程的形式如何，等式两端的量纲式相同。例如，在一个物理方程中，由于量纲不同，就不能把以长度计的物理量和以时间计的物理量进行加减运算。

(2)一个由若干项之和(或之差)组成的物理方程组，所包含的各项的量纲相同。

(3)物理方程式中所包含的导出量的量纲，当用基本量纲表示后，则方程式各项的量纲组合应相同。

(4)任一有量纲的物理方程可以改写为量纲为一的项组成的方程而不会改变物理过程的规律性。

以上便是"量纲的齐次原理"或称"量纲的和谐性"。

量纲分析法，就是利用量纲之间的和谐性去推求各物理量之间的规律性的方法。

2. 白金汉 π 定理

在任一物理过程中，包含有 $k+1$ 个有量纲的物理量，如果选择其中 m 个作为基本物理量，那么该物理过程可以由 $[(k+1)-m]$ 个量纲为一的数所组成的关系式来描述。因为这些量纲为一的数用 π 来表示，故称为 π 定理。π 定理又称为白金汉(Buckingham)定理。

设已知某物理过程含有 $k+1$ 个物理量(其中一个因变量，k 个自变量)，而这些物理量所构成的函数关系式未知，但可以写成一般表达式为

$$N = f(N_1, N_2, N_3, \cdots, N_k) \tag{1.3.22}$$

则各物理量 N，N_1，N_2，$\cdots$，N_k 之间的关系可用下列普遍方程式来表示：

$$N = \sum_i \alpha_i (N_1^{a_i}, N_2^{b_i}, N_3^{c_i}, N_4^{d_i}, N_5^{e_i}, \cdots, N_k^{n_i}) \tag{1.3.23}$$

式中，α 为量纲为一的系数；i 为项数；a_i，b_i，c_i，d_i，e_i，$\cdots$，n_i 分别为 i 项指数。

假设选用 N_1、N_2、N_3 三个物理量的量纲作基本量纲，则各物理量的量纲均可用这三个基本物理量的量纲来表示：

$$\left.\begin{aligned}
N &= N_1^x N_2^y N_3^z \\
N_1 &= N_1^{x_1} N_2^{y_1} N_3^{z_1} \\
N_2 &= N_1^{x_2} N_2^{y_2} N_3^{z_2} \\
N_3 &= N_1^{x_3} N_2^{y_3} N_3^{z_3} \\
N_4 &= N_1^{x_4} N_2^{y_4} N_3^{z_4} \\
&\quad\vdots \\
N_k &= N_1^{x_k} N_2^{y_k} N_3^{z_k}
\end{aligned}\right\} \tag{1.3.24}$$

或写成普通方程式：

$$
\left.
\begin{aligned}
N &= \pi N_1^x N_2^y N_3^z \\
N_1 &= \pi_1 N_1^{x_1} N_2^{y_1} N_3^{z_1} \\
N_2 &= \pi_2 N_1^{x_2} N_2^{y_2} N_3^{z_2} \\
N_3 &= \pi_3 N_1^{x_3} N_2^{y_3} N_3^{z_3} \\
N_4 &= \pi_4 N_1^{x_4} N_2^{y_4} N_3^{z_4} \\
&\qquad\vdots \\
N_k &= \pi_k N_1^{x_k} N_2^{y_k} N_3^{z_k}
\end{aligned}
\right\}
\tag{1.3.25}
$$

式中，π、π_1、π_2、π_3、π_4、$\cdots$、π_k 均为量纲为一的比例系数。

由量纲的和谐性可知式(1.3.25)方程组中各式等号两边的量纲应相等，因此方程组第二式的 $x_1 = 1$，$y_1 = 0$，$z_1 = 0$，得 $N_1 = \pi_1 \cdot N_1$，故 $\pi_1 = 1$，即 $N_1 = 1 \cdot N_1$。

同理，第三式 $N_2 = \pi_2 \cdot N_2$，故 $\pi_2 = 1$，即 $N_2 = 1 \cdot N_2$；第四式 $N_3 = \pi_3 \cdot N_3$，故 $\pi_3 = 1$，即 $N_3 = 1 \cdot N_3$。

这就是说，基本物理量中的 π_1、π_2、π_3 均等于 1，这样式(1.3.25)可写作

$$
\left.
\begin{aligned}
N &= \pi N_1^x N_2^y N_3^z \\
N_1 &= \pi_1 N_1 = 1 N_1 \\
N_2 &= \pi_2 N_2 = 1 N_2 \\
N_3 &= \pi_3 N_3 = 1 N_3 \\
N_4 &= \pi_4 N_1^{x_4} N_2^{y_4} N_3^{z_4} \\
&\qquad\vdots \\
N_{k} &= \pi_k N_1^{x_k} N_2^{y_k} N_3^{z_k}
\end{aligned}
\right\}
\tag{1.3.26}
$$

将式(1.3.26)代入式(1.3.23)，得

$$
\begin{aligned}
N &= \pi N_1^x \cdot N_2^y \cdot N_3^z \\
&= \sum_i \alpha_i \big[1 \cdot 1 \cdot 1 \cdot \pi_4^{d_i} \cdot \pi_5^{e_i} \cdot \cdots \cdot \pi_n^{k_i} \cdot N_1^{(a_i + x_4 d_i + x_5 e_i + \cdots + x_k n_i)} \\
&\qquad \cdot N_2^{(b_i + y_4 d_i + y_5 e_i + \cdots + y_k n_i)} \cdot N_3^{(c_i + z_4 d_i + z_5 e_i + \cdots + z_k n_i)} \big]
\end{aligned}
\tag{1.3.27}
$$

由于量纲的和谐性，上式等号右边每一项的量纲都应与等号左边的量纲相同，即

$$
N_1^x \cdot N_2^y \cdot N_3^z = N_1^{(a_i + x_4 d_i + x_5 e_i + \cdots + x_k n_i)} \cdot N_2^{(b_i + y_4 d_i + y_5 e_i + \cdots + y_k n_i)} \cdot N_3^{(c_i + z_4 d_i + z_5 e_i + \cdots + z_k n_i)}
\tag{1.3.28}
$$

由此可得

$$
\left.
\begin{aligned}
a_i + x_4 d_i + x_5 e_i + \cdots + x_k n_i &= x \\
b_i + y_4 d_i + y_5 e_i + \cdots + y_k n_i &= y \\
c_i + z_4 d_i + z_5 e_i + \cdots + z_k n_i &= z
\end{aligned}
\right\}
\tag{1.3.29}
$$

将式(1.3.29)代入式(1.3.27)，得

$$
N = \pi N_1^x \cdot N_2^y \cdot N_3^z = \sum_i \alpha_i \big[1 \cdot 1 \cdot 1 \cdot \pi_4^{d_i} \cdot \pi_5^{e_i} \cdot \cdots \cdot \pi_n^{k_i} \cdot N_1^x \cdot N_2^y \cdot N_3^z \big]
$$

$$
\tag{1.3.30}
$$

以 $N_1^x \cdot N_2^y \cdot N_3^z$ 除上式各项，得

$$\pi = \sum_i \alpha_i \left[1 \cdot 1 \cdot 1 \cdot \pi_4^{d_i} \cdot \pi_5^{e_i} \cdot \cdots \cdot \pi_n^{k_i} \right] \qquad (1.3.31)$$

上式也可写成

$$\pi = f\left[1 \cdot 1 \cdot 1 \cdot \pi_4 \cdot \pi_5 \cdot \cdots \cdot \pi_n \right] \qquad (1.3.32)$$

式中量纲为一的数可应用式(1.3.25)来求，即

$$\pi = \frac{N_k}{N_1^{x_k} N_2^{y_k} N_3^{z_k}} \qquad (1.3.33)$$

式中，N_1、N_2、N_3 为三个基本物理量；x_k、y_k、z_k 可由分子和分母的量纲相等来确定。式(1.3.32)就是白金汉 π 定理。

π 定理告诉我们，如果物理现象规定的物理量有 n 个，其中 k 个是基本物理量，则独立的纯数有 $(n-k)$ 个。无量纲数叫纯数，独立的纯数也叫 π 项。

现以一个承受集中荷载的悬臂梁(图 1.3.1)为例，来说明如何应用 π 定理求相似判据。

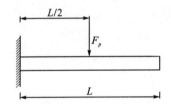

图 1.3.1　承受集中荷载的悬臂梁

已知图示矩形固端悬臂梁，长度为 L，梁中部受集中力 F_p 作用，当未知其物理方程时，求解以下问题：

(1)用 π 定理求梁挠度的相似判据，已知 $y = f(F, L, M, E, I)$。

(2)若 $C_E = 5$，$C_L = 6$ 时，求 $F_m = ?$

已知梁挠度公式表示为

$$y = f(F, L, M, E, I) \qquad (1.3.34)$$

式中，y 为位移；F 为集中荷载；L 为悬臂梁长度；M 为弯矩；E 为材料的弹性模量；I 为惯性矩。其量纲式为

$$[y] = [L], \ [F] = [F], \ [L] = [L], \ [M] = [FL], \ [E] = [FL^{-2}], \ [I] = [L^4]$$

由于基本物理量为力和长度，所以只可能有 $6-2=4$ 个独立的纯数，并且可写成函数关系：

$$f(\pi_1, \ \pi_2, \ \pi_3, \ \pi_4) = 0 \qquad (1.3.35)$$

任选 M 和 F 为不能组成独立纯数的量，则

$$\pi_1 = \frac{y}{M^\alpha F^\beta} \rightarrow \frac{\left[L^{(1-\alpha)} \right]}{\left[F^{(\alpha+\beta)} \right]} \qquad (1.3.36a)$$

$$\pi_2 = \frac{L}{M^\alpha F^\beta} \rightarrow \frac{\left[L^{(1-\alpha)} \right]}{\left[F^{(\alpha+\beta)} \right]} \qquad (1.3.36b)$$

$$\pi_3 = \frac{E}{M^\alpha F^\beta} \rightarrow \frac{\left[L^{(-2-\alpha)} \right]}{\left[F^{(\alpha+\beta-1)} \right]} \qquad (1.3.36c)$$

$$\pi_4 = \frac{I}{M^\alpha F^\beta} \to \frac{\left[L^{(4-\alpha)}\right]}{\left[F^{(\alpha+\beta)}\right]} \tag{1.3.36d}$$

因为 π_1、π_2、π_3、π_4 为独立的纯数,所以 L 和 F 的指数应该为零,因此可求得 α 和 β 的数值,并得到

$$\pi_1 = \frac{y}{MF^{-1}} = \frac{F}{M}y \tag{1.3.37a}$$

$$\pi_2 = \frac{F}{M}L \tag{1.3.37b}$$

$$\pi_3 = \frac{EM^2}{F^3} \tag{1.3.37c}$$

$$\pi_4 = \frac{F^4}{M^4}I \tag{1.3.37d}$$

由梁的应力公式可推断

$$\sigma = \varphi(F, M, L) \tag{1.3.38}$$

由于只可能有两个独立的纯数 π_5 和 π_6,因此可得

$$\varphi(\pi_5, \pi_6) = 0 \tag{1.3.39}$$

任选 M 和 F 为不能组成独立纯数的量,则有

$$\pi_5 = \frac{\sigma}{M^\alpha F^\beta} \to \frac{\left[L^{(-2-\alpha)}\right]}{\left[F^{(\alpha+\beta-1)}\right]} \tag{1.3.40a}$$

$$\pi_6 = \frac{L}{M^\alpha F^\beta} \to \frac{\left[L^{(1-\alpha)}\right]}{\left[F^{(\alpha+\beta)}\right]} \tag{1.3.40b}$$

又因为 π_5 和 π_6 为独立的纯数,所以 L 和 F 的指数应为零,由此可求得 α 和 β 的数值,并得到

$$\pi_5 = \frac{\sigma}{M^{-2}F^3} = \frac{\sigma M^2}{F^3} \tag{1.3.41a}$$

$$\pi_6 = \frac{F}{M}L \tag{1.3.41b}$$

因此,由式(1.3.37)及式(1.3.41)可得如下相似关系式(p 表示原型,m 表示模型):

$$\frac{F_m}{M_m}y_m = \frac{F_p}{M_p}y_p \tag{1.3.42a}$$

$$\frac{F_m}{M_m}L_m = \frac{F_p}{M_p}L_p \tag{1.3.42b}$$

$$\frac{M_m^2}{F_m^3}E_m = \frac{M_p^2}{F_p^3}E_p \tag{1.3.42c}$$

$$\frac{F_m^4}{M_m^4}I_m = \frac{F_p^4}{M_p^4}I_p \tag{1.3.42d}$$

$$\frac{\sigma_m M_m^2}{F_m^3} = \frac{\sigma_p M_p^2}{F_p^3} \tag{1.3.42e}$$

由式(1.3.42b)得

$$\frac{M_p}{M_m} = \frac{F_p}{F_m}C_L \tag{1.3.43a}$$

将式(1.3.43a)代入式(1.3.42c)得

$$\frac{F_{\text{p}}}{F_{\text{m}}} = C_E C_L^2 \Longrightarrow F_{\text{m}} = \frac{F_{\text{p}}}{C_E C_L^2} \tag{1.3.43b}$$

将式(1.3.43b)代入式(1.3.42e)得

$$C_{\sigma} = \frac{\sigma_{\text{p}}}{\sigma_{\text{m}}} = \frac{F_{\text{p}}}{F_{\text{m}} C_L^2} \tag{1.3.43c}$$

由式(1.3.42a)和式(1.3.42c)得

$$\frac{y_{\text{p}}}{y_{\text{m}}} = \frac{F_{\text{m}} M_{\text{p}}}{F_{\text{p}} M_{\text{m}}} = \sqrt{\frac{E_{\text{m}} F_{\text{p}}}{E_{\text{p}} F_{\text{m}}}} \tag{1.3.43d}$$

式(1.3.43a)~式(1.3.43d)就是这个悬臂梁的相似判据。

若 $C_E = 5$，$C_L = 6$，则由式(1.3.43b)可得 $F_{\text{m}} = \dfrac{F_{\text{p}}}{5 \times 6^2} = \dfrac{F_{\text{p}}}{180}$。由此，只要知道原型的力 F_{p}，就可以通过上式得到模型上应该施加多大的力。

由上述推导过程可知，量纲分析的优点在于可根据经验公式进行模型设计。此外，由于上述公式的基本物理量中包含有一个长度物理量，所以量纲分析只适用于几何相似的结构模型。

1.3.3 方程分析法

方程分析法中所用的方程主要是指微分方程，此外也有积分方程、积分-微分方程。这种方法的优点是：结构严密，能反映现象最为本质的物理定律，故可指望在解决问题时结论可靠，分析过程程序明确，分析步骤易于检查，各种成分的地位一览无遗，有利于推断、比较和校验。

通过科学试验和理论研究，可以得出某些物理现象中各物理量之间的函数关系，即物理定律，而人们已确定对于这些物理现象应在模型上重现这个物理定律。线弹性体弹性力学是变形体力学中已经比较完善的学科，并且弹性力学已给出了受载线弹性体各物理量的函数关系。因此，可根据弹性力学的基本方程求出相似判据的过程。

本书将在下一节详细介绍用方程分析法求出相似判据。

1.4 弹塑性阶段的相似关系

对于承受静力荷载作用的弹性体，可根据弹性力学的基本方程式求出相似判据。而对于结构模型破坏试验以及地质力学模型试验，模型的工作阶段分为弹性阶段和塑性阶段。根据模型的相似要求，模型不仅在弹性阶段的应力和变形应与原型相似，在超出弹性阶段后直至破坏时的应力、变形和强度特性也应与原型相似。因此，结构模型破坏试验和地质力学模型试验的相似关系须分两个阶段分别研究。

由力学理论可知，影响物理现象发生的各物理量之间存在相互关系，各相关物理量不能建立独立的相似关系，而要受到弹性力学或弹塑性力学基本方程的约束。根据相似理论，原型与模型相似的必要条件是描述原型与模型力学现象的数学方程应相同，相似指标应等于 1。由此，可从弹性力学和弹塑性力学的基本方程出发，推导出各相似指标和相似条件。只有满足了这些相似条件，模型的力学现象才会与原型的力学现象相似。

1.4.1　弹性阶段的相似关系

由弹性力学可知，当结构受力处于弹性阶段时，模型内所有点均应满足弹性力学的几个基本方程和边界条件。

1. 平衡方程

原型的平衡方程为

$$
\left.
\begin{aligned}
\left(\frac{\partial \sigma_x}{\partial x}\right)_{\mathrm{p}} + \left(\frac{\partial \tau_{yx}}{\partial y}\right)_{\mathrm{p}} + \left(\frac{\partial \tau_{zx}}{\partial z}\right)_{\mathrm{p}} + X_{\mathrm{p}} = 0 \\
\left(\frac{\partial \sigma_y}{\partial y}\right)_{\mathrm{p}} + \left(\frac{\partial \tau_{zy}}{\partial z}\right)_{\mathrm{p}} + \left(\frac{\partial \tau_{xy}}{\partial x}\right)_{\mathrm{p}} + Y_{\mathrm{p}} = 0 \\
\left(\frac{\partial \sigma_z}{\partial z}\right)_{\mathrm{p}} + \left(\frac{\partial \tau_{xz}}{\partial x}\right)_{\mathrm{p}} + \left(\frac{\partial \tau_{yz}}{\partial y}\right)_{\mathrm{p}} + Z_{\mathrm{p}} = 0
\end{aligned}
\right\}
\tag{1.4.1}
$$

模型的平衡方程为

$$
\left.
\begin{aligned}
\left(\frac{\partial \tau_x}{\partial x}\right)_{\mathrm{m}} + \left(\frac{\partial \tau_{Yx}}{\partial y}\right)_{\mathrm{m}} + \left(\frac{\partial \tau_{zx}}{\partial z}\right)_{\mathrm{m}} + X_{\mathrm{m}} = 0 \\
\left(\frac{\partial \tau_y}{\partial y}\right)_{\mathrm{m}} + \left(\frac{\partial \tau_{zy}}{\partial z}\right)_{\mathrm{m}} + \left(\frac{\partial \tau_{xy}}{\partial x}\right)_{\mathrm{m}} + Y_{\mathrm{m}} = 0 \\
\left(\frac{\partial \sigma_z}{\partial z}\right)_{\mathrm{m}} + \left(\frac{\partial \tau_{xz}}{\partial x}\right)_{\mathrm{m}} + \left(\frac{\partial \tau_{yz}}{\partial y}\right)_{\mathrm{m}} + Z_{\mathrm{m}} = 0
\end{aligned}
\right\}
\tag{1.4.2}
$$

将相似常数 C_σ、C_L、C_X 代入式(1.4.1)得

$$
\left.
\begin{aligned}
\left(\frac{\partial \sigma_x}{\partial x}\right)_{\mathrm{m}} + \left(\frac{\partial \tau_{yx}}{\partial y}\right)_{\mathrm{m}} + \left(\frac{\partial \tau_{zx}}{\partial z}\right)_{\mathrm{m}} + \frac{C_X C_L}{C_\sigma} X_{\mathrm{m}} = 0 \\
\left(\frac{\partial \sigma_y}{\partial y}\right)_{\mathrm{m}} + \left(\frac{\partial \tau_{zy}}{\partial z}\right)_{\mathrm{m}} + \left(\frac{\partial \tau_{xy}}{\partial x}\right)_{\mathrm{m}} + \frac{C_X C_L}{C_\sigma} Y_{\mathrm{m}} = 0 \\
\left(\frac{\partial \sigma_z}{\partial z}\right)_{\mathrm{m}} + \left(\frac{\partial \tau_{xz}}{\partial x}\right)_{\mathrm{m}} + \left(\frac{\partial \tau_{yz}}{\partial y}\right)_{\mathrm{m}} + \frac{C_X C_L}{C_\sigma} Z_{\mathrm{m}} = 0
\end{aligned}
\right\}
\tag{1.4.3}
$$

比较式(1.4.2)与式(1.4.3)，可得相似指标：

$$
\frac{C_X C_L}{C_\sigma} = 1
\tag{1.4.4}
$$

式中，σ、τ 为正应力与剪应力；X_{m}、Y_{m}、Z_{m} 为体力；C_X、C_L、C_σ 分别为体力相似常数、几何相似常数、应力相似常数，下同。

2. 几何方程

原型的几何方程为

$$\left.\begin{array}{l}(\varepsilon_x)_{\mathrm{p}} = \left(\dfrac{\partial u}{\partial x}\right)_{\mathrm{p}} \\[3mm] (\varepsilon_y)_{\mathrm{p}} = \left(\dfrac{\partial v}{\partial y}\right)_{\mathrm{p}} \\[3mm] (\varepsilon_z)_{\mathrm{p}} = \left(\dfrac{\partial w}{\partial z}\right)_{\mathrm{p}}\end{array}\right\} \tag{1.4.5a}$$

$$\left.\begin{array}{l}(\gamma_{xy})_{\mathrm{p}} = \left(\dfrac{\partial u}{\partial y}\right)_{\mathrm{p}} + \left(\dfrac{\partial v}{\partial x}\right)_{\mathrm{p}} \\[3mm] (\gamma_{yz})_{\mathrm{p}} = \left(\dfrac{\partial v}{\partial z}\right)_{\mathrm{p}} + \left(\dfrac{\partial w}{\partial y}\right)_{\mathrm{p}} \\[3mm] (\gamma_{zx})_{\mathrm{p}} = \left(\dfrac{\partial u}{\partial z}\right)_{\mathrm{p}} + \left(\dfrac{\partial w}{\partial x}\right)_{\mathrm{p}}\end{array}\right\} \tag{1.4.5b}$$

模型的几何方程为

$$\left.\begin{array}{l}(\varepsilon_x)_{\mathrm{m}} = \left(\dfrac{\partial u}{\partial x}\right)_{\mathrm{m}} \\[3mm] (\varepsilon_y)_{\mathrm{m}} = \left(\dfrac{\partial v}{\partial y}\right)_{\mathrm{m}} \\[3mm] (\varepsilon_z)_{\mathrm{m}} = \left(\dfrac{\partial w}{\partial z}\right)_{\mathrm{m}}\end{array}\right\} \tag{1.4.6a}$$

$$\left.\begin{array}{l}(\gamma_{xy})_{\mathrm{m}} = \left(\dfrac{\partial u}{\partial y}\right)_{\mathrm{m}} + \left(\dfrac{\partial v}{\partial x}\right)_{\mathrm{m}} \\[3mm] (\gamma_{yz})_{\mathrm{m}} = \left(\dfrac{\partial v}{\partial z}\right)_{\mathrm{m}} + \left(\dfrac{\partial w}{\partial y}\right)_{\mathrm{m}} \\[3mm] (\gamma_{zx})_{\mathrm{m}} = \left(\dfrac{\partial u}{\partial z}\right)_{\mathrm{m}} + \left(\dfrac{\partial w}{\partial x}\right)_{\mathrm{m}}\end{array}\right\} \tag{1.4.6b}$$

将相似常数 C_ε、C_δ、C_L 代入式(1.4.5a)和(1.4.5b)得

$$\left.\begin{array}{l}\dfrac{C_\varepsilon C_L}{C_\delta}(\varepsilon_x)_{\mathrm{m}} = \left(\dfrac{\partial u}{\partial x}\right)_{\mathrm{m}} \\[3mm] \dfrac{C_\varepsilon C_L}{C_\delta}(\varepsilon_y)_{\mathrm{m}} = \left(\dfrac{\partial v}{\partial y}\right)_{\mathrm{m}} \\[3mm] \dfrac{C_\varepsilon C_L}{C_\delta}(\varepsilon_z)_{\mathrm{m}} = \left(\dfrac{\partial w}{\partial z}\right)_{\mathrm{m}}\end{array}\right\} \tag{1.4.7a}$$

$$\left.\begin{array}{l}\dfrac{C_\varepsilon C_L}{C_\delta}(\gamma_{xy})_{\mathrm{m}} = \left(\dfrac{\partial u}{\partial y}\right)_{\mathrm{m}} + \left(\dfrac{\partial v}{\partial x}\right)_{\mathrm{m}} \\[3mm] \dfrac{C_\varepsilon C_L}{C_\delta}(\gamma_{yz})_{\mathrm{m}} = \left(\dfrac{\partial v}{\partial z}\right)_{\mathrm{m}} + \left(\dfrac{\partial w}{\partial y}\right)_{\mathrm{m}} \\[3mm] \dfrac{C_\varepsilon C_L}{C_\delta}(\gamma_{zx})_{\mathrm{m}} = \left(\dfrac{\partial u}{\partial z}\right)_{\mathrm{m}} + \left(\dfrac{\partial w}{\partial x}\right)_{\mathrm{m}}\end{array}\right\} \tag{1.4.7b}$$

比较式(1.4.6a)、式(1.4.6b)与式(1.4.7a)、式(1.4.7b),可得相似指标

$$\frac{C_\varepsilon C_L}{C_\delta} = 1 \tag{1.4.8}$$

式中,ε、γ 分别为正应变和剪应变;u、v、w 分别为对应直角坐标系向 x、y、z 方向的位移;C_ε、C_δ 分别为正应变相似常数、位移相似常数,下同。

3. 物理方程

原型的物理方程为

$$
\left.
\begin{aligned}
(\varepsilon_x)_{\mathrm{p}} &= \left[\frac{\sigma_x - \mu(\sigma_y + \sigma_z)}{E}\right]_{\mathrm{p}} \\
(\varepsilon_y)_{\mathrm{p}} &= \left[\frac{\sigma_y - \mu(\sigma_x + \sigma_z)}{E}\right]_{\mathrm{p}} \\
(\varepsilon_z)_{\mathrm{p}} &= \left[\frac{\sigma_z - \mu(\sigma_x + \sigma_y)}{E}\right]_{\mathrm{p}}
\end{aligned}
\right\}
\qquad (1.4.9\mathrm{a})
$$

$$
\left.
\begin{aligned}
(\gamma_{xy})_{\mathrm{p}} &= \left[\frac{2(1+\mu)}{E}\tau_{xy}\right]_{\mathrm{p}} \\
(\gamma_{yz})_{\mathrm{p}} &= \left[\frac{2(1+\mu)}{E}\tau_{yz}\right]_{\mathrm{p}} \\
(\gamma_{zx})_{\mathrm{p}} &= \left[\frac{2(1+\mu)}{E}\tau_{zx}\right]_{\mathrm{p}}
\end{aligned}
\right\}
\qquad (1.4.9\mathrm{b})
$$

模型的物理方程为

$$
\left.
\begin{aligned}
(\varepsilon_x)_{\mathrm{m}} &= \left[\frac{\sigma_x - \mu(\sigma_y + \sigma_z)}{E}\right]_{\mathrm{m}} \\
(\varepsilon_y)_{\mathrm{m}} &= \left[\frac{\sigma_y - \mu(\sigma_x + \sigma_z)}{E}\right]_{\mathrm{m}} \\
(\varepsilon_z)_{\mathrm{m}} &= \left[\sigma_z - \mu(\sigma_x + \sigma_y)_{\mathrm{m}}\right]
\end{aligned}
\right\}
\qquad (1.4.10\mathrm{a})
$$

$$
\left.
\begin{aligned}
(\gamma_{xy})_{\mathrm{m}} &= \left[\frac{2(1+\mu)}{E}\tau_{xy}\right]_{\mathrm{m}} \\
(\gamma_{yz})_{\mathrm{m}} &= \left[\frac{2(1+\mu)}{E}\tau_{yz}\right]_{\mathrm{m}} \\
(\gamma_{zx})_{\mathrm{m}} &= \left[\frac{2(1+\mu)}{E}\tau_{zx}\right]_{\mathrm{m}}
\end{aligned}
\right\}
\qquad (1.4.10\mathrm{b})
$$

将相似常数 C_ε、C_σ、C_E、C_μ 代入式(1.4.9a)、式(1.4.9b)得

$$
\left.
\begin{aligned}
(\varepsilon_x)_{\mathrm{m}} &= \frac{C_\sigma}{C_\varepsilon C_E}\left[\frac{\sigma_x - C_\mu\mu(\sigma_y + \sigma_z)}{E}\right]_{\mathrm{m}} \\
(\varepsilon_y)_{\mathrm{m}} &= \frac{C_\sigma}{C_\varepsilon C_E}\left[\frac{\sigma_y - C_\mu\mu(\sigma_x + \sigma_z)}{E}\right]_{\mathrm{m}} \\
(\varepsilon_z)_{\mathrm{m}} &= \frac{C_\sigma}{C_\varepsilon C_E}\left[\frac{\sigma_z - C_\mu\mu(\sigma_x + \sigma_y)}{E}\right]_{\mathrm{m}}
\end{aligned}
\right\}
\qquad (1.4.11\mathrm{a})
$$

$$
\left.
\begin{aligned}
(\gamma_{xy})_{\mathrm{m}} &= \frac{C_\sigma}{C_\varepsilon C_E}\left[\frac{2(1+C_\mu\mu)}{E}\tau_{xy}\right]_{\mathrm{m}} \\
(\gamma_{yz})_{\mathrm{m}} &= \frac{C_\sigma}{C_\varepsilon C_E}\left[\frac{2(1+C_\mu\mu)}{E}\tau_{yz}\right]_{\mathrm{m}} \\
(\gamma_{zx})_{\mathrm{m}} &= \frac{C_\sigma}{C_\varepsilon C_E}\left[\frac{2(1+C_\mu\mu)}{E}\tau_{zx}\right]_{\mathrm{m}}
\end{aligned}
\right\}
\qquad (1.4.11\mathrm{b})
$$

比较式(1.4.10a)、式(1.4.10b)与式(1.4.11a)、式(1.4.11b)，可得相似指标为

$$\frac{C_\sigma}{C_\epsilon C_E} = 1; C_\mu = 1 \tag{1.4.12}$$

式中，E、μ 分别为弹性模量与泊松比；C_E、C_μ 分别为弹性模量相似常数、泊松比相似常数。

4. 边界条件

原型的边界方程为

$$\left.\begin{aligned}
(\bar{\sigma}_x)_p &= (\sigma_x)_p l + (\tau_{xy})_p m + (\tau_{zx})_p n \\
(\bar{\sigma}_y)_p &= (\tau_{xy})_p l + (\sigma_y)_p m + (\tau_{zy})_p n \\
(\bar{\sigma}_z)_p &= (\tau_{zx})_p l + (\tau_{zy})_p m + (\sigma_z)_p n
\end{aligned}\right\} \tag{1.4.13}$$

原型的边界方程为

$$\left.\begin{aligned}
(\bar{\sigma}_x)_m &= (\sigma_x)_m l + (\tau_{xy})_m m + (\tau_{zx})_m n \\
(\bar{\sigma}_y)_m &= (\tau_{xy})_m l + (\sigma_y)_m m + (\tau_{zy})_m n \\
(\bar{\sigma}_z)_m &= (\tau_{zx})_m l + (\tau_{zy})_m m + (\sigma_z n)_m n
\end{aligned}\right\} \tag{1.4.14}$$

将相似常数 $C_{\bar{\sigma}}$、C_σ 代入式(1.4.13)得

$$\left.\begin{aligned}
\left(\frac{C_{\bar{\sigma}}}{C_\sigma}\right)(\bar{\sigma}_x)_m &= (\sigma_x)_m l + (\tau_{xy})_m m + (\tau_{zx})_m n \\
\left(\frac{C_{\bar{\sigma}}}{C_\sigma}\right)(\bar{\sigma}_y)_m &= (\tau_{xy})_m l + (\sigma_y)_m m + (\tau_{zy})_m n \\
\left(\frac{C_{\bar{\sigma}}}{C_\sigma}\right)(\bar{\sigma}_z)_m &= (\tau_{zx})_m l + (\tau_{zy})_m m + (\sigma_z)_m n
\end{aligned}\right\} \tag{1.4.15}$$

比较式(1.4.14)与式(1.4.15)，可得相似指标为

$$\frac{C_{\bar{\sigma}}}{C_\sigma} = 1 \tag{1.4.16}$$

式中，$\bar{\sigma}$ 为边界应力；l、m、n 为方向余弦；$C_{\bar{\sigma}}$ 为边界应力相似常数，下同。

可见当模型满足相似关系式(1.4.4)、式(1.4.8)、式(1.4.12)及式(1.4.16)时，原型与模型的平衡方程、相容方程、几何方程、边界条件和物理方程将恒等，这些相似关系式叫做模型弹性阶段的相似判据。

5. 相似关系在重力坝模型中的应用

重力坝承受的主要荷载是水压力、扬压力和坝体自重，水压力和扬压力是以面力形式作用，自重是以体积力形式作用，则有

$$\left.\begin{aligned}
\bar{\sigma}_p &= \gamma_p h_p \\
\bar{\sigma}_m &= \gamma_m h_m \\
C_{\bar{\sigma}} &= C_\gamma C_L \\
X_p &= \rho_p g \\
X_m &= \rho_m g \\
C_X &= C_\rho
\end{aligned}\right\} \tag{1.4.17}$$

根据模型弹性阶段的相似判据式(1.4.4)、式(1.4.8)、式(1.4.12)和式(1.4.16)，可得重力坝模型试验的相似关系为

$$\left. \begin{array}{l} C_\mu = 1 \\ C_\gamma = C_\rho \\ C_\sigma = C_\gamma C_L \\ C_\varepsilon = C_\gamma C_L / C_E \\ C_\delta = C_\gamma C_L^2 / C_E \end{array} \right\} \tag{1.4.18}$$

式中，ρ、γ 分别为材料的密度和容重；E、μ 分别为模型材料的弹性模量和泊松比；G 为其剪切弹性模量，且

$$G = \frac{E}{2(1+\mu)} \tag{1.4.19}$$

1.4.2　塑性阶段的相似关系

模型受力超出弹性阶段后，在塑性阶段的应力、应变依然要遵循平衡方程、几何方程和边界条件，因此，由平衡方程、几何方程和边界条件推导的相似关系式(1.4.4)、式(1.4.8)、式(1.4.16)在塑性阶段依然适用。但由于在塑性阶段，应力、应变之间的关系不再服从弹性阶段的胡克定律，因而需按塑性阶段的物理方程推导相应的相似关系。此外，破坏试验还要求模型材料的强度特性也应与原型材料相似。

1. 物理方程

原型的物理方程为

$$\left. \begin{array}{l} (\varepsilon_x - \varepsilon_0)_{\mathrm{p}} = \left\{ \dfrac{1+\mu}{E[1-\varphi(\bar{\varepsilon})]}(\sigma_x - \sigma_0) \right\}_{\mathrm{p}} \\[3mm] (\varepsilon_y - \varepsilon_0)_{\mathrm{p}} = \left\{ \dfrac{1+\mu}{E[1-\varphi(\bar{\varepsilon})]}(\sigma_y - \sigma_0) \right\}_{\mathrm{p}} \\[3mm] (\varepsilon_z - \varepsilon_0)_{\mathrm{p}} = \left\{ \dfrac{1+\mu}{E[1-\varphi(\bar{\varepsilon})]}(\sigma_z - \sigma_0) \right\}_{\mathrm{p}} \end{array} \right\} \tag{1.4.20a}$$

$$\left. \begin{array}{l} (\gamma_{xy})_{\mathrm{p}} = \left\{ \dfrac{2(1+\mu)}{E[1-\varphi(\bar{\varepsilon})]}\tau_{xy} \right\}_{\mathrm{p}} \\[3mm] (\gamma_{yz})_{\mathrm{p}} = \left\{ \dfrac{2(1+\mu)}{E[1-\varphi(\bar{\varepsilon})]}\tau_{yz} \right\}_{\mathrm{p}} \\[3mm] (\gamma_{zx})_{\mathrm{p}} = \left\{ \dfrac{2(1+\mu)}{E[1-\varphi(\bar{\varepsilon})]}\tau_{zx} \right\}_{\mathrm{p}} \end{array} \right\} \tag{1.4.20b}$$

式中，ε_0 为体积应变；σ_0 为体积应力；$\varphi(\bar{\varepsilon})$ 为应变函数。

模型的物理方程为

$$\left. \begin{array}{l} (\varepsilon_x - \varepsilon_0)_{\mathrm{m}} = \left\{ \dfrac{1+\mu}{E[1-\varphi(\bar{\varepsilon})]}(\sigma_x - \sigma_0) \right\}_{\mathrm{m}} \\[3mm] (\varepsilon_y - \varepsilon_0)_{\mathrm{m}} = \left\{ \dfrac{1+\mu}{E[1-\varphi(\bar{\varepsilon})]}(\sigma_y - \sigma_0) \right\}_{\mathrm{m}} \\[3mm] (\varepsilon_z - \varepsilon_0)_{\mathrm{m}} = \left\{ \dfrac{1+\mu}{E[1-\varphi(\bar{\varepsilon})]}(\sigma_z - \sigma_0) \right\}_{\mathrm{m}} \end{array} \right\} \tag{1.4.21a}$$

$$\left. \begin{aligned} (\gamma_{xy})_m &= \left\{ \frac{2(1+\mu)}{E[1-\varphi(\bar{\varepsilon})]}\tau_{xy} \right\}_m \\ (\gamma_{yz})_m &= \left\{ \frac{2(1+\mu)}{E[1-\varphi(\bar{\varepsilon})]}\tau_{yz} \right\}_m \\ (\gamma_{zx})_m &= \left\{ \frac{2(1+\mu)}{E[1-\varphi(\bar{\varepsilon})]}\tau_{zx} \right\}_m \end{aligned} \right\} \tag{1.4.21b}$$

将相似常数 C_ε、C_σ、C_E、C_μ 代入式(1.4.20a)与式(1.4.20b)得

$$\left. \begin{aligned} (\varepsilon_x - \varepsilon_0)_m &= \frac{C_\sigma}{C_\varepsilon C_E}\left\{ \frac{1+C_\mu\mu}{E[1-\varphi(C_\varepsilon\bar{\varepsilon})]}(\sigma_x-\sigma_0) \right\}_m \\ (\varepsilon_y - \varepsilon_0)_m &= \frac{C_\sigma}{C_\varepsilon C_E}\left\{ \frac{1+C_\mu\mu}{E[1-\varphi(C_\varepsilon\bar{\varepsilon})]}(\sigma_y-\sigma_0) \right\}_m \\ (\varepsilon_z - \varepsilon_0)_m &= \frac{C_\sigma}{C_\varepsilon C_E}\left\{ \frac{1+C_\mu\mu}{E[1-\varphi(C_\varepsilon\bar{\varepsilon})]}(\sigma_z-\sigma_0) \right\}_m \end{aligned} \right\} \tag{1.4.22a}$$

$$\left. \begin{aligned} (\gamma_{xy})_m &= \frac{C_\sigma}{C_\varepsilon C_E}\left\{ \frac{2(1+C_\mu\mu)}{E[1-\varphi(C_\varepsilon\bar{\varepsilon})]}\tau_{xy} \right\}_m \\ (\gamma_{yz})_m &= \frac{C_\sigma}{C_\varepsilon C_E}\left\{ \frac{2(1+C_\mu\mu)}{E[1-\varphi(C_\varepsilon\bar{\varepsilon})]}\tau_{yz} \right\}_m \\ (\gamma_{zx})_m &= \frac{C_\sigma}{C_\varepsilon C_E}\left\{ \frac{2(1+C_\mu\mu)}{E[1-\varphi(C_\varepsilon\bar{\varepsilon})]}\tau_{zx} \right\}_m \end{aligned} \right\} \tag{1.4.22b}$$

比较式(1.4.21a)、式(1.4.21b)与式(1.4.22a)、式(1.4.22b)，可得相似指标为

$$\left. \begin{aligned} C_\varepsilon &= 1 \\ C_\mu &= 1 \\ C_\sigma &= C_E \end{aligned} \right\} \tag{1.4.23}$$

式中，$C_\varepsilon = 1$ 的物理意义是使模型的变形与原型的变形保持几何相似，即模型的破坏形态与原型的破坏形态满足几何相似。

2. 强度特性

模型自加载开始直至破坏的整个过程中，模型材料的强度特性，即应力-应变曲线和强度包络线与原型材料相似，如图 1.4.1 和图 1.4.2 所示。

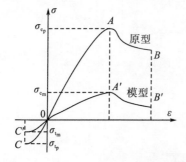
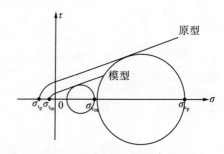

图 1.4.1　应力-应变曲线的相似图　　　　图 1.4.2　强度包络线的相似图

根据应力、应变的相似关系，模型材料的应力-应变曲线是原型材料应力-应变曲线

在纵坐标方向缩小 C_σ 倍、在横坐标方向保持不变 $(C_\varepsilon = 1)$ 得到的；模型材料的强度包络线是原型材料强度包络线在纵、横坐标方向均缩小 C_σ 倍得到的。这表明模型材料的抗拉强度 σ_t、抗压强度 σ_c、抗剪断强度 τ 都与原型材料的强度相似，即

$$C_{\sigma_c} = C_{\sigma_t} = C_\tau = C_\sigma \tag{1.4.24}$$

根据莫尔-库伦理论，抗剪断强度 $\tau = c' + f\sigma$，则抗剪断凝聚力 c' 和 f 存在以下的相似关系：

$$\left.\begin{array}{l} C_c = C_\sigma \\ C_f = 1 \end{array}\right\} \tag{1.4.25}$$

通过式(1.4.24)和式(1.4.25)，可使岩体和地基中各构造面或软弱夹层的抗拉、抗压、抗剪断强度满足相似，从而达到通过破坏试验研究原型破坏机理的目的。

1.5　大坝模型试验的相似条件

1.5.1　结构模型试验的相似条件

大坝结构模型试验分为结构线弹性应力模型试验和结构模型破坏试验。

1. 结构线弹性应力模型试验的相似关系

结构线弹性应力模型试验可以简称为线弹性模型试验。通常通过这种模型试验来研究水工混凝土建筑物在正常或非正常工作条件下的结构性态，即研究在基本或特殊荷载组合作用下，建筑物(如坝体)的应力和变形状态。这是经常采用的一种很重要的模型试验，它能反映出建筑物的实际工作状态，可为工程设计和科学研究工作提供可靠的试验数据。

从 1.4.1 节模型弹性阶段的相似关系的推导可知，线弹性模型需要满足的相似条件，主要包括以下相似判据：

$$\frac{C_\sigma}{C_X C_L} = 1; \ C_\mu = 1; \ \frac{C_\varepsilon C_E}{C_\sigma} = 1; \ \frac{C_\varepsilon C_L}{C_\delta} = 1; \ \frac{C_{\bar\sigma}}{C_\sigma} = 1$$

其中，混凝土坝在自重和水压力作用下的相似判据有

$$C_\gamma = C_\rho; \ C_\sigma = C_\gamma C_L; \ C_\varepsilon = \frac{C_\gamma C_L}{C_E}; \ C_\delta = \frac{C_\gamma C_L^2}{C_E}$$

综上所述，线弹性模型除了要满足几何相似和荷载强度相似条件外，原型和模型材料的强度性能还要满足在弹性阶段相似的要求，即原型和模型材料的弹性模量 E 和泊松比 μ 应满足相似条件。除此以外，原型和模型材料的泊松比应该相等，即 $C_\mu = 1$。

当坝体和坝基的弹性模量不同时，如图 1.5.1 所示，必须满足的相似条件为

$$\frac{E_{1p}}{E_{1m}} = \frac{E_{2p}}{E_{2m}} = \frac{E_{3p}}{E_{3m}} = \frac{E_{4p}}{E_{4m}} = C_E \tag{1.5.1}$$

式中，E_{1p}，E_{1m}，$\cdots$，E_{4p}，E_{4m} 分别代表原型及模型各种材料的弹性模量值。当坝基中有地质构造如断层、软弱带等时，还必须考虑其弹性模量之间的相似关系，即 C_E 应为常数。

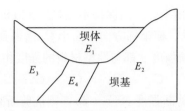

图 1.5.1　坝体和坝基弹性模量不同时的结构模型

　　在线弹性模型中模拟具有不同弹性模量的结构或地基时，主要有两种方法：一种是研制不同弹性模量的材料并满足相似关系的要求；另一种方法是在模拟坝基的材料上穿孔，降低其弹性模量至需求值。葡萄牙国家土木工程研究所就常采用第二种方法。这种方法的缺点是使坝基模型成为各向异性的介质，而且无法测定坝基的应力；其优点是不管坝基和坝体材料弹性模量的比值如何，可以预先浇制大块体，便于雕制模型。

2. 结构模型破坏试验的相似关系

　　结构模型破坏试验与结构线弹性应力模型试验的不同点是模型的加荷过程不限制在结构模型材料的弹性范围内，而是增大荷载直至结构模型破坏而丧失承载能力为止。无论是结构的破坏还是地基的破坏都属于破坏试验，但本章讨论的破坏试验主要是指结构本身的破坏，而对于地基与其上部结构相互作用下的破坏试验，本书将其作为地质力学模型试验，并在后面章节中进行介绍。

　　结构模型破坏试验的目的是研究水工建筑物结构本身的极限承载能力或安全度，以及在外荷载作用下结构的变形破坏机理及其演变过程，以确定结构的薄弱环节，从而对结构进行优化改进，使其各部分材料都能最大限度地发挥作用，或者对结构加固方案进行验证与优选。另外，引入断裂力学的原理研究水工建筑物(主要是拱坝)设置诱导缝后结构的应力、变形及开裂破坏特征，并对诱导缝的位置进行优选。

　　从 1.4.2 节模型塑性阶段的相似关系的推导可知，结构模型破坏试验需要满足相似条件，除了弹性阶段的相似判据，还应该满足如下相似判据：

$$\begin{cases} C_{\varepsilon} = 1 \\ C_{\mu} = 1 \quad ; \quad C_{\sigma_c} = C_{\sigma_t} = C_{\tau} = C_{\sigma}; \quad C_c = C_{\sigma}; \quad C_f = 1 \\ C_{\sigma} = C_E \end{cases}$$

式中，C_{σ_c}、C_{σ_t} 分别为原型和模型材料的抗压、抗拉强度的相似常数；C_c、C_f 分别为原型、模型材料的抗剪断强度凝聚力和摩擦系数的相似常数。

　　另外，对于研究拱坝诱导缝的开裂问题，还应引进断裂力学的相似原理，即原型与模型的开裂条件相似，也就是满足原型和模型的应力强度因子比和断裂韧度比相似，即

$$\left. \begin{array}{c} C_{KI} = \dfrac{K_{Ip}}{K_{Im}} = \dfrac{K_{ICp}}{K_{ICm}} = \dfrac{F_p \sigma_p \sqrt{\pi a_p}}{F_m \sigma_m \sqrt{\pi a_m}} = C_F C_{\sigma} C_a^{1/2} \\ K_{Ip} = K_{ICp}, \quad K_{Im} = K_{ICm} \end{array} \right\} \tag{1.5.2}$$

式中，K_I 为应力强度因子；K_{IC} 为材料的断裂韧度；C_a 为原型和模型裂纹长度之比，即 $C_a = \dfrac{a_p}{a_m}$；C_F 为原型和模型有限宽度修正系数之比，即 $C_F = \dfrac{F_p}{F_m}$，与裂纹的长度和间距有关。

1.5.2　地质力学模型试验的相似条件

地质力学模型试验与结构模型试验类似，也必须满足模型与原型之间的相似要求，这是模型试验的理论依据。在 1.5.1 节中已对破坏试验的相似要求做了详细说明，但由于地质力学模型试验还需要模拟出岩体特性，以及岩体中的断层、破碎带、软弱带及节理裂隙等，故其相似要求比其他类型的模型试验更为复杂。

地质力学模型试验的相似要求要满足工程结构及岩体的模型与原型之间线弹性阶段和弹塑性破坏阶段的全部相似判据。

（1）为了满足自重的模拟，地质力学模型在选取材料时，应尽量满足原型、模型材料的容重相等，即

$$C_\gamma = 1 \tag{1.5.3}$$

式中，C_γ 为容重（包括坝体的容重和坝基岩体的容重）相似常数。

（2）根据相似理论可知，模型破坏试验要求：

$$C_\varepsilon = 1, \quad C_\varepsilon^0 = 1 \tag{1.5.4}$$

式中，C_ε 为应变相似常数；C_ε^0 为残余应变相似常数。

由此可导出相关的相似关系：

$$C_\sigma = C_E, \quad C_\delta = C_L \tag{1.5.5}$$

式中，C_σ 为应力相似常数；C_E 为弹性模量相似常数；C_δ 为位移相似常数；C_L 为几何相似常数。

（3）地质力学模型试验是一种破坏试验，因此要求岩体原型材料与模型材料的应力-应变关系曲线不仅在弹性阶段要相似，在超出弹性阶段进入弹塑性阶段之后直至破坏为止均要保持相似，即实现全过程相似，包括强化阶段、软化阶段及残余强度阶段，如图 1.5.2 中的 BC 段及 B′C′ 段，以及 σ_c 和 $\sigma_{c'}$。

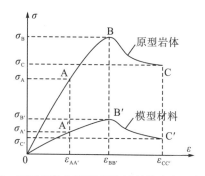

图 1.5.2　原型岩体与模型岩体材料的应力-应变关系图

图中 A、A′ 为二曲线上同一应变值 $\varepsilon_{AA'}$ 分别对应的点，B、B′ 为峰值强度分别对应的点，C、C′ 为残余强度分别对应的点，则相似要求如下：

$$\frac{\sigma_A}{\sigma_{A'}} = \frac{\sigma_B}{\sigma_{B'}} = \frac{\sigma_C}{\sigma_{C'}} = C_\sigma \tag{1.5.6}$$

（4）对于原型及模型中各构造面或软弱夹层之间的摩擦系数 f 及凝聚力 c，相似要

求为

$$C_f = 1, C_c = C_\sigma \qquad (1.5.7)$$

式中，C_f 为摩擦系数相似常数，C_c 为凝聚力相似常数，C_σ 为应力相似常数。

　　目前，国内的地质力学模型试验中通常采用小块体模型，这类模型能够模拟岩体中有规律分布的主要节理裂隙组，能较好地反映工程实际情况。但是在模型中为了保持模型与原型的相似，在模拟节理裂隙砌筑块体和选择模型材料方面，还需补充以下要求：

　　(1)模型中岩体各方向节理裂隙出现的频度应保持模型与原型相似，即原型岩体单位长度内的裂隙数与在模型中各个方向单位长度内裂隙数的比值应相同。这是为了满足模型岩体非均匀等向性与原型岩体相似。

　　(2)模型中各组节理裂隙的连通率应与原型相同，各个节理裂隙面之间的摩擦系数、凝聚力或抗剪断强度应满足相似条件。这是为了满足模拟过程中原型和模型的结构相似及强度相似。

　　(3)除要求模型材料与室内试验的岩石小试件(不包含裂隙)的物理力学性能相似之外，还要求模型材料小块体组合体的性能与岩体的物理力学性能相似。这是为了实现模型从局部到整体的相似性，也是小块体地质力学模型试验中衡量是否满足相似条件的一项重要指标。

　　对地质力学模型试验的相似性要求，比常规的线弹性应力结构模型试验或建筑物的结构模型破坏试验的要求更为复杂。所以，要全部满足这些相似条件是十分困难的，甚至是不可能的。因此，通常需要进行适当的简化，并且还要根据岩体稳定的性质，保证一些主要区域及主要物理参数的模拟而放弃次要部分或参数的模拟。只有这样，才能使模型既能基本满足试验相似的要求，又能满足实际使用。

第 2 章　大坝模型试验方法分类

大坝模型试验按作用荷载特性分为静力模型试验和动力模型试验。静力模型试验是研究建筑物在静荷载(包括水沙压力、自重和温度等荷载)作用下的稳定问题,动力模型试验主要考虑地震对工程作用的影响。本章主要介绍静力模型试验中的大坝结构模型试验和地质力学模型试验的研究内容和主要类型,并对其他模型试验方法,如动力模型试验和离心模型试验作简要介绍。

2.1　大坝结构模型试验

2.1.1　结构模型试验的意义和任务

随着有限元法技术的发展,电子计算机在结构应力分析中的运用越来越广泛,但因水工建筑物的结构特性、几何形状和边界条件等通常都较为复杂,特别是拱坝这类空间壳体结构,以及建筑在复杂地基上的水工建筑物的强度和稳定性问题,较难采用理论计算方法精确分析其应力、位移和安全度。为弥补理论计算的不足,常借助于结构模型试验来解决空间问题和验证理论计算成果的合理性、正确性,特别是当需要预测结构和地基发生破坏的条件,并确定发生破坏时的安全系数时,结构模型试验是最有效的手段之一。在一定程度上可以说,正确的试验成果完全有可能作为确定建筑物尺寸、验证新的计算理论和评价新的设计方法的重要依据。

当然结构模型试验本身也还存在不少问题。首先是模型材料尚不能做到与原型的力学特性完全相似;其次,对由于温度变化、地震及渗透压力等引起的应力状态,尚难准确地模拟等。这些问题都有待于今后进一步探讨解决。

水工结构模型试验的任务是将作用在原型水工建筑物上的力学现象,按一定的相似关系,重演到模型上,从模型演示的与原型相似的力学现象中,采用电测技术量测应变,以确定其应力、位移及安全系数,再通过相似关系换算到原型,则可求得原型建筑物上的力学特征,以此解决工程设计中的复杂结构问题。所以,水工结构模型试验是一项非常重要的有意义的试验研究工作。

2.1.2　结构模型试验的主要研究内容

结构模型试验的主要内容有:

(1)应力试验。该试验是研究水工建筑物在正常工作状态下的结构性态,也就是研究建筑物及基础在设计荷载作用下的应力状态。

(2)应力(或强度)安全度试验。该试验是研究水工建筑物结构本身的极限承载能力与安全系数,以及建筑物可能的破坏形态。

(3)稳定安全度试验。该试验是研究水工建筑物在外荷载作用下结构及地基的变形破坏机理及其演变过程,探讨坝基或两岸基岩的抗剪能力,以确定基岩的可能滑动面的位置及稳定安全系数。

需要指出的是,为了使模型试验成果能准确地反映实际情况,从模型设计、制作、贴片量测及成果整理分析等全过程,必须严格要求,才能有所保证。对于一些重要工程的试验,宜同时做不少于两个相同的模型进行试验,或做两个以上不同材料(或不同方法)的模型进行试验,以便相互校核,使之能全面反映工程的实际状态。

2.1.3　结构模型试验的类型

1. 按受力阶段分类

结构模型试验分为结构模型应力试验和结构模型破坏试验两大类。结构模型应力试验,通常指线弹性结构应力模型试验,主要研究结构物本身在受力处于弹性范围内的应力、应变分布情况及变化规律等,图 2.1.1 所示为重力坝结构应力模型。结构模型破坏试验,亦可以称为弹塑性应力模型试验,与结构模型应力试验的不同之处在于破坏模型的加荷不限制在弹性范围内,而是将荷载持续增加直至模型破坏,即模型丧失承载能力为止。广义上,无论是沿结构破坏还是沿基础破坏的试验都应属于破坏试验。这里结构模型破坏试验主要指沿结构破坏的一类,模型研究的重点仍是结构本身。图 2.1.2 所示为普定碾压混凝土拱坝结构破坏模型。

　　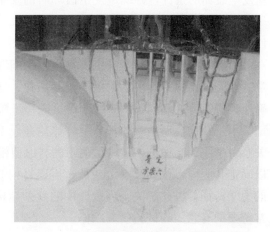

图 2.1.1　重力坝结构应力模型　　　　　图 2.1.2　普定碾压混凝土拱坝结构破坏模型

2. 按结构类型分类

根据工程结构类型和工作条件的不同,结构模型试验可以分为整体模型、半整体模型和平面模型三种类型。整体模型多用于研究空间结构,如拱坝、连拱坝等;半整体模型用于研究独立坝段或局部结构，如重力坝、水闸、大头坝等；平面模型则用于研究重力坝、空腹重力坝、拱坝等平面问题，图 2.1.3 所示为沙牌 RCC 拱坝平面结构模型。

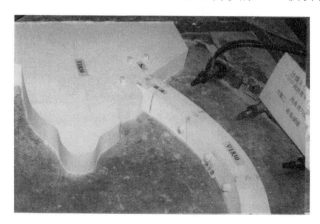

图 2.1.3　沙牌 RCC 拱坝平面结构模型

3. 按材料本构关系分类

根据材料的本构关系，可以将结构模型分为线弹性结构模型，以及弹塑性结构模型。线弹性模型试验用于研究结构物受力在弹性范围内时的应力、应变分布；而在此基础上再加载直至破坏，研究结构物在弹塑性范围内的特性，则属于结构模型破坏（即弹塑性破坏）试验。

2.2　大坝地质力学模型试验

2.2.1　地质力学模型试验的目的与意义

由于大型水电工程的迅速发展和建设，越来越多的水工建筑物与地质体位于具有复杂地质构造的岩基上或岩体内，如大坝、厂房、隧洞、地下电站和高边坡等，这类建筑物的抗滑稳定性、地基的变形及整体稳定性、岩质高边坡的稳定，以及地下结构的围岩稳定等问题都是地质力学模型试验的研究内容。

地质力学模型试验是指与工程及其岩石地基有关、能反映出一定范围内具体工程地质构造条件的一类模型试验，试验的主要目的是研究结构与地基的极限承载能力，反映结构和地基的破坏形态，了解地基的变形特性，揭示破坏机理，确定整体稳定安全系数。

广义的地质力学模型试验，是从大范围、宏观和定性的角度出发，用力学观点来研究地壳构造变化及地壳运动规律的模拟试验，这类地质力学模型试验又可以称为地壳力学模型试验或岩石力学模型试验。而本章介绍的是研究工程结构物及其岩石地基工程问题的另一类模型试验，即工程地质力学模型试验。大坝地质力学模型试验就是根据模型相似理论对大坝工程地质问题进行缩尺研究。

对于水电工程中地质构造较为复杂的岩石地基，地质力学模型试验在满足相似原理的前提下，可以较准确地反映出地质构造与工程结构的空间关系，模拟岩体、上部结构的破坏全过程，使人们能对工程整体力学特征、变形发展过程和稳定性等问题进行研究。地质力学模型试验是岩土、结构工程稳定分析的一种重要的研究方法。目前在水电工程中，大坝地质力学模型试验主要用来解决以下工程问题：

(1)研究地质构造对大坝稳定的影响。建在复杂地基上的大坝，其地基中的复杂地质构造可能造成大坝和坝基变形过大，出现失稳，对工程的安全影响重大。通过地质力学模型试验，在模型中模拟断层、破碎带、软弱夹层、节理裂隙等不利的地质构造，并在连续加荷或降低材料力学参数的状态下得到坝与地基的变形和破坏形态，从而分析地质构造对工程安全的影响。

(2)研究坝与地基的相互作用。通过地质力学模型试验可以得到大坝结构与地基结构的变形分布特性，观测大坝与坝基变形破坏的相互影响，特别是能得到坝与地基的破坏形态，从而揭示工程中存在的薄弱环节，为工程加固提供参考。

(3)研究坝基破坏机理，获得坝与地基的整体稳定安全系数。通过地质力学模型试验，可以分析得到地基的极限承载能力与破坏机理，从而得到模型的综合稳定安全系数，作出工程的安全性评价。

(4)研究工程加固措施。通过地质力学模型试验，可以针对采用了不同加固处理措施的模型，进行加固处理效果的研究。通过分析其破坏机理、承载能力和安全系数，为获得更有效的加固措施提出建议。

2.2.2　地质力学模型试验的特点和研究内容

随着我国水能资源的大力开发，越来越多的水工建筑物将修建在地质条件复杂的地基上。地质力学模型试验的研究对象是工程结构与周围岩体为一体的联合体，是从力学的观点出发，采用试验的手段，考虑地质构造条件对工程的影响，研究建筑物基础在上部结构及外荷载作用下的变形破坏机理及其演变过程，以确定正确的提高工程岩体稳定性的措施，或者对加固工程方案进行验证与优选。它主要研究岩体及断层、破碎带、软弱夹层等软弱结构面对结构的应力分布和变形状态的影响及岩体稳定和工程安全问题，是解决水电、交通和矿山开采等大型岩土、结构工程稳定安全问题的一种重要的研究方法。

地质力学模型试验主要具有以下特点：①能体现岩体的非均匀性及各向异性、非弹性及非连续、多裂隙体等基本力学特征；②能模拟出岩体中的断层、破碎带、软弱带及一些主要节理裂隙组；③模型的几何尺寸、边界条件及作用荷载、模拟岩体的模型材料的容重、强度及变形特性等方面，均须满足相似理论的要求。

2.2.3　地质力学模型试验的类型

地质力学模型试验的类型可以按照不同形式进行分类。

1. 按模型试验的性质分类

1）平面模型试验

平面模型试验即从工程整体中取出某一单位长度或高程，研究特定区域在平面力系作用下的强度或稳定问题。在选择切取平面时，切取平面应尽量与主要地质结构面相垂直，否则不能反映实际情况。例如，为研究小湾中上部高程坝肩稳定和加固处理措施，研究人员针对小湾拱坝的▽1210m进行平面地质力学模型破坏试验研究，对比分析了天然地基与加固地基的稳定性，评价了加固措施的效果。通过平面模型试验可直观地观测到坝肩内部的破坏过程和破坏形态。图 2.2.1 所示为小湾拱坝▽1210m平面地质力学模型试验。

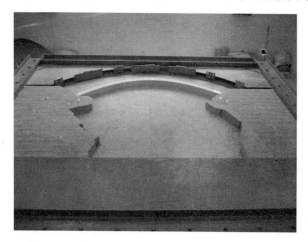

图 2.2.1　小湾拱坝▽1210m平面地质力学模型试验

2）三维模型试验

三维模型试验主要研究坝与地基整体在空间力系作用下的强度和稳定问题，以及坝与地基的破坏机制及整体稳定问题；明确大坝、岩体及主要结构面的应变和变形变化的过程；揭示工程的薄弱环节，为工程加固处理提供科学依据。图 2.2.2 所示为小湾拱坝整体三维地质力学模型试验。

图 2.2.2　小湾拱坝整体三维地质力学模型试验

2. 按模型的制作方式分类

1)现浇式模型

现浇式模型预先制作试验模型槽，以地质结构面划分不同的浇筑区，分期浇注。每浇筑一区后养护一段时间，再浇注上一层。这种模型制作周期长，但可以保证层层接触紧密。此模型适用于制作地质结构较为简单及规模较小的模型。

2)预制块体砌筑模型

预制块体砌筑模型是将预先制作的模型材料毛坯加工成需要的块体形状，或者利用模具将模型原材料直接压制成所需尺寸的块体，再按照地质构造分层砌筑成模型。此类模型所需的块体数量巨大，工程量较大，但由于毛坯或块体可预制，故其模型制作时间能缩短，目前国内地质力学模型试验多采用这类制作方式。图 2.2.1 及图 2.2.2 中的模型均为预制块体砌筑模型。

3. 按作用荷载特性分类

1)静力模型试验

静力模型试验是指研究水工建筑物在静荷载(包括自重、水沙压力和温度等荷载)作用下的应变、变形及稳定问题的整体或者平面模型试验。这类模型是建立在弹塑性力学的基本假定上，模型中需模拟一些特殊地质构造(如岩体内的断层、软弱夹层、节理和裂隙等)，主要用于研究在一定范围内受到建筑物影响的地基岩体等，在承受静力荷载后的变形、失稳过程、破坏机理，以及岩基变形对其上部建筑物的影响等问题。本书主要介绍的是采用高容重、低强度、低变形模量的非线性模型材料制成的静力模型。

2)动力模型试验

考虑到地震作用对工程的影响，可以采用动力模型试验，动力模型试验除了满足空间条件相似、物理条件相似和边界条件相似以外，还要满足运动条件相似。这类试验常以抗震模型试验为主，研究水工建筑物在不同地震烈度影响下，空库或满库时的自振特性(包括频率、振型和阻尼等)、地震荷载、地震应力及抗震稳定性等。

4. 按模型模拟的详细程度分类

1)大块体地质力学模型试验

该类试验由于砌筑模型的块体尺寸较大，在地基中只模拟尺寸和规模较大的断层破碎带等主要地质结构面。

2)小块体地质力学模型试验

该类试验采用小尺寸块体砌筑模型，在地基中除了模拟断层破碎带等主要地质构造外，还可以模拟节理裂隙组，以反映岩体的非连续、多裂隙体的结构特征。

2.3　其他模型试验方法

2.3.1　动力模型试验方法

动力模型试验是研究大坝在地震过程中动力反应的主要方法之一。随着测试仪器的革新和计算机的广泛应用使模型试验领域不断拓宽，大大提高了试验结果的可靠性和测试数据的范围。伴随着模型试验相似理论的发展和科学技术的进步，混凝土坝的动力模型试验也获得了迅速发展。

混凝土坝的动力模型试验可以分为两类：一类是起求解作用，如坝体结构模型弹性动力试验；另一类是为了研究问题的物理机理，如坝体结构模型动力破坏试验。对于后一类问题，还没有准确描述运动状态的方程，模型试验的目的是测得大坝的非线性地震响应，研究大坝的地震破坏机理，建立比较符合实际的力学模型，或验证由假定的力学模型所得到的分析结果。

混凝土坝动力模型试验所用的模型材料主要有硬橡胶、乳胶、软胶、石膏、水泥砂浆和微粒混凝土材料。其中，石膏类材料用得最普遍。模型材料的选择和所具备的实验手段、试验目的和采用的试验方法有关。前三种材料制成的模型主要用于研究混凝土大坝的振动频率、振型及弹性阶段的动力反应，其中软胶模型只能用振动台起振，用直接摄影法记录，所有极低弹性模量材料制成的模型都有和软胶模型相似的特点。后四种材料可以用激振器、振动台起振，能够进行线弹性模型试验也能够进行动力破坏试验。

2.3.2　离心模型试验方法

离心模型试验是将原型材料按照一定比例尺寸制成模型后，将其置于由离心机生成的离心场中，通过加大体积力，使模型达到与原型相同的应力状态，从而使原型与模型的变形和破坏过程保持良好的相似性，并以此来研究原型结构的问题。

我国自 20 世纪 80 年代以来，许多学者致力于该项技术的研究及对离心机的研制，从初始的小型离心机试验逐渐发展到大型离心机试验。自 1983 年起，南京水利科学研究院和河海大学的小型离心机，及长江科学院的岩土和结构两用大型离心机最早开始投入使用，并进行了大量的工程模型试验。当时的研究领域仅限于比较简单的堤基和码头的小型试验，且量测设备比较简单，许多专门技术尚未解决。目前，随着我国第三代离心机的研制与建成，离心模型试验技术已取得了充分发展。现今，许多大、中型离心机已投入工程应用，不同容量的大、中型离心试验机已相继建成，并对岩土力学与岩土工程的许多问题进行了广泛深入的研究。离心试验技术被广泛应用于高土石坝、地下结构、挡土墙、堤基、软基和边坡工程。

离心模型试验装置能够根据研究者的要求模拟再现原型地层中的重力场，越来越广泛地被运用于岩土力学和岩土工程领域，在促进岩土力学基础理论研究的发展、提高岩土工程的设计和施工水平方面发挥着重要的作用。

第3章 大坝结构模型试验方法与技术

3.1 概　述

3.1.1 结构模型试验的发展

水工建筑物的设计要符合安全、经济、适用三大原则，强度和稳定是反映安全的两大指标。其中，强度反映在应力水平上；稳定则反映结构物的超载能力，一般用安全系数来表示。工程实践中应力分析的方法主要有：以材料力学法为主的理论分析、以弹性理论为基础的有限元法及线弹性应力模型试验方法。稳定分析的方法主要有：以刚体极限平衡法为主的理论计算、以弹塑性理论为基础的有限元法及弹塑性模型破坏试验法。工程实践表明，以上的理论分析、数值计算、模型试验三种方法是解决工程问题的有效科学方法。三种方法均经历了长时间的发展和实践运用，其中，水工结构模型试验的发展大致经历了三个阶段，即创立阶段、推广阶段和深入发展阶段。

(1)第一阶段，即创立阶段，是指从 20 世纪初到 40 年代中期。这一时期，由于大坝、水电站的建设和发展，以及人们对水工物理模型试验认识的发展和相似理论的建立及完善，结构模型试验开始在工程设计中得到应用。研究人员尝试了许多用于结构模型的材料，如橡皮、石膏、光弹性材料等，并且开始对水工结构建筑物和其他结构物进行了结构模型试验。在这个阶段，美国人威尔逊用橡皮制作过重力坝结构模型，其后又有人用橡皮制作过拱坝模型。法国、意大利、葡萄牙、日本、苏联、英国等国家都结合实际工程开展了结构模型试验。特别是在 20 世纪 30 年代，电阻应变片的问世，推动了量测技术的发展，同时也为结构模型试验的发展和推广开辟了广阔的前景。

(2)第二阶段，20 世纪 40 年代中期到 60 年代末期是结构模型试验的推广阶段。在这一阶段，由于世界上水坝建设的迅速发展，水工结构模型试验也随之得到了极大的推广和发展。1959 年 6 月，在马德里举行的结构模型国际研讨会，全面讨论了结构模型的相似理论、试验技术及其工程应用情况。世界著名的意大利贝加莫结构模型试验研究所(ISMES)，就是在 1951 年建立的。该研究所进行了大量的模型试验，采用地质力学模型对大坝的稳定性进行研究，并给出了很有意义的成果。ISMES 的特点是采用大比例尺的模型，比尺一般为 1∶80～1∶20。另一个著名的实验室是葡萄牙里斯本国家土木工程研究所(LNEC)，建立于 1947 年。该研究所大多采用小比例尺的模型，比尺一般为1∶500～1∶200。此外，其他国家也相继开展了这方面的研究工作。

我国从 20 世纪 50 年代开始，部分大专院校、科研院所，如清华大学、华东水利学院(现为"河海大学")、武汉水利电力大学(2000 年合并后，名称有改变)、成都工学院

（现为"四川大学"）、中国水利水电科学研究院、长江科学院等也相继建立了结构模型实验室，并开始针对实际水电工程开展了结构模型试验。试验初期以线弹性应力模型试验为主，广东流溪河水电站拱坝（坝高 78m）结构模型是我国第一个混凝土坝的结构模型。1958～1959 年，进行了丹江口水利枢纽工程坝体应力及厂房坝段基础沉陷预测的光弹结构模型试验；1959～1960 年，对长江三峡水利枢纽坝型选择比较方案的宽缝重力坝坝体应力问题，包括宽缝不同宽度、坝体不同坝坡等内容进行了系统的结构模型试验研究。至 20 世纪 60 年代，结构模型在水电工程中的应用越来越多，试验技术也进一步完善提高。例如，开始了对地基地质构造的模拟研究；进行了拱坝和重力坝结构及破坏试验；进行了丹江口厂房不均匀基础沉陷和混凝土斜坡抗滑稳定结构模型试验；对乌江渡拱坝（比较方案）进行了脆性材料整体结构模型试验等。这个时期结构模型试验研究的特点是：结构模型试验数量多，参与模型试验研究工作的单位多，直接用于解决工程设计实际问题多，从而在试验技术、材料研究、量测手段等方面都有了很大的发展。

（3）第三阶段，从 20 世纪 70 年代开始直到现在，结构模型试验进入了新的发展阶段，即深入发展阶段。随着现代测试技术和模拟理论的发展、模型材料研究的深入，以及新的模型试验技术的应用（如地质力学模型和离心模拟技术）等，进一步扩大了水工结构模型试验研究领域，推动了水工结构模型试验在工程中的广泛应用。例如，运用水工结构模型，对坝体和基岩联合作用、重力坝的坝基抗滑稳定、拱坝的坝肩及地下洞室围岩的稳定、岩石边坡稳定和破坏机理等多个方面都进行了大量的试验研究工作。在这期间，随着长江葛洲坝水利枢纽工程、三峡水利枢纽工程及其他一些水电工程的兴建，水工结构模型试验在工程中的应用范围越来越广，研究的深度越来越深。例如，葛洲坝二江、大江电站厂房等结构应力模型试验研究；二江泄水闸和船闸建筑物的抗滑稳定和破坏试验研究；乌江渡工程混凝土拱围堰、拱形重力坝整体模型试验及清江隔河岩拱坝、二滩拱坝等三维地质力学模型研究。特别是在长江三峡水利枢纽工程中，结构模型试验发挥了巨大的作用。早在 1959 年，相关人员就进行过三峡大坝结构模型的试验工作。从 20 世纪 80 年代开始，结构模型试验为三峡工程的可行性研究、前期准备、初步设计和技施设计等不同阶段提供了大量的试验研究数据和成果。例如，船闸高边坡应力及稳定分析结构模型试验；厂房坝段应力和基础稳定结构模型试验；多孔洞溢流坝坝体应力分析结构模型试验等。

随着有限元分析方法和电子计算机技术的迅速发展，科学与工程计算方法得到了广泛的应用，一些小型工程和简单的结构问题，通常只进行计算分析就能满足工程的要求，不一定再进行结构模型试验。但是，随着我国水能资源的大力开发，越来越多的水工建筑物将修建在地质构造复杂的地基上，复杂的结构问题（如坝体内开设大孔口、拱坝设置诱导缝或周边切缝、坝体加高的应力分析等）及复杂的地质构造问题往往需要多种方法进行分析研究。结构模型是仿真的物理实体，能同时考虑多种因素，模拟多种复杂的地质构造和结构较复杂的建筑物，在满足相似原理的条件下，能较真实地反映地质构造和工程结构的空间、时间关系，避开了数学和力学上的困难，通过加载使模型从弹性阶段发展到塑性阶段以至最终的破坏，其试验过程和试验结果能给人以直观的概念和感受，便于从全局上把握工程整体力学特征、变形趋势和破坏机理，从而作出相应的判断。另外，通过物理模型试验，还可以对各种数值分析的结果进行校核和验证，充分发挥各种科学手段的优越性，并在相互比较中找出各自的缺陷所在，以求得到科学研究的不断改进和发展。对大、中型工程通常采用模型试验和数值分析相结合的方式，可以从不同角度进行全面分析，从而相互验证，互为补充，以此全面分析论证重大工程技术问题。当前在国内外许多重大工程安全稳定问题的研究中，模型试验和数值分析相结合的方法已成为主导，并为工程建设提供可靠的依据。

本章主要介绍水工建筑物(主要是坝体)的结构模型应力试验和结构模型破坏试验，并将结构模型应力试验和结构模型破坏试验统称为结构模型试验。

3.1.2　结构模型试验的目的及意义

水工结构模型是将原型结构按相似原理缩尺制作成模型。模型不仅要模拟建筑物及其基础的实际工作状况，同时还要考虑多种荷载组合(正常和非正常工作状态)及复杂的边界条件。根据模型试验观测和采集到的应变、位移等数据，再经过模型相似关系的换算，可求得原型建筑物上的力学特征，以此解决工程设计中提出的复杂结构问题。所以，水工结构模型试验是一项非常重要、有意义的试验研究工作。

水工结构模型试验的目的是：

(1)研究水工建筑物在正常工作状态下的结构性态，也就是研究建筑物及基础在设计荷载作用下的应力和变形状态。

(2)研究水工建筑物结构本身的极限承载能力或安全系数，以及在外荷载作用下结构的变形破坏机理及其演变过程，以确定结构的薄弱环节，从而对结构进行改进，使其各部分材料都能最大限度地发挥作用，或者对结构加固方案进行验证与优选。

(3)引入断裂力学的原理研究水工建筑物(主要是拱坝)设置诱导缝后结构的应力、变形及开裂破坏特征，并对诱导缝的布置设计进行优选。

(4)研究建筑物在设计荷载或超载条件下，基础变形对上部建筑物应力与变位的影响。

3.2　结构模型试验的模型材料

3.2.1　模型材料的分类

由结构模型试验的分类可以知道，按材料的本构关系，可以将结构模型分为线弹性结构模型，以及弹塑性结构模型。线弹性结构模型材料的本构关系属于线弹性力学研究的范畴，其应力、应变关系服从广义胡克定律，在试验中可按照胡克定律将测得的应变换算成应力。而在弹塑性模型即结构模型破坏试验中，当试验处于超载阶段时，材料已超出弹性范围进入弹塑性阶段，此时试验测得的应变不能用来换算成应力，但可以作为判断结构安全系数和开裂破坏的依据，通过应变曲线的变化规律定性地分析结构物的变形破坏特征。

3.2.2　结构模型试验材料的选择

1. 结构模型试验材料的基本要求

模型试验在各试验阶段，即线弹性阶段和破坏阶段，由于结构受力情况存在差异，研究弹性范围内线弹性应力模型，与研究超出弹性范围直至破坏的弹塑性模型试验，对模型的相似要求、试验研究目的有着不同的材料要求。而在满足量测仪器的精度和模型加工制作工艺等方面，两者对模型材料的要求又存在相同之处。总体上，结构模型材料须满足以下要求：

(1)模型材料满足各向同性和连续性，与原型材料的物理、力学性能相似，且在正常荷载下无明显残余变形。

(2)原模型材料的泊松比相等或相近。

(3)模型材料的弹性模量有较大调节范围以供选择，并满足强度和承载能力的要求。

(4)模型材料具有较好的和易性，便于制模、施工和修补；其物理、力学、化学、热学等性能稳定，受时间、温度、湿度等变化的影响小。

(5)料源丰富、价格便宜、易于购买。

2. 结构应力模型对材料的特殊要求

结构应力模型试验研究的对象多为混凝土坝或浆砌石坝，在设计荷载作用下，原型大坝中的混凝土或浆砌石基本处于弹性阶段，可以认为原型材料服从弹性力学中的假设和定律，即等向、均质、服从胡克定律等。因此，模型材料除必须满足上述基本要求外，还需满足以下要求：

(1)混凝土和石膏等模型材料在较小应力范围内存在非弹性残余应变，需重复多次加载、卸荷，其应力、应变关系才趋于线性。模型材料弹性模量大于 2.0×10^3 MPa 时，其非弹性变形影响微小，可以忽略不计；当弹性模量小于 2.0×10^3 MPa 时，可以通过模型测试前的反复多次预压降低其影响。

(2)泊松比对应力、应变影响较大，而结构应力模型主要是量测应力、应变数据，对泊松比的相似性要求则更高。混凝土结构的泊松比 μ 约为 0.17，因此模型材料的 μ 值应尽量接近 0.17。

3. 破坏模型对材料的特殊要求

结构模型破坏试验，特别是研究碾压混凝土坝诱导缝方案时，因为要实现开裂破坏过程相似，除对材料有上述基本要求外，必须满足模型材料和原型材料在弹性阶段和非弹性阶段的应力－应变关系曲线完全相似，尤其是非弹性变形也应满足相似。

3.2.3　石膏材料

在结构模型试验中，常采用的模型材料有石膏、石膏硅藻土、石膏重晶石粉、轻石浆等。其中石膏材料，主要指纯石膏和石膏硅藻土，由于其可塑性和均匀性好，制作简易，且可通过改变水膏比和添加其他混合材料，达到试验所需的物理力学参数等优点，在结构模型试验中已被广泛应用于模拟混凝土坝及岩石地基。纯石膏和石膏硅藻土材料的不同组成及相应物理力学参数，如表3.2.1所示(根据试验资料汇编而成)。

1. 纯石膏材料

石膏作为结构模型材料已有几十年的历史，它属于脆性材料，其抗压强度远大于抗拉强度，泊松比为0.2左右；通过加水或掺入不同掺和料可使模型材料的弹性模量达到$0.08 \times 10^3 \sim 10 \times 10^3$ Mpa。石膏材料成型方便，易于加工，性能稳定，非常适合于制作线弹性应力模型。

表 3.2.1　石膏模型材料组成及性能

材料	材料组成（质量比）			材料力学性能				
	石膏	水	外加剂	抗压强度/Mpa	抗拉强/Mpa	弹性模量/Mpa	泊松比 μ	容重 γ/(g/cm³)
纯石膏	1	0.7		12.9	1.9	6280	0.197	1.047
	1	1.0		5.3	1.3	3490	0.198	0.844
	1	1.3		4.0	1.0	2320	0.169	0.714
	1	1.5		2.9	0.7	1650	0.200	0.632
	1	2.0		1.5	0.3	1000	0.204	0.482
石膏硅藻土	1	2.0	0.3	1.1	0.3	858	0.179	0.573
	1	2.0	0.5	1.3	0.3	974	0.188	0.645
	1	2.0	0.8	1.5	0.3	1200	0.200	0.716
	1	2.0	1.0	2.0	0.5	1560	0.189	0.752
	1	2.0	1.5	3.0	0.6	1960	0.195	0.884

石膏材料系天然石膏矿石(主要成分为二水硫酸钙 $CaSO_4 \cdot 2H_2O$，俗称生石膏)，经煅烧、脱水并磨细而成，由于煅烧温度、时间和条件的不同，所得石膏的组成与结构也就不同。结构模型常用的是 β 型半水石膏($CaSO_4 \cdot 1/2H_2O$，俗称熟石膏或普通建筑石膏)属于气硬性胶凝材料。制作模型时，β 型半水石膏在加水后重新水化成生石膏，并很快凝结硬化实现模型的浇制。

$$CaSO_4 \cdot \frac{1}{2}H_2O + 1\frac{1}{2}H_2O \longrightarrow CaSO_4 \cdot 2H_2O \qquad (3.2.1)$$

上述化学反应过程为放热反应，并形成胶体微粒状的晶体。生石膏的结晶体再互相联结形成粗大的晶体，便构成了硬化的石膏。石膏的凝结速度主要取决于水膏比的大小，当拌和用水较少时，凝结速度过快，浇模时操作会有困难。通过在石膏浆中掺入适量的缓凝剂，如亚硫酸酒精废液或磷酸氢二钠等，用量为石膏重量的 0.5%~1.0%，可以延缓石膏初凝时间。必须注意的是，对于石膏及其掺和料，由于原料产地、煅烧工艺、磨细度的不同，其材料性质亦各有差异。在多次混合或不同批号的材料之间，其材料性质并不一定能保持不变。因此，对每批浇制的石膏原料，应选用同一厂家生产的同一批石膏；并且对每批浇制的模型材料，都需要进行材料性能测定。另外，半水石膏在凝结和硬化的初期，体积略有膨胀（约 1%），但是进一步硬化和干燥时，体积又会有所收缩，而且收缩量随水膏比的增大更显著。

硬化后的石膏，其性能（主要指强度和变形特性）与石膏粉的磨细度、水膏比（拌合用水和石膏的质量比）等因素有关。对同一批石膏材料而言，其物理性质主要取决于水膏比的大小。因为半水石膏变成生石膏的硬化过程中，用水量通常小于石膏重量的 1/5，未参加反应的多余水分在干燥过程中蒸发出来，使石膏块体内部形成很多微小的气孔。因此随着拌和水量的增多，材料的强度、弹性模量及容重等物理力学参数亦随之降低。石膏之所以广泛应用于弹性范围内的模型材料，也正是利用了它的这种特性。

石膏的弹性模量也与水膏比相关，当水膏比介于 1.0~2.0 时，其压缩弹性模量 E 与水膏比 K 值的关系可以采用以下经验公式估算：

$$E = 3.6(1/K - 0.1K) \tag{3.2.2}$$

式中，E 的单位为 GPa。

石膏的泊松比随水膏比的变化不显著，其泊松比为 0.2 左右，可认为与混凝土泊松比 0.17 相近。

2. 石膏硅藻土材料

石膏硅藻土材料是具有较好线弹性的模型材料。在水膏比不变的情况下，随着硅藻土掺入量的增大，材料的极限强度、弹性模量及容重等随之增大，其应力－应变关系曲线和纯石膏材料相似，见表 3.2.1。这种材料由于容重比石膏高，并且可以根据要求配置出不同容重，因此适应性较广，但其线弹性性能不及纯石膏，且其材料配置较纯石膏材料相对复杂。当采用纯石膏材料，不能通过施加外荷载模拟重力时，可采用石膏硅藻土，通过材料自身重量来满足容重相似的要求。

3.3 荷载模拟及加载系统布置

在结构模型试验中需要模拟的主要荷载有水荷载、自重荷载、淤沙压力、温度荷载等，其中面力荷载有上、下游水（沙）荷载，体力荷载有自重、渗透水压力，另外还有温度荷载、地震荷载等。在静力模型试验中，对于地震荷载、渗透压力、温度荷载等，目前的试验手段还不能准确模拟，一般采用近似方法进行等效荷载模拟。在结构应力模型试验中，可以考虑多种工况的荷载组合，从而测得各种工况下坝体的应力分布和位移分布。在破坏试验中，荷载只能一次性施加，因而只考虑一种荷载组合进行试验，通常采用最不利的荷载组合进行模拟。

3.3.1　模型荷载的模拟

在结构模型试验中，采用多种工况的荷载组合，测得各种工况下坝体的应力分布和位移分布。重力坝或拱坝承受的荷载主要为自重和水沙荷载，重力坝还要考虑扬压力，拱坝还需考虑对应力、应变影响较大的温度荷载。两种坝型的加载方式存在一些差异，见图3.3.1。

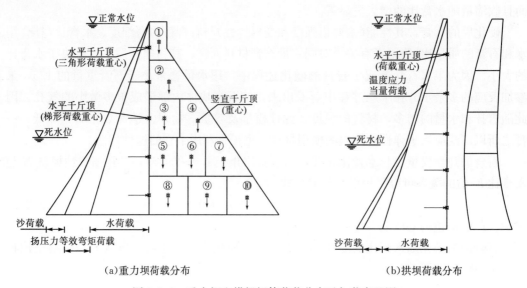

(a)重力坝荷载分布　　　　　　　　　　(b)拱坝荷载分布

图 3.3.1　重力坝和拱坝坝体荷载分布及加载布置图

1.　竖向荷载

由于重力坝或支墩坝靠自身重力维持稳定，其体型较大，重力是影响应力和变形的主要荷载因素，因此在重力坝模型中需进行模拟。在模拟独立坝段的重力时，由于纯石膏材料较轻，不能满足容重相似，需要施加外力来实现重力荷载相似。常用的方法是在各坝段重心处采用拉杆挂砝码的方法来弥补重力荷载的不足。这种方法的缺点是重心以上部位不受荷载，但下部荷载基本相似。当试验精度要求较高时，可将坝段沿高度方向分成若干层，计算出每层的重力差值，在各自重心施加自重，这样可以有效地模拟重力坝的重力分布情况，详见图3.3.1(a)。

拱坝由于其应力分布情况相当复杂，研究拱坝的应力分布和变形情况对坝型的优化和材料的最佳利用意义重大。而拱坝特别是双曲拱坝在重力的模拟上，施加外荷载受模型条件限制，如在双曲拱坝模型上采用千斤顶施加重力荷载则可能产生不等效弯矩。因此，在模拟拱坝的重力时，常采用容重相似的方法，用石膏硅藻土或在石膏材料中添加其他高容重材料(如重晶石粉、铁粉等)来增加模型材料的容重，使模型与原型材料容重相等。

对于拱坝平面应力模型试验，由于拱圈以上重力不便施加且拱圈自重亦不便模拟，试验中，或采取面力替代体力，即在拱圈上部施加相当于竖向力差值大小的面力；或不模拟重力，而通过结合有限元计算进行修正。

2. 水平荷载

在施加水平荷载时，重力坝和拱坝可以采用分层、分块的方法施行，也就是将各坝段所受水平荷载分成若干层，计算出每层三角形或梯形水平荷载的大小，在每层荷载的重心处布置千斤顶施加荷载。千斤顶出力的选择应根据分块承受的荷载决定，并通过传压板的扩散作用将荷载有效地传递到坝面。坝面与传压板之间还需采取减摩措施克服边界摩阻效应。这种加载方法，坝面荷载的分布情况与实际情况基本相似。

3. 扬压力

重力坝的扬压力是影响坝体稳定的重要因素，但在结构模型中扬压力模拟受限，一般情况下不做模拟。当确实有必要模拟时，常对扬压力进行等效模拟，即通过自重折减扬压力的方式实现竖向力的模拟，并通过增加上游水平荷载来模拟扬压力在坝基面上产生的弯矩。这种等效模拟方法可实现坝体应力和变形状态的基本等效。

4. 温度应力

拱坝温度应力在模型中的模拟尚未能得到有效解决，在模型试验中，一般将温度荷载简化为当量荷载，按水平荷载方式作用在坝面上进行等效模拟。

3.3.2　模型加载系统

对于模型体力的加载，常用分散的集中力进行加载，或是用集中力转变成面力代替体力施加在模型上。面力的加载，目前常用的有三种方法：液体加载、气压加载、油压千斤顶加载，其中又以油压千斤顶加载最为常见。

1. 油压千斤顶加载

采用油压千斤顶加载，主要优点如下。

(1)能够根据需要连续调节千斤顶的油压，改变压力强度，满足量测精度要求，还可以通过不同压强的试验值校核应力与变形大小。

(2)加压方向和大小可改变，能做自重加水压荷载的试验，适用于压力方向需要调整的模型试验。

(4)能不断增加压力强度，满足大压力的需要及破坏试验的超载要求。

(4)在千斤顶底部安装压力传感器可以准确地控制实际加载的大小，减小试验中模拟荷载出现偏差的几率。当设有稳压装置时，还可以满足模型试验对加载的稳定性要求。

油压千斤顶加载装置由高压油泵(电动或手动)、稳压器、分油器、油压千斤顶、量测仪表和传压垫块所组成如图 3.3.2 和图 3.3.3 所示。稳压器就是一个有足够容积的高压容器，其作用是使油压压强相对稳定。分油器是把油泵或稳压器供给的高压油分配给各个油压千斤顶。它是一个内部为空心的矩形或圆形截面的压力钢容器，上面装置有连接油泵或稳压器与油压千斤顶的接头。油压千斤顶根据它的活塞直径大小分为不同的规格。为了使集中力均匀作用在模型上，常设置传压板。传压板一般是用钢板、木板或石膏块，并加上一层薄橡皮或毛毡。其中，传压板起到与坝面吻合的传力作用，橡皮起到垫层与定位的作用，同时可减少与加载面的摩擦。试验中，在千斤顶的顶头和传压板之间还需安置一个圆形钢垫块。垫块一侧与千斤顶头吻合，另一侧与传压板相连，以利于传力和千斤顶定位。对于相邻的传压板间应有一定的间隔，以适应坝体受力变形而不影响各个传压板的传力；对于破坏试验，其间距要适当加大，特别是紧邻坝踵部位的传压板，以便于在试验过程中对上游面及坝踵开裂进行实时监测。

图 3.3.2　WY-300/V 型自控油压稳压装置　　　　　图 3.3.3　高压油泵

在选择千斤顶的型号和规格之前，要先根据相似条件，计算出模型上需施加的荷载，再进行荷载的分块计算和千斤顶的选择与布置。

2. 液体加载

在结构模型试验中，水银是模拟坝面水压力的一种理想液体。水银液体压力呈三角形分布，其密度较大，为 $13.6\mathrm{g/cm^3}$，能产生较大的压力使模型发生变形，便于试验量测。特殊情况下，也可采用其他不同容重的液体。

为了使水银液体作用于模型坝面，需要特制的橡胶袋盛水银或其他液体，这种橡胶袋是用高含胶量的橡胶板或锦纶丝橡胶板制造而成。橡胶袋内的净空可装水银厚度为 1～2cm。在橡胶袋的底部接两根小铜管或高压橡胶管，一根接水银筒，另一根接测压管。在橡胶袋的顶端接有类似的管子，作为通气之用，以保证袋内水银面上的压力等于大气压力。水银袋与模型之间通常垫有泡沫塑料或毛毡，以减小与模型表面可能产生的摩擦力。在拱坝试验中的水银橡胶袋，其形状尺寸应与坝面吻合，尺寸应稍大于坝面，特别是高度方向应高出坝顶 5cm 左右，以保证橡胶袋与模型坝面完全吻合。

根据试验经验，水银加载支承模板的形状尺寸应与加载坝面相适应，并具有足够的强度和刚度。从这个要求出发，对于形状单一或平面模型的水银加载模板，宜用木材制作；两侧模板，宜采用有机玻璃制作。边侧与模型侧面间的空隙距(1.5mm 左右)应严格控制等距。加载装置需设置水银筒，可以采用提高水银筒、用气压或水压等办法使水银流入袋内，其液面高程可由测压管量测。

由于水银有毒，水银加载系统在使用前，要经过严格的检查和加固，特别是加载橡胶袋及管口接头处，均须保证密封不漏。在水银加载时，应防止空气在测压管内阻塞水银；在卸载时应控制水银筒降低的高程，务必使测压橡胶管内充满水银。为了保证加载的准确，模板与加载坝面间的距离要相对固定，需要预先放好样线控制，这对保证量测数据的稳定是必须的，还可以防止模型不会误被模板顶坏。为了将坝面高程精确地标示到测压标高尺板上，可用装清水、两头接有连通橡胶管的玻璃管定位。测压板的标高尺板位置要严格固定，不允许上下移动。

水银的比重是一个常数，一般只有线弹性应力模型试验加载时采用。由于水银一旦使用不慎将会对人体健康产生较大危害，因此现在一般不采用这种加载方式。

3. 气体加载

考虑到水银蒸气的毒性，故采用气压加载的方法来代替水银加载。该方法是用乳胶做成气压袋进行充气进而对模型予以加载。根据静水压力的分布规律，可用多条气压袋充气对模型加载，以阶梯状的压力分布代替三角形压力分布。每条气压袋用橡皮管与气压加载控制部分（即测压管）或压力定值器连接。根据施加的压力值，把测压管或压力定值器指针调整到所需压力位置，以保证气压袋的压力恒定。由于气压袋能承受的压力有限，为了安全起见，气压加载一般只应用于线弹性应力模型试验，不用于破坏试验。

3.4　结构模型试验量测技术

试验量测的任务是通过模型试验获得所需的各种物理量，并将它们变为分析问题所依据的数据、图表或曲线等，而量测技术则是为了实现这一目的而制订的合理方案和具体手段。量测的物理量通常包括应力（实际上是量测应变）、荷载、位移、裂缝等。结构模型的量测系统主要包括对结构物及其基础的应变量测和位移量测两部分。布置测点时，根据结构物的重要部位和试验目的，在某些典型部位（如坝踵、坝肩、拱冠等）、需关注的重点部位（如断层上下盘、蚀变带等）及其他部位（如坝基面等），布置相应的测点，通过数据分析和对比，找出应力和位移分布和破坏发展的规律。

目前，量测方法大体上可以归纳为三类：

（1）机械法。机械法是一种早期使用的较为直观的方法，从简单的千分表到精密杠杆引伸仪都属于这一类。机械法具有设备简单、无需电源、抗外界干扰能力强和稳定可靠等优点，故仍为目前某些试验的量测手段。但由于存在设备体积大、灵敏度低、不能远距离观测及自动记录等缺点，所以在近代模型试验中除少数场合外，大都已被电测法所取代。

（2）光测法。光测法主要有光测弹性应力分析法、激光全息干涉法、散斑干涉法及云纹法等。由于模型材料多为脆性材料，具有不透光性，光测法仅适应于表面涂层法或光弹贴片法的应力量测。

（3）电测法。电测法具有灵敏度高、多点自动量测和记录、易与通用仪器及信号处理设备接口等优点。电测法的主要不足之处是不易进行内部应力量测，在应力集中处的测点量测精度较差。此外，电测法在量测中的累积误差如处理不当时会增大误差，故要求有较高和较为严格的测试技术。随着微型电阻应变片的生产，以及粘贴技术和量测仪器的进步，电测法的缺陷已得到很大改善，应用范围越加广泛。目前，电测法是量测应变和位移，以及其他物理量的主要方法之一。

3.4.1　电测法的基本原理

电测法的基本原理是将被测物理量(应变、荷载、位移等)转换为相应的电学数值(如电压、电流及电感)，然后利用电学仪器进行量测和分析处理。电测系统的组成，大致可由下列图框来表示，如图 3.3.4 所示。

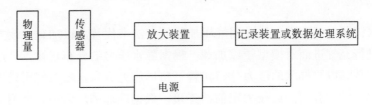

图 3.3.4　电测法的基本原理图

由上图可以看出，电测法的量测系统主要包括 4 个部分：

(1)感应装置。该装置通常称为"传感器"或应变计，它附着在被测结构上，当结构受力后，使得非电物理量转换为电学量，是一种基本转换元件。

(2)放大装置。由传感器传递出来的电学信号非常微弱，必须经放大器加以放大，才能推动仪表将信号显示出来。放大装置通常由整流器、放大器、滤波器等组成。

(3)记录装置或数据处理装置。被测的非电物理量经过传感器转换为电学量，并经放大装置放大后，再由记录装置记录下来，或立即由数据处理系统进行分析计算，得出量测结果。

(4)电源装置。将经过稳压装置的稳压电源供给量测系统的各个组成部分。

这 4 个组成部分中，传感器是电测系统中的核心部分。传感器的类型很多，随量测对象及要求的不同而异。在脆性材料结构模型试验中，一般使用电阻丝传感器，即应变片，应变片原理将在下文详细阐述。

3.4.2　应变量测的准备工作

应变量测的准备工作主要有以下几个内容。

1. 量测方案的拟订和应变测点的布置

根据被测模型应变量测的目的及要求，拟订量测方案，结合理论计算，特别是与模型试验相配合的有限元计算所得的应力和位移分布规律进行测点布置。对某些可能出现的最大受力部位和应力集中区，应着重布置测点，并注意测点的合理性。

另外，测点布置应尽可能利用结构物的对称性。例如，拱坝整体模型试验，便可考虑重点布置半拱，若两岸地基岩性差异太大，则需全拱布置；也可采取在对称位置上布置适当的测点，以便相互校核和比较。又如重力坝平面模型试验，以其中一侧面为主测面，重点布置测点，在另一侧面选择一些重要部位布置校核测点，以增加测试成果的可靠性。

2. 贴片

当测点位置选定后，便可根据量测要求布片，一般每个测点布置三片互成 45°的直角式应变片（或称应变花），如图 3.4.2 所示。

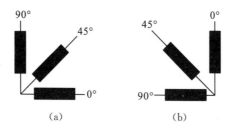

图 3.4.2　直角式应变片两种布片形式

为了检验量测值是否正确，有时可布置成四花，即在互成 45°的 4 个方向，各贴一片，如图 3.4.3 所示。这样测得的 4 个应变值，具有下列关系：$\varepsilon_0 + \varepsilon_{90} = \varepsilon_{45} + \varepsilon_{135}$。四花片一般用于某些重要部位，如拱坝的拱冠梁底部测点，除进行校核外，还可以防止出现个别应变片损坏后得不到测点数据的情况。

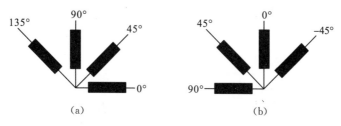

图 3.4.3　四花片两种布片形式

测点应变片的布置方式也可以采用其他布片形式，如等角应变片，如图 3.4.4 所示。

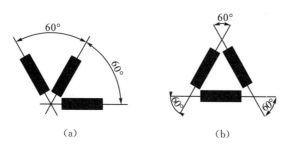

图 3.4.4　等角应变片两种布片形式

3. 拟订加载程序

拟订加载程序也是应变量测的重要环节。对于结构应力模型而言，多以石膏为模型材料，量测限于弹性范围内。同时考虑到石膏材料的抗压强度较低，试验不能直接加载至坝体的设计荷载，通常采用由低到高的方法进行分级加载和量测。在每级荷载下反复测读三次以上，以排除偶然因素影响。

4. 仪器设备检验和其他准备工作

首先，在进行仪器和设备安装前，必须进行检验或标定，如检查应变仪的灵敏度是否足够、电容是否正常、加载千斤顶是否进行标定、预调平衡箱的电阻等。其次，对被测结构物所用的模型材料试件，进行物理力学指标测试，如弹性模量、泊松比等，以备分析量测成果使用。另外，对布置的量测电路进行全面检查，特别需注意应变片的绝缘、防潮和温度补偿等是否可靠。

3.4.3　应变量测计——电阻应变片

从图 3.4.1 可见，传感器是直接和被测对象接触的，其性能的好坏直接影响量测结果的可靠程度及量测精度。

传感器分为非电量接受部分和机电交换部分。传感器并不将原始量测的非电量直接变为电量 E，而是将最初量测的非电量作为传感器的输入量，先由非电量接受部分加以接收，形成一个适于变换的机械量，再由机电变换部分将机械量变换为电量 E。因此，一个传感器的性能是综合了接受部分和变换部分的性能后，具有最终输出电量 E 的性能。

本节内容以最常用的传感器——电阻应变片为例，进行介绍。

1. 电阻应变片的构造

应变片由敏感元件、基底、引出线、覆盖层组成。敏感元件是指电阻金属丝或合金箔及半导体材料，按敏感元件不同分为圆头栅式、平头栅式、金属箔式、半导体式等。在水工结构模型试验中，最常用的电阻丝应变片是丝栅式应变片，如图 3.4.5 所示。图中，1 为康铜丝绕成的丝栅，常称敏感栅代表电阻丝(敏感元件)，直径为 $0.02\sim0.03\mathrm{mm}$ 的用黏结剂把丝栅紧贴在基底 2 上，丝栅两端用较粗的引出线 3 接出，以便焊接量测导线；在丝栅面上覆盖一层保护纸(或膜)4 形成一张完整的应变片；L 为应变片的标距或基长，它是丝栅沿纵向量测变形的有效长度；a 为应变片丝栅的宽度。

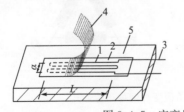

1 — 康铜丝绕成的丝栅；
2 — 基底；
3 — 引出线；
4 — 保护纸(或膜)；
5 — 被测结构

图 3.4.5　应变片的构造

基底除有固定丝栅的作用外，还对被测结构有绝缘作用。应变片基底材料的种类很多，按应变片的基底材料不同，又分为纸基和胶基两种。其中纸基应变片应用最多，一般多用拷贝纸或烟卷纸做成。这种基底纸很薄，贴片后由于胶水的渗透作用，可以将贴片和被测结构相互结合，而这层薄纸在量测过程中没有阻碍作用，因而传力性能较好。

2. 电阻应变片的工作原理

应变片的基本工作原理是基于电阻丝受力变形后，其电阻值发生改变这一物理现象。电阻应变片作为传感元件，可以将被测构件表面指定点的应变转换成电阻变化，再通过电阻应变仪将此电阻变化转换成电压（或电流）的变化并加以放大，然后以应变的标度给出指示，或者将模拟被测点的电信号输入到记录仪器进行记录；也可以把电信号输入到计算机进行数据存储和处理，并将最后结果打印或显示出来。

设有一根圆截面的金属丝长为 l，截面面积为 A，电阻率为 ρ，则其初始电阻 R 为

$$R = \rho \frac{l}{A} \tag{3.4.1}$$

若导线受轴向力 F 作用后伸长 Δl，其应变值为 $\varepsilon = \dfrac{\Delta l}{l}$，因为 ε 值通常很小，常用 10^{-6} 表示一个微应变单元 $\mu\varepsilon$。例如，$\varepsilon = 0.001$ 表示为 1000×10^{-6}，称为 1000 微应变或 1000 $\mu\varepsilon$。

假设金属丝拉伸后，横截面积 A 减小 ΔA，导线直径 d 相应减小 Δd，电阻 R 改变 ΔR，电阻率 ρ 改变 $\Delta\rho$，由式（3.4.1）可得金属丝拉伸后的电阻为

$$(R + \Delta R) = (\rho + \Delta\rho) \frac{l + \Delta l}{A - \Delta A} \tag{3.4.2}$$

由式（3.4.1）与式（3.4.2）相除得

$$\left(1 + \frac{\Delta R}{R}\right) = \left(1 + \frac{\Delta\rho}{\rho}\right) \frac{\left(1 + \dfrac{\Delta l}{l}\right)}{\left(1 - \dfrac{\Delta A}{A}\right)}$$

将 $A = \dfrac{\pi}{4}d^2$，$\Delta A = \dfrac{\pi}{4}[2d\Delta d - (\Delta d)^2]$ 代入上式后得

$$\left(1 + \frac{\Delta R}{R}\right) = \left(1 + \frac{\Delta\rho}{\rho}\right) \frac{\left(1 + \dfrac{\Delta l}{l}\right)}{\left(1 - \dfrac{\Delta d}{d}\right)^2} \tag{3.4.3}$$

又因为 $\dfrac{\Delta d}{d} = \mu \dfrac{\Delta l}{l}$，其中，$\mu$ 为金属丝的泊松比，则式（3.4.3）可简化为

$$\frac{\Delta R}{R} = (1 + 2\mu) \frac{\Delta l}{l} + \frac{\Delta\rho}{\rho} = (1 + 2\mu)\varepsilon + \frac{\Delta\rho}{\rho}$$

或

$$\frac{\Delta R/R}{\varepsilon} = (1 + 2\mu) + \frac{\Delta\rho/\rho}{\varepsilon} \tag{3.4.4}$$

式中，$\dfrac{\Delta R/R}{\varepsilon}$ 为单位应变的电阻变化率，称为金属材料的灵敏系数 K_0，则

$$K_0 = (1 + 2\mu) + \frac{\Delta\rho/\rho}{\varepsilon} \tag{3.4.5}$$

由式（3.4.5）可知，金属材料的灵敏系数 K_0，受两个因素影响：一个是由于材料受

力后的几何形状发生变化所引起的，即$(1+2\mu)$项；另一个是材料受力后的电阻率发生变化而引起的，由$\dfrac{\Delta\rho/\rho}{\varepsilon}$项表示。根据以往对多种材料的实验证明，后一因素确实是存在的，即电阻率ρ亦随应变改变而发生变化，且非常量。这是因为在材料产生应变时，材料内部自由电子的活动能力和数量会随之发生变化。但电阻率的变化规律还有待深入研究，所以K_0值只能通过试验采用以下公式求得

$$\frac{\Delta R}{R} = K_0\varepsilon \tag{3.4.6}$$

式(3.4.6)为单一金属丝灵敏系数K_0的计算公式，并非应变片的灵敏系数K。应变片由多条金属丝组成的丝栅形成，以圆头栅式应变片为例，当受力拉伸时，圆头部分伸缩率和直线部分不同，这就是应变片的横向效应(或横向灵敏度)。此外，还受到被测结构物的横向变形的影响，因此应变片的灵敏系数K和单丝灵敏度K_0不同。圆头栅式应变片的灵敏系数K可由下式定出：

$$K = K_0\left\{1 - \frac{\pi\lambda(n-1)(1+\mu)}{2[n+(n-1)\pi\lambda]}\right\} \tag{3.4.7}$$

式中，K_0为单一金属丝的灵敏系数；n为电阻丝的排数；$\lambda = \dfrac{r}{l}$，r为圆头部分一端的长度，l为直线部分长度。

应变片的K值由制造厂商标定出，该值已将横向效应包括在内了，K值一般为$1.5\sim2.5$。故应变片电阻的量测公式为

$$\frac{\Delta R}{R} = K\varepsilon \tag{3.4.8}$$

已知应变片的K值，将其接入量测电路，便可测得试件变形前后的电阻改变量ΔR，然后由式(3.4.8)求得应变ε。在实际应用中，为了使用方便，在量测电阻变化的仪器——应变仪的读数盘上，直接按应变来分度，这样便可直接读出应变值，不需另行换算。常用的电路量测方法为惠斯通电桥量测法。

3. 量测电路基础——惠斯通电桥

应变片就是将构件应变的变化转换成电阻的变化，然后通过应变仪将微弱的电阻变化ΔR进行放大，再转换成应变读数ε。其中的量测电路便是由惠斯通电桥组成的，而应变片接在电路里作为电桥的一部分进行工作。惠斯通电桥的工作原理如图3.4.6所示。

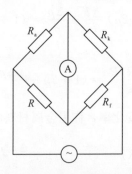

图3.4.6　惠斯通电桥的工作原理图

图中 R_a 为工作应变片，R_k 为补偿应变片。R 和 R_f 分别为电桥可变电阻和固定电阻。将工作应变片、补偿应变片用导线接入电桥后，当模型在受荷载作用以前要调整可变电阻 R 以使电桥平衡（使微安表 A 电流为 0）即

$$\frac{R_a}{R} = \frac{R_k}{R_f} \tag{3.4.9}$$

当模型受荷载作用后，工作应变片（R_a）因随模型变形而改变阻值，这时电桥平衡遭受破坏，调整可变电阻 R 使电桥恢复平衡，即可读出 R_a 阻值的改变值 ΔR_a，其与模型应变值存在下式关系，从而可得模型测点的应变，即

$$\varepsilon = \frac{1}{K} \frac{\Delta R_a}{R_a} \tag{3.4.10}$$

式中，K 为应变片的灵敏系数，与电阻丝的材料性质有关。

4. 应变片的选择

(1) 品种选择。应变片的品种很多，一般应按测试要求及工作条件进行选择。对一般脆性材料结构模型试验而言，最常用的是康铜纸基应变片。

(2) 阻值选择。由于目前经常使用应变仪的设计及仪器率定均以 120Ω 电阻为标准，当选用电阻不是 120Ω 时，要对量测结果的数据进行修正。此外，若采用电阻较大的应变片，则当电桥的电抗分量较大时可以提高灵敏度，并且减小导线引起的绝缘电阻变化产生的零点漂移。国产应变片的电阻多为 60～320Ω，尤以 120Ω 的居多。因此，无特殊要求时，最好选用电阻为 120Ω 的应变片为宜。

(3) 标距（或基长）选择。在进行应变片几何尺寸的选择时，其基本参数之一就是"标距" L，是指应变片的栅长 L。所测得的应变，实际是以栅长范围内的平均应变来代替这一长度内某点的应变。量测结构上某点的应变，其准确度取决于应变片标距的大小，标距 L 越小，则准确度越高；L 趋于零，才能得到该点的真正应变。实际上，应变片的标距不能为零，当标距较大时，其阻值的变化 ΔR 是整个标距内的总和，所得应变也是这一标距内的平均值。

因此，主要根据模型的比例尺大小及应变的变化率来选用合适的标距，以便较真实地反映测点的实际应变。不同材料制成的模型，应变片的选择还有所区别。对均质材料结构（石膏模型），选择小标距应变片；对非均质材料构件（混凝土构件），应变片标距至少要比骨料最大直径大 3 倍。同时，还应根据结构物尺寸的大小和量测部位应力梯度变化的急骤情况选择标距。对结构物应力集中的部位，由于应力梯度变化大，应选择标距较小的应变片，反之，其标距可适当放宽。

5. 应变片的安装及导线布置

应变片的安装原则是：既要求牢固，又要求准确。

应变片的安装包括结构表面清理、测点定位、应变片的粘贴、固化、安装连接导线、固线、质量检查和保护层敷设等过程。这些工艺过程对应变量测的影响很大。因为被测结构的机械应变是通过应变片和结构之间结合面的剪切应力传递，使应变片的丝栅和结构产生共同的变形，这就要求黏结胶层均匀并充分固化，以保证有足够的抗剪断强度。

对脆性材料(如石膏材料)结构模型,贴片前对贴片部位先做表面清理,保证表面平整。表面清理后用贴片胶水先行涂底保护,然后定出应变片丝栅中心线的位置,便可进行贴片。对于纸基应变片,常用乙基纤维素作黏结剂进行粘贴,即在测点部位先涂上一层约0.2mm厚的胶水,并将涂好胶水的应变片不加压地放在粘贴位置,并移动应变片使其丝栅中心线对准测点放样线;再用一小块玻璃纸等覆盖其上,并用拇指轻轻滚压将多余的胶水从应变片下挤出,使应变片与构件密合。

应变片的引出线和导线的连接采用焊接。焊接前先用胶布将引出线固定(或导线焊好后再行固定),剪去过长的引出线段,然后将导线端部刮净、点锡,再行焊接,必须防止虚焊。焊线完成后,再用胶布将导线整齐固定,同时注意接头部位不能短路。导线一般使用聚氯乙烯多股铜导线,也可以用漆包线与量测仪器连接。不过,工作片和补偿片所使用的导线长度要相同,否则影响电桥调平。同时,在量测过程中不能搬动导线,以免造成分布电容的改变,影响量测结果;而且对多余的导线应散开放置,不能绕成圈状堆放,以免形成电感增加阻抗。

6. 应变片的黏结剂

应变片黏结剂的基本要求:黏结力强、抗剪断强度高;传递应变性能好;物理化学性能稳定、绝缘性能好;固化快、使用工艺简便;收缩小、徐变和机械滞后小等。

在脆性材料结构模型试验中常采用的黏结剂有以下几种。

(1)乙基纤维素黏结剂。这种黏结剂的工作温度为 $-50\sim80℃$,适用于纸基应变片,价格低,使用方便,可在常温下固化。

(2)氰基丙烯胶脂黏结剂。这种黏结剂的工作温度为 $-40\sim70℃$。常用的有501和502两种型号。它能在1min内固化,急用时可在30min内粘贴量测。对纸基片和胶基片均可适用,不宜在强烈振动和多孔性的材料上使用。

(3)环氧树脂黏结剂。这种黏结剂特点是黏结强度大,绝缘性能好,防水防潮,适于在金属或混凝土结构上贴片用,也可用于模型块的拼装,适用温度在80℃以内。

7. 应变片的防潮

应变片的丝栅与被测结构物的电阻,称为应变片的绝缘电阻,它是影响应变量测的突出因素之一。水潮对应变片的影响很大,会直接影响应变片本身的电阻,影响应变片阻丝之间、接头之间,以及应变片与构件之间的绝缘,从而降低绝缘度。同时由于应变片受潮胶层膨胀、软化、抗剪断强度降低,既不能很好传递应变,又改变应变片与构件之间的介电常数,从而使桥臂分布电容发生改变,影响电桥平衡。

由图3.4.6,根据电工原理可推导考虑绝缘电阻后电桥工作应变片电阻 R_a 为

$$R_a = \sqrt{RR_j}\,\text{th}\sqrt{\frac{R}{R_j}} \qquad (3.4.11)$$

式中,R、R_j 分别为应变片的可变电阻和绝缘电阻。

由上式可以看出,应变片的绝缘电阻 R_j 越大,桥臂电阻越接近应变片的电阻 R;反之,R_j 越小,桥臂电阻 R_a 越趋于0,则电桥不平衡。因此,必须提高绝缘电阻。

考虑绝缘电阻时，应变仪的读数为

$$\varepsilon_{\mathrm{m}} = \frac{1}{K}\left[\frac{\sqrt{(R+\Delta R)R_{\mathrm{j}}}\,\mathrm{th}\sqrt{\dfrac{R+\Delta R}{R_{\mathrm{j}}}}}{\sqrt{RR_{\mathrm{j}}}\,\mathrm{th}\,\sqrt{R/R_{\mathrm{j}}}} - 1\right] \qquad (3.4.12)$$

由上式可知，应变片的绝缘电阻 R_{j} 很高时，应变仪读数 ε_{m} 与被测结构的机械应变 ε 相等，当 R_{j} 降低甚至趋于 0 时，则 ε_{m} 相应减小。这是因为 R_{j} 过低，电流沿丝栅通过时，产生的分流作用太大造成的。另外，R_{j} 降低还会使电桥参数组合发生改变，降低应变仪的灵敏度；当 R_{j} 极度降低甚至趋于 0 时，则应变仪的灵敏度也会急剧下降，甚至不能读数。应变仪的读数和灵敏度的降低不仅影响量测精度，而且还会产生量测误差。

在量测过程中，若绝缘电阻发生变化，将引起桥臂电阻的改变，同样，若绝缘电阻不稳定，也会造成桥臂电阻的不稳定。如预调平衡时的绝缘电阻为 R_{j1}，量测过程中则改变为 R_{j2}，从而使预调时电桥不能满足平衡，即预调时的平衡点（零点）发生偏移，称为零点漂移。因此，应变片应保持较高的绝缘电阻，且在整个量测过程中要求绝缘电阻保持稳定或变化较小，这样对应变量测的影响才不会太大。

综上所述，潮湿会通过影响应变片的绝缘电阻及电桥平衡，引起零点漂移和量测误差，同时降低应变仪的读数和灵敏度。因此，必须采取措施予以消除。但潮湿不能像温度效应影响一样可以通过补偿的方法消除，只能通过涂防潮层或防水层予以保护。一般室内模型试验防潮采用涂防潮剂的方法。

8. 应变片的温度补偿

在量测过程中，环境温度和应变片自身温度的变化对于应变量测的影响显著。具体来说，当应变片粘贴在被量测的结构物上时，其丝栅受到结构、片基和胶层等的约束。此时，若量测环境的温度发生改变，应变片金属丝的电阻会发生变化，电阻随温度的变化率可近似地看做与温度变化成正比：

$$\Delta R'/R = \alpha(t)\Delta T \qquad (3.4.13)$$

式中，$\Delta R'$ 为电阻随温度的变化值；$\alpha(t)$ 为电阻温度系数，是温度的函数；ΔT 为温度变化值。

另外，当丝栅材料与模型材料的线膨胀系数不同时，应变片将产生附加应变，出现附加的拉伸（或压缩）。当温度改变 ΔT，丝栅长度由 L 变到 $L+m$，而试件为 $L+n$，则附加应变为

$$\Delta L/L = (\beta_{\mathrm{z}} - \beta_{\mathrm{s}})\Delta T \qquad (3.4.14)$$

式中，β_{z} 为试件材料的温度膨胀系数；β_{s} 为应变片丝栅的线膨胀系数。

由式(3.4.13)、式(3.4.14)表示的两种产生附加应力的现象称为温度效应，由 $\dfrac{\Delta R}{R} = K\varepsilon$ 可知，量测的应变数值中，包含了温度效应产生的那部分应变，从而使量测值偏离真实值，这两种附加应变可以称为虚假应变。

在模型试验中，可以采取温度补偿的方法消除虚假应变，常用的温度补偿的方式有以下几种。

（1）通常在与量测电桥工作桥臂相邻的桥臂上，接入温度补偿应变片进行补偿，其阻值、贴片胶水等要求与工作应变片一致。温度补偿片通常贴在不受被测结构变形影响的补偿块上，要求补偿块的材料和被测结构材料相同。同时，要求外部环境（如温度、湿度）保持一致。

（2）可使用温度自补偿应变片来消除。

$$\Delta R_t / R = [\alpha(t) + K(\beta_z - \beta_s)] \Delta T \tag{3.4.15}$$

式中，ΔR_t 为电阻随温度的变化值。

依据公式（3.4.15）可选择一些电阻丝，经适当的热处理，使得在一定温度范围内，做到 $\alpha(t) + K(\beta_z - \beta_s) \approx 0$，就可消除温度效应的影响，从而不用再加温度补偿片。

（3）在模型试验中，可降低应变片的电桥电压，从而减少应变片自身的发热量，以改善温度变化的影响。

9. 长导线的影响

试验中，应变仪与应变片须用导线连接。在测试过程中，往往需要较长的导线，由于导线本身存在一定的电阻，它和应变片又是串联在一起的，所以导线电阻也成为桥臂电阻的一部分。导线本身不参加变形，但却是电桥中电阻的一部分，从而使应变仪灵敏系数降低；另外长导线的电容也会导致应变仪零点漂移。所以，长导线的影响不可忽视。

通常采取以下方法消除长导线电阻影响：①控制导线长度，一般小于 10m，否则须加修正；②要求做到工作片和补偿片导线同长及保持相同的环境温度；③应变仪应设置有灵敏系数和电容的调节，以消除长导线电阻、电容影响。

10. 测点的布置

应变测点的布置应能全面反映出结构内部及表面应力分布情况，并使测点尽可能与理论计算点相对应，以便与理论计算分析比较。对某些形状变化极易发生应力集中的地方或某些有特别要求的地方，可以增设测点。

在大坝结构模型试验中，应选择坝体特征高程布置测点，除在坝上、下游边缘各布测点外，在中部再布置多个测点，由此测出坝体特征高程上的主应力分布状态。

3.4.4　位移的量测

目前在模型试验中，用于表面位移量测的仪器较多，而内部位移的量测工具在不同的试验单位各有不同。结构模型试验中一般只进行表面位移量测，而表面位移量测常采用由数字显示仪和电感式位移计组成的自动测试装置，对于精度要求不是很高的试验也常用千分表、百分表等量测仪器。

电感式位移计具有结构简单、灵敏度高等优点，它是利用敏感元件将位移变化量转换为电信号输出，从而测出位移大小的一种仪器。敏感元件为一电感线圈，活动铁芯的位移量是相应电感量的变化，其结构由差动变压器初、次级线圈、活动铁芯、复位弹簧、导向机构、壳体及输出电缆组成。

千分表和百分表属机械式位移计，其原理是通过一套齿轮传动系统来传递位移，精度分别为 1/1000mm 和 1/100mm。机械式位移计常安装在量测架上，量测架是由支架和支杆组成的一组空间杆件结构，通过活动螺丝夹钳可以将千分表或百分表固定在支杆上。利用千分表和百分表进行量测时，整个量测架须固定在刚度较大的模型槽上，而且要保证固定部分不受加载系统或模型变形的影响。

在早期的模型试验中，机械式千分表是最常用的位移量测设备。它的优点是：性能稳定，不受温度和湿度的干扰，其准确度与仪表本身所定的精度很相近。它的缺点是：在使用过程中必须将千分表固定在支架上，保证触点不发生移动。当使用较多的千分表量测时，受空间条件限制不易在模型上布置。

模型试验中，位移传感器是进行位移量测的重要仪器，它一般和数显仪配套使用，构成位移量测的装置。不论是电感式位移传感器、电容式位移传感器、光电式位移传感器还是超声波式位移传感器，其工作原理都是大同小异的，即通过一个敏感元件感应到对象表面的位移变化，再转换为电信号、电磁信号、光电信号等，通过显示仪将量测出的位移转化为数字读出。

图 3.4.7 所示为一种常见的位移量测仪器，包括差动式位移传感器和位移数显仪及漆包线，位移数显仪是整个位移量测系统的输出部分。

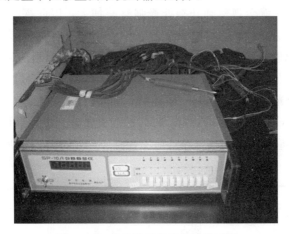

图 3.4.7　位移数显仪及位移传感器

表面位移的量测部位常常包括坝体下游面及坝顶、拱坝坝肩、重力坝基岩表面等部位。在位移测点布置时，必须综合分析，选择典型的测点。

3.4.5　光纤传感监测大坝裂缝

在模型试验中，除了要获得应变、位移等监测数据外，还希望知道模型是否发生开裂及裂纹扩展情况。由于事前往往不能确定裂纹发生的位置，因而裂纹不容易捕捉。目前常采用的开裂监测方法有超声检测法、声发射法等。随着光纤技术的发展，在实际工程中，光纤传感技术被广泛应用于大坝工程，包括结构损伤评估，裂缝、应力和应变检测，以及温度、弯曲和变形检测等。而在模型试验中，光纤传感监测正处于探索阶段，如对模型开裂破坏中的随机裂缝进行监测等。

光纤量测最重要的技术是光纤传感技术。光纤传感技术是伴随着通信技术的发展而逐步形成的。光纤最初是被用作远距离传播光波信号的媒质,但在实际应用中,光纤易受外界环境因素的影响。为了使光纤传播的光信号受到的外界干扰尽量小以满足使用需求,人们发现如果能测出光波参数的变化,即可知道导致光波参数变化的各种物理量的大小,于是产生了光纤传感技术。

与传统的各类传感器相比,光纤传感器具有许多独特之处。例如,光纤具有小巧、柔软、灵敏度高、抗电磁干扰等优点,且易于构成自动化遥测系统,因而得到广泛应用。光纤传感器可以量测的物理量很多,已达七十余种。按被监测对象的不同,光纤传感器又可分为光纤温度传感器、光纤位移传感器、光纤浓度传感器、光纤电流传感器和光纤流速传感器等。在结构模型试验中,光纤传感监测也有所应用,如在裂缝监测中可以通过光纤网络布置的方式监测结构的随机裂缝,及捕捉结构的初裂等。

光纤传感器的基本原理是:光纤周围材料的热、力学参量的变化会引起光纤传输的光信号如光强、波长等的变化,通过检测这些光学信号的变化,即能高精度地检测光纤周围材料中热学、力学参量的变化。当用于检测结构的开裂情况时,黏结在结构表面的光纤全部是传感段,如裂缝与光纤相交,即引起光纤微弯或挠曲。当裂缝穿过没有保护层的光纤任意截面时,就会观察到开裂处光强衰减加大,以此探测裂缝的发生和扩展。利用光时域反射(OTDR)技术,可以测试光纤反射的信号从而定位裂缝开裂位置。

OTDR的光学原理是:当光沿光纤传播时,其信息载体是后向瑞利(Rayleigh)散射,从而发生光的损耗,而这部分光沿光纤传播方向成180°的方向散射(后向散射光),沿光纤返回光源。把一个光脉冲信号输入一段光纤,然后检测返回的散射光强的变化,就可以确定光纤散射系数或衰减的空间变化,再考虑光波传输速度,即可确定光源到被测点距离的信息,在传感应用中可实现分布式监测,其原理如图3.4.8所示。

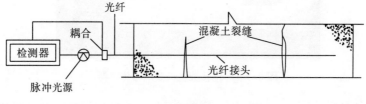

(a)光路布置

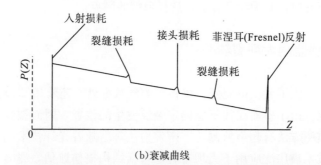

(b)衰减曲线

图3.4.8　分布式光纤传感混凝土裂缝的光路和衰减曲线

为了在结构开裂时光纤产生较明显的局部弯曲，设法使光纤与裂缝面相交成一定角度。这样当裂缝开裂扩展时，光纤受到的侧向剪切或拉伸作用使光纤产生的局部弯曲增大，引起光功率损耗剧增，使裂缝监测成为可能，这个原理被称为斜交光纤裂缝传感。

在四川沙牌拱坝的三维结构模型破坏试验中，采用了光纤传感技术监测拱坝及诱导缝的开裂情况，这是首次应用光纤传感监测模型大坝裂缝并获得成功，如图 3.4.9 和图 3.4.10 所示。

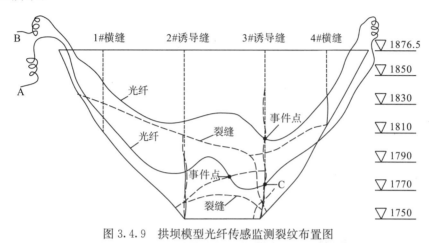

图 3.4.9　拱坝模型光纤传感监测裂纹布置图

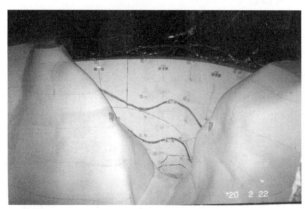

图 3.4.10　光纤传感监测在沙牌拱坝模型中的应用

注：坝面上粗线为光纤，细线为裂缝

3.5　结构模型的设计与制作

3.5.1　模型设计

在进行模型试验之前，必须做好模型试验的设计工作，这是非常关键的一步，因为它关系到试验的全过程。模型试验设计工作包括模型材料和模型比尺、尺寸的选择、坝基模拟范围的确定、加载和量测方法的选择和试验程序的设计等。这几项内容是相互关联的，需全面考虑。

模型设计首先要解决的问题,就是要弄清试验的目的及要求,即试验任务。然后,围绕试验任务收集有关资料,开展模型设计工作。在模型设计前,需要做好一些准备工作。首先是检查试验操作所必需的硬件设施是否满足要求,确认实验室是否具有必要的条件和设施,以保证试验精度、方便试验操作和保证试验安全,以及核实加载设备和量测设备是否满足试验需求,等等;其次是收集相关资料,如地形地质条件(包括地质构造的物理力学指标等)、荷载及其组合方式(包括各种特征水位、淤沙高程等)、建筑材料的物理力学特性、枢纽建筑物所采用方案、基本数据及与试验有关的设计图纸等。

1. 模型设计的主要内容

根据试验任务及要求,模型设计主要解决以下问题。

(1)根据原型工程的设计资料和设计要求,拟订出可能采用的综合试验方案。

(2)选定合适的模型范围,确定模型的比例尺。

(3)合理简化模型地基的地形、地质条件和建筑物的轮廓尺寸。

(4)选择模型材料,确定相似常数。

(5)制订模型制作工艺方案。

(6)确定模型加载、量测的程序和方法等。

2. 模型试验方案的拟订

模型试验方案设计时,应尽可能考虑通过一个模型获得多种试验成果,即尽量采取综合试验方案。同时,合理安排好试验程序,达到利用一个模型做多次修改大坝形态的试验。以某个拱坝模型为例说明:①先做非溢流坝的坝体应力试验;②在坝顶开设不同宽高比尺寸的溢流口,再做坝体应力的对比试验;③在坝身开设多个矩形大泄水孔,进行孔边及坝体的应力试验;④在孔口上、下游两侧布置闸墩补强后,再进行孔边及坝体应力的改善情况试验;⑤在坝体下游面布置加劲肋再测坝体应力;⑥最后对选定的方案进行超载安全度试验。这样,对一个拱坝模型可以做 6 种以上方案的试验,达到了"一模多用"的效果。

另外,为了进行试验成果的对比分析,试验中需进行一些辅助性的模型试验。如做复杂地基条件下建筑物的模型试验时,为了研究地基内断层和低弹性模量软弱带对建筑物的应力及位移分布的影响,可先做一个均质地基而其他条件相同的模型试验,再做对主要地质构造进行不同处理方案的模型试验以作对比。这样更有利于揭示工程实际问题,探求其应力和变形分布的规律性。

3. 确定合适的模拟范围及模型比尺

1)模拟范围的确定

根据不同的建筑物和不同的试验要求制作模型时,需模拟的范围大小要求各不相同。水利水电工程模型模拟范围在理论上应为原型坝址上、下游受荷载作用影响范围内的区域,但有时这样的要求往往需要把模型做得很大,特别是对高拱坝,为一般的试验场地所不许可。根据以往的试验经验,仅要求做到模型由于周边模型槽导致的增载应力较小即可，由此来选定合适的模型模拟范围。具体说来，有如下要求：

（1）对重力坝剖面模型试验，建议模型边界范围参数为：上游坝基长度不小于 $0.8H$，下游坝基长度不小于 $1.5H$，基础深度不小于 $0.8H$（H 为最大坝高，以下同）。

（2）对拱坝模型试验，其模型模拟边界范围可参考：上游坝基长度不小于 $0.8H$，下游坝基长度不小于 $1.5H$，两岸山体厚度不小于该高程拱端（或重力墩）厚度的 $3\sim5$ 倍，基础深度不小于 $0.8H$。

（3）对需做破坏试验的模型，其模拟范围应加大，必须包括地基内主要地质构造及其可能滑动面在内。

以上要求多是根据试验经验总结出的数据，在面对实际工程时，应该具体分析对待，不断修正和完善。例如，对于特别重要、精度要求很高的结构应力试验或坝肩稳定试验，模型上、下游基础的影响宽度及坝基的影响深度，均宜选用不小于 3 倍坝底宽度。当需要考虑包括地基内特殊构造时，则还需对上述尺寸作出调整。同时，还要考虑到模型材料的因素，调整模型比尺。

2）模型比尺 C_L 的正确选择

模型比尺的选取是十分重要的，因为它一方面要保证试验的精度，另一方面又要考虑到制作模型的工作量和经济指标。当模拟范围确定以后，模型比尺的选择应根据原型工程特点及试验任务要求，结合试验场地大小及试验精度要求等综合分析。特别是对拱坝这类结构复杂的整体模型试验，选择几何比尺时，还应考虑试验场地的大小是否合适、模型制作是否方便、加载设备容量及加载台架的大小是否与设计荷载的大小相适应、是否便于布点贴片等。从相似关系式 $C_\sigma = C_\gamma C_L = C_E$ 可知，C_γ 常通过自重相似或施加外力满足容重相似使其等于 1，其余三项中，只要定出其中一项，便可以从相似判据中得出其余两项。因此，几何比尺的确定将决定选择材料各项性能指标。如 C_L 选择偏大时，虽然模型体积较小，制作工作量小，但其模型材料的强度和变形模量较低，且模型的加工精度及位移量测精度要求过高，则要满足这些要求是很困难的；而当 C_L 偏小时，模型材料的强度及变形模量均较易满足，且加工较为方便，量测仪器便于布置，量测精度也能满足要求，但模型尺寸较大，材料用量较多，模型成本较高。

以混凝土高坝为例，意大利 ISMES 采用的比例尺一般为 $1:80\sim1:20$；葡萄牙 LNEC 采用的比例尺一般为 $1:500\sim1:200$；我国则多采用 $1:300\sim1:100$。

4. 合理简化模型地基的地形、地质条件和建筑物的轮廓尺寸

选定模型模拟范围后，在不影响试验成果准确度的前提下，还应对该范围内的地形、地质条件，进行必要的简化。例如，拱坝整体模型的上游河谷地形，由于加载设备安装的需要，并考虑到拱推力是指向山体内部并偏向下游，拱座上游侧的应力、变形较小，因此模型上游坝基各开挖高程一般以喇叭口形式向上游扩大，以利于安装加压支承设备。对下游河谷地形的模拟要求应高一些，特别是在拱座附近范围内影响较大区域，而距拱座较远处的要求可降低些。

对地质条件的模拟要求与地形相类似，在靠近坝基附近范围的模拟要求较高，稍远部位的要求可降低一些。对一般应力模型而言，地质条件的模拟主要反映在基岩的弹性

模量上，对具有多种弹性模量组成的复杂地基，按相似条件要求，应力求使原型和模型各对应部位的弹模比例都保持相同的 C_E。

但对基岩中的软弱破碎带、断层等，其弹性模量 E 值较小，不易精确测定，而且断层破碎带往往是非均质的。例如，某工程地基内软弱夹层厚约 33cm，其中含有约 12cm 厚的夹泥层，而夹泥层在软弱夹层内的厚度也不可能一致。若要求模型按夹层内部分层的具体情况进行模拟，则不可能做到也没有必要去做，一般按夹层的综合弹性模量进行模拟即可。

当模型除了进行线弹性阶段的试验外，还需进行破坏试验时，地基内软弱带的模拟还应考虑破坏阶段的特性。因为岩体中的断层、破碎带等不连续结构面的变形特性和抗剪断强度对坝体的承载能力影响较大，在模型中应尽可能反映这些结构面的性状。结构的非线性特性在很大程度上与垂直于层面的压缩变形和与层面平行的滑移有关。垂直层面方向的压缩变形是主要的影响因素，模型应根据夹层的应力－应变关系曲线及夹层的厚度进行模拟。当软弱层较薄，无法同建筑物和岩体的几何尺寸采用相同的相似比尺时，仍按压缩变形量相似的条件进行模拟，即达到压缩变形的全过程相似。至于平行于夹层方向，需按夹层的剪应力与剪位移(τ-u)曲线模拟。要求剪应力满足 $C_\tau = C_\sigma = C_E$，剪位移满足 $C_u = C_L$。但对不同的软弱夹层，其 τ-u 曲线一般难以准确提出。在缺乏资料的情况下，可假定软弱夹层为理想弹塑性材料，近似反映其剪切位移特性，即

$$\tau = G\gamma = \frac{E}{2(1+\mu)} \cdot \frac{u}{h} \tag{3.5.1}$$

式中，h 为夹层厚度；E、μ 分别为夹层的变形模量和泊松比。

上式表明原型软弱夹层的 τ-u 关系曲线，在任何应力 σ_i 作用下，屈服前 τ 与 u 成正比，屈服后保持为常量，而 u 为无穷大，如图 3.5.1 所示。此时要求模型材料的 τ-u 曲线应与之相似。一般来说，垂直于软弱夹层方向的压缩变形相似易于近似做到，而平行于夹层方向的相似则不易满足。

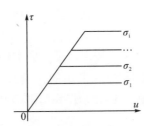

图 3.5.1　软弱夹层的 τ-u 关系曲线

对地形、地质条件的简化，一定要注意合理性，绝对不能盲目从事，否则将导致试验成果的失真。对建筑物轮廓尺寸的复杂部分，在不影响总体应力分布状态的情况下，允许作必要的简化或略去不计，以利于模型制作。如做坝顶溢流式拱坝的应力模型试验时，对溢流面上、下游挑出部分可略去不计，或将溢流孔口底部简化为水平缺口等，不至于影响坝体总的应力分布。

5.　模型材料选择和相似常数的确定

随着试验要求和试验阶段的工作状态不同，对模型材料的要求也不相同。

(1)正常荷载作用下的结构应力试验对模型材料的要求。该条件下的试验，大多处于弹性阶段的工作状态，服从弹性力学的基本假定和有关定律。模型材料也要求满足这些要求，通常选择石膏或者石膏硅藻土等具有上述特性的材料。由于该阶段处于弹性工作范围，其弹性模量为常量，因此选择模型材料时，主要以弹性模量为控制环节，即满足了弹性模量相似，则原型和模型的力学状态就基本相似。

(2)破坏阶段试验对模型材料的要求。破坏试验阶段对模型材料除应满足应力试验阶段的要求外，还应满足原型和模型材料的应力－应变关系曲线全过程相似。同时，为保证模型与原型在相似荷载作用下开裂，模型材料还应满足：

$$\frac{\sigma_{R_p}}{\sigma_{R_m}} = \frac{\sigma_{S_p}}{\sigma_{S_m}} \qquad (3.5.2)$$

式中，σ_{R_p}，σ_{R_m} 为原型和模型材料的破坏强度；σ_{S_p}，σ_{S_m} 为原型和模型材料出现微裂时的应力。

(3)在复杂应力状态下，原型和模型材料的破坏状态应相似。根据莫尔－库伦强度理论，要满足二者的破坏形态相似，必须使原型和模型材料的强度包络线(包括单轴和三轴应力状态)保持几何相似。也就是说，要保证原型和模型材料的黏接力 c' 和内摩擦角 φ 相似。同时，由于原型和模型材料均存在有残余强度，并对承载能力有影响。因此，要求原型和模型材料的残余强度应相似，如图 3.5.2 所示。

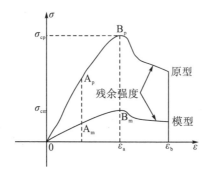

图 3.5.2　原型与模型材料残余强度相似

根据静力模型的相似条件关系式可知，共包括 7 个相似常数 C_L、C_E、C_X、C_σ、$C_{\bar\sigma}$、C_ρ 及 C_δ，其中只要 C_L、C_E、C_X 确定后，便可由相似条件式求其余相似常数。因为同量纲量的相似常数相同，所以 $C_\sigma = C_{\bar\sigma} = C_\tau = C_E$，只要 C_E 确定，C_σ 也就确定了。由此可知，C_L、C_E、C_X 三者是基本的相似常数，而且 C_L、C_E 是独立的，C_X 可由 C_L、C_E 导出。前面已经介绍了 C_L 的选择，这里主要介绍弹性模量相似常数(简称弹模比)C_E 的选择。

首先根据模型试验任务选取模型材料，并由材料试验所得的物理力学指标，结合选定的 C_L 综合比较，便可初步选定弹模比 C_E。再根据原型的弹性模量 E_p 和 C_E，求得模型相应的弹性模量 E_m。倘若地基是由多种不同弹性模量 E_p 组成的，还应要求原型和模型各对应部位的弹模比 C_E 相等。由初步选定的 C_E，便可根据原型多种弹性模量的变化范围，求得模型相应的弹性模量值。然后考虑定出的弹性模量 E_m 大小是否便于选材，若发现有的数值太低，材料配制困难，则可适当减小 C_E，相应增大 E_m。因为材料的弹性

模量 E_m 太低的话，材料的力学性能不稳定。根据有关试验经验，石膏的弹性模量最低不得小于 300MPa，通常以不小于 500MPa 为宜。

可以说，选择 C_L 与 C_E 时，二者是相互联系、相互影响的，必须综合各种影响因素分析选定，但是 C_L 与 C_E 往往各自有不同的要求。由式 $C_\sigma = C_\rho C_L = C_E$ 可知，如调整模型的加载密度 ρ_m，C_L 与 C_E 就可按各自的要求进行确定，即先选定 C_L 与 C_E，然后再确定 C_ρ。

在相似常数 C_L、C_E 和 C_ρ 选定后，还需进行必要的校核。对于应力模型，主要是估计模型在设计外荷载作用下，其内部的应力是否处在模型材料的应力－应变关系曲线的弹性限度内。检验的方法是根据原型结构物的应力计算结果，找出最大应力值，按原型和模型的相似关系得出模型结构内的最大应力，再与模型材料的应力－应变关系曲线对比，判定最大应力值是否在弹性范围内。若超过弹性限度，则需要调整直至使模型的最大应力小于弹性限度为止。最简便的调整方法是改变 C_ρ，即适当减小模型的加载密度 ρ_m，当外荷载减小后，结构内部的应力便可调整到弹性范围内。这也是石膏模型试验往往采用分级加载的原因之一。此外，还要考虑应力集中问题，以免模型产生局部破坏。

当坝基是由多层不同弹性模量的岩体组成时，不同弹性模量的岩层接触面，特别是与软弱夹层、断层破碎带等的接触面，其抗拉强度和抗剪断强度一般都较低。加载后，在其接触面将产生应力集中区，就有可能达到屈服强度。若外荷载加到足够大时，便可能产生局部拉剪破坏，这是应该注意避免的。因此，当初步选定 C_L、C_E 和 C_ρ 选后，应进行校验。对不同接触面的组合材料进行抗拉和抗剪试验，然后由式(3.5.3)估算拉应变，再定出采用的最大拉应变，作为试验控制的参考。

$$\because C_\sigma = C_\rho \cdot C_L$$

$$\sigma_p = C_\rho \cdot C_L \cdot \sigma_m = C_\rho \cdot C_L \cdot E_m \cdot \varepsilon_m$$

$$\therefore \varepsilon_m = \frac{\sigma_p}{C_\rho \cdot C_L \cdot E_m} \tag{3.5.3}$$

3.5.2　模型的制作

模型的制作分为模型槽制作、坝基砌筑、坝体浇制及拼接等部分，其中模型槽制作和坝体浇制需在前期完成，坝基砌筑和坝体拼接则依次有序进行。

1. 模型槽制作

模型槽即为模型的模拟边界，在选择模型的几何比尺和模拟范围之后，模型的边界也就确定了。模型槽的主要作用是承担坝基的边界约束作用和布置加载系统时承受千斤顶的反推力，同时，在模型槽内布置若干辅助线，将有助于模型砌筑和拼接时的放样和定位。此外，模型槽还起到保护模型和方便交通的作用。模型槽需建立在牢固的基础上，所受外界干扰和气候影响要小。当结构模型为整体模型(如拱坝整体结构模型)时，模型尺寸一般较大，常用混凝土制作模型槽，并在模型槽上布置传压系统。当结构模型为局部模型时，模型相对较小，如模拟重力坝或支墩坝的若干坝段，可用钢化玻璃配合钢结构制作模型槽；若模型为拱坝的某层平面拱圈时，常搭建混凝土平台。

2. 坝基砌筑

坝基在模型槽制作好之后便可以砌筑，实际工程中地基材料一般与坝体材料不相同，且地基中存在各种结构面和节理裂隙。当地基为均质岩体时，模型中常采用石膏块体；当地基地质条件复杂时，常采用石膏掺重晶石粉等材料压制成的各种大、小块体，来分别模拟各种地质构造(如断层、蚀变带等)，以及节理裂隙。但由于结构模型试验中无论是结构应力模型试验还是结构模型破坏试验，均以研究结构物(坝体)本身为重点，若对地基未作特殊要求时，可以对地基的模拟进行适当简化，只重点模拟对坝体应力、应变影响相对较大的因素。

模型坝基的加工视具体情况而异。当坝体与坝基为同一均质材料时，对于小模型，坝体与坝基可一次浇成并雕刻成型；对于大模型，则可将坝体与坝基分别加工成型。当坝体与坝基不是相同的均质材料时，坝体部分单独加工成型，并采用相应于坝基模型弹性模量的材料预制块，根据模型模拟的坝基范围，以及简化的地形图及地质构造资料，分层、分块砌筑成坝基模型。

3. 坝体浇制及拼接

坝体的制作及黏结历时较长，一般先于模型槽制作或者与模型槽制作同步进行。坝体浇制分为以下 4 个步骤。

1)模坯的制作

坝体模坯常采用石膏材料制作，浇制前应对所使用的石膏粉做准备实验，测定其物理力学指标，然后才能选用。对存放较久的袋装石膏，由于受潮影响，石膏材料性能不均匀，浇制的块体物理力学性能差别较大。即使是新购的石膏粉，由于天然石膏纯度上的差别，且在炉中煅烧程度不一，出厂的石膏粉各袋材质也有差异。因此，浇制模坯前应将使用的石膏粉全部混合拌匀再使用。

浇制坝体模坯时，先按水膏比分别称好石膏粉和水的重量，将水逐步倒入盛石膏粉的容器中，边倒边搅拌，且搅拌要均匀及时，在石膏浆初凝前 1.5～2.0min 时倒入预先装配好的木制模具中凝固即可，这时应特别注意防止漏浆。为了保证模坯质量，首先必须严格控制好水膏比，因为水分含量的多少直接影响石膏块体的弹性模量和强度的高低。其次，根据材料的配合比拌和材料，必须使浇制的块体质量均匀。浇制过程中既要注意搅匀，又要掌握好入模的时间。入模过晚，部分石膏浆已初凝；入模过早，则石膏将可能产生离析现象，造成质量不均匀。此外还要控制好石膏浆的注浆高度，倒入石膏浆过高将会带入更多空气，如气泡不能及时排出则会形成气孔，也会影响块体质量或产生过大的各向异性。当浇制拱坝坝体时，由于模坯较大，石膏浆较多，在条件可能的情况下，一次拌浆入模较为理想，同时注意排气，尽量减少气泡量。因为拱坝模型常是倒置浇筑的，坝坯出口较小则气泡不易排出。一般用一个下部接有大直径橡皮管的漏斗，先将石膏浆倒入漏斗，再进入坝体木模，以减少注浆高度。

关于模坯浇筑用的木模，一般用干燥、坚硬、变形小的木料制成，特别是拱坝木模宜采用柏木或其他硬杂木，不宜采用松杉木。制作的坝体木模应比模型实际尺寸稍大，使浇出的坝体模坯的厚度有一定的富余量，不宜将木模尺寸制成和坝体一样。因为浇制出来的模坯表面往往是一层硬壳并附有油污，其力学性能不稳定，而且模坯干燥过程中可能产生变形或局部损坏，加之制作木模的精度也难以准确等，这些势必影响坝体几何尺寸。另外，为了雕刻坝体的需要和防止坝底损坏，木模应比模型坝体的高度适当高些，整个坝体弧长也应适当做长些，因为制作模坯时产生的不少气孔往往会出现在拱弧端面附近，这些富余量在坝体雕刻成型时再按要求去除。浇制后并已雕刻好的模坯如图 3.5.3 和图 3.5.4 所示。

图 3.5.3　某重力坝模坯照片　　　　　　图 3.5.4　某拱坝模坯照片

2)模坯的干燥

模坯预制好后，待其硬化即可脱模。由于坝体模坯受潮后会降低电阻应变片的绝缘电阻，为了防止受潮影响，除做好应变片的表面防潮外，更重要的是要求模型材料必须干燥，并达到一定的绝缘度，否则会降低应变片的绝缘电阻，使其灵敏度降低，形成量测误差，甚至无法量测。因此，模型材料的干燥是保证量测质量的重要环节之一。只有模型材料达到一定的干燥程度后，其物理力学性能才稳定，所测得的数据才可靠。

因为石膏极易吸潮，石膏或石膏硅藻土材料浇制的模坯不易干燥。若试验进程允许，宜在每年的 5 月份浇坯，经 6~8 月份的高温天气自然干燥，效果甚好，且模坯受热均匀，比人工干燥的质量高。当然如条件允许，也可用人工加热的方法进行干燥，有条件时可设烘房，用电炉或远红外板、远红外灯及管等进行烘烤。当采用 20cm×30cm 的远红外板烘烤时，必须注意，应严格控制温度为 40~45℃，并使模坯受热均匀。温度过高，会出现脱水现象，致使模坯表面呈粉状，材料强度和弹性模量明显降低，这是不允许的。因此，烘烤时可在模坯表面悬挂温度计监测，以便及时调整烘烤温度。

根据以往经验，模坯干燥后，当绝缘度达到 500MΩ 以上即可将这些加工成型的块体黏结成型。

模坯烘干后，其体型初始阶段会有所缩小，因此模坯尺寸应根据情况比实际模型稍大，但也不能过大，造成不必要的材料浪费和模坯搬运难度的增大。如果坝体较大或坝体较重，则搬运时容易损坏，故常将坝体分成几部分制作。此外，浇筑时需同时准备两个模坯，一个作为备用，以防止模坯损坏而影响试验进度。模坯干燥后一般还要检查坝体的干燥程度和均匀性，可采用超声波仪或声波仪检验其内部质量的均匀性，以便选择质量合格的块体制作模型。

3）模坯的雕刻与加工

由于模坯比实际坝体尺寸要大，在拼接前后要对模坯进行多次修整。模坯加工既可是人工加工，也可用机械加工。对于复杂的模型如拱坝坝体的雕刻加工，为保证加工精度，一般采用雕刻机进行加工，最后用人工精加工成型。对平面模型试验的模坯，亦可用机械刨平拼装，可大大缩短模型制作周期。

模型雕刻加工质量必须严格控制。当采用人工加工模坯时，更应该严格控制几何形状和尺寸，反复用预先制作好的样板校正，而且宜由专人负责加工，以保证质量控制标准一致。

4）坝体黏结与拼装

当地基砌筑到一定程度时，就应该把坝体黏结在基础上。若坝体分块，则坝的黏结也分步进行。黏结时必须保证坝体不能发生偏移，且不能对地基产生较大的附加应力和变形。

对模型进行黏结，首先须选用合适的黏结剂。在石膏应力模型试验中，对黏结剂的要求是：具有一定的黏结强度，弹性模量与被黏结的模型块体相近，固化后在室温下性能稳定。常用的黏结剂如下：以环氧树脂为主要成分的黏结剂、淀粉－石膏黏结剂、桃胶－石膏黏结剂等。此外，酵母石膏，即在一定水膏比的石膏浆中加 3％左右的酵母，主要起缓凝的作用，可用于拱坝整体模型地基岩体的黏结。

选定黏结剂后，对模型进行黏结前，为了预防黏结液渗入块体而影响黏结质量和强度，应在黏结面上涂 2～3 次防潮清漆。每涂一次清漆，要待其完全干燥后才能涂下一次。黏结面在黏结前应拂刷干净，不留粉尘，以免影响黏结质量。

黏结时，应在两个黏结面上均匀涂抹上一层黏结剂，涂抹量不可太少，应以黏结时在模型块上加压后缝面四周能挤出少量黏结剂为宜。黏结时应注意将气泡排净，以保证全断面粘合均匀。每黏结一层，都要有控制定位的措施，以防错位。

黏结时，应对黏结面上及其附近的应变片采取保护措施，以防黏结剂影响应变片的工作性能。常用的办法是待应变片表面用蜡封好后，在其表面再涂上一层凡士林，并盖上一层电容纸防渗。

3.6　结构模型试验成果分析

在结构模型试验中，要进行一系列的数据量测，如应变和位移的量测。从这些量测中获得大量的数据后，必须对其进行分析处理，从而得到我们所要求的结果，找出被测结构的应力、应变和位移的变化规律。同时对所得结果进行分析，检验其可靠程度等。

3.6.1　试验数据的整理及误差分析

1. 试验数据的整理分析

在整理资料时，首先要对试验数据的正确性进行检验。例如，在模型上形成初始应力场时，我们就可以取得一组原始数据，此时就可据此判断材料的均匀性、应力场或位移场的分布规律是否合理；个别异常的测点，也可据此查明原因予以纠正。如果是多次反复得出的资料，则应通过误差分析求得最合理的数据，因为所有原始数据都是以后分析研究问题的基础。

其次，对于在试验过程中所取得的量测数据，一般要分析它与原始数据的差值。模型试验是通过试验手段来研究变化规律的，因此，应结合结构物原型实际应当出现的变化规律，来检验它们的合理性与正确性。如果测出的数据偏离了一般规律或者出现反常现象，在整理资料时就必须仔细分析找出其原因。例如，在结构物转角或突变的地方，是应力集中区，但测得数据有时过大或很小，而又查不出原因，就应从基本原理上考虑是否合理，然后对其中某些异常数据作出取舍。

在整理资料时，有时会遇到这样的情况：在某一小范围内所取得的数据是合乎逻辑的，但就整个模型来说，却又显得不协调。针对这种情况，通常是在试验工作完毕后，在模型上取试件进行试验，检验其力学性能是否符合原来设计时的要求，然后据此对以前所取得的资料进行校正。

在对所有数据资料进行分析处理以后，就可以按照试验要求绘出各种有关曲线和图形，作为论证问题的依据。

在分析成果时，需要注意到所研究对象的特殊性，也要参考和借鉴前人的研究成果，有条件时最好对比类似的原型观测资料，并配合数值计算分析结果共同进行分析。

在整理资料和分析成果时，必须结合有关因素和具体条件进行全面考虑，对于实测数据，要通过误差分析、对比鉴别、合理修正等手段去伪存真，正确取舍。对于成果分析的结论，必须实事求是，依据科学的原则去设想和推论，为工程设计和施工提供可靠依据。

2. 误差分析

1)引起误差的原因

实验中所观测到的数据，与客观存在的真值之间总是会存在一些差异，这个差异就是实验误差：误差＝量测值－真值。

量测方法、量测仪器、量测环境(温度、湿度等)、操作人员的技术熟练程度和感官条件等，都会引起观测值的误差。在电阻应变仪测试中，一般有如下一些因素引起量测误差：①电阻应变片灵敏系数 K 值的误差；②外部环境(温度、湿度)变化引起的误差；③长导线的影响；④黏结胶水引起的误差；⑤应变片的位置误差；⑥横向效应引起的误差；⑦电阻应变仪的读数、灵敏系数的非线性误差；⑧多点量测的切换误差；⑨应变仪读数的稳定性误差。

2)误差的几个概念

(1)真值，即结构元件的某个物理量客观存在的真实值，如构件的真实长度、应变值等。

(2)试验值，即用试验方法量测得到的数值，如电测法测得的应变值。

(3)理论值，即经过理论计算得到的数值。

3)误差的种类及其性质

(1)根据误差表示形式不同，可分为绝对误差和相对误差。

绝对误差 δ：量测值 X 与真值 U 之间的差值，$\delta = X - U$。

相对误差 Δ：绝对误差 δ 与真值 U 的比值，$\Delta = \delta/U$。

(2)根据误差的性质及产生原因，可将误差分为系统误差、过失误差和偶然误差。

A. 系统误差，通常是由于量测仪器不准确，量测环境不佳或量测方法不妥所引起的，即系统误差与量测系统本身有关。

系统误差的特点：误差的数值是恒定的，在反复测试过程中往往保持同一数值或同一方向。

消除系统误差的方法如下：①对应变仪进行校正，严格执行试验操作规程，改进试验技术，改善量测环境条件，加强仪器设备的维护、保养等措施，加以避免和消除；②采用两个以上的模型平行测试，以作对比分析；③利用对称性实验消除误差。

B. 过失误差，试验过程中试验人员由于各种原因操作失误造成的。

过失误差的特点：在多次量测值中的出现和分布无规律，其数值往往是反常的。

消除过失误差的方法：加强试验人员的责任感。

C. 偶然误差(又称试验误差)，排除了系统误差与过失误差后的其他误差。

偶然误差的特点：多次量测一个数据时，所得数值是随机的。当量测次数足够多时，可看出规律性——绝对值相对的正误差与负误差出现的机会(概率)相同。

消除偶然误差的方法：增加量测次数。

4)偶然误差理论的基础知识

(1)偶然误差的正态分布。

量测值中的系统误差已经排除或已减小到可以忽略的程度后，便可采用数理统计的方法对偶然误差进行处理，探索其分布规律。

由正态分布曲线可以得到 4 个特性(或称偶然误差的 4 个公理)：

①绝对值小的误差出现的概率比绝对值大的误差出现的概率大，即小误差比大误差的数量多；②绝对值相等的正误差与负误差出现的概率相同，曲线表现为左右对称；③绝对值较大的正误差和负误差出现的概率均非常小。也就是说，极大的误差一般不会出现；④当量测次数 n 无限增多时，由于正负误差相抵消，所有量测值的平均值趋于真值。

(2)最小二乘法原理和最优概值的确定。

最小二乘法原理：在具有同等精度(指用同一类型的仪器，同样的量测方法和量测次数，在同样的环境条件等)的一组量测值中，各量测值的余差(或离差、偏差)的平方和为最小的那个值，即是"最优概值"。

设一组同等精度的量测值 x_1，x_2，x_3，…，x_n。如最优概值为 $\bar{x}$，则各测定值与最优概值之差 δ_i 可表示为

$$\delta_1 = x_1 - \bar{x}, \delta_2 = x_2 - \bar{x}, \cdots, \delta_n = x_n - \bar{x} \tag{3.6.1}$$

则量测值余差的平方和 N 为

$$N = \delta_1{}^2 + \delta_2{}^2 + \cdots + \delta_n{}^2 \tag{3.6.2}$$

由 N 为最小值的条件可求得

$$\bar{x} = (x_1 + x_2 + \cdots + x_n)/n \qquad (3.6.3)$$

式中，$\bar{x}$ 即为算术平均值。

综上分析可看出：对于一组等精度的量测值，其最优概值等于该组量测值的算术平均值。也就是说，算术平均值是真值的最佳估计值。

在实际应用中，除了算术平均值外，还有以下几种确定量测数值的方法，即①中位值，将一组量测值按大小次序排列，其中间值就是中位值；②众值，指一组量测值中出现次数最多的那个值；③加权平均值，量测条件不同时，必须考虑量测数据的可靠程度，即所谓权(或称加权)。当权用 p 表示，则不等精度量测的加权平均 x_0 值可表示为

$$x_0 = \frac{p_1 x_1 + p_2 x_2 + \cdots + p_n x_n}{p_1 + p_2 + \cdots + p_n} = \frac{\sum p_i x_i}{\sum p_i} \qquad (3.6.4)$$

加权平均值也就是不等精度量测的最优概值。

(3)算术平均值的标准误差。

当量测次数无限多时，最优概值趋近于真值，但在量测次数有限的情况下，求出的算术平均值，与真值比较仍存在误差。但算术平均值的误差符合正态分布规律。当需要知道算术平均值的精度时，可用算术平均值的标准误差 $\sigma_{\bar{x}}$ 来表示。

$$\sigma_{\bar{x}} = \bar{x} - U = \frac{\sigma}{\sqrt{n}} \qquad (3.6.5)$$

如果量测次数有限时，则算术平均值的标准误差用下式表示：

$$\sigma_{\bar{x}} = \sqrt{\frac{\sum d_i^2}{n(n-1)}} \qquad (3.6.6)$$

式中，$d_i = x_i - \bar{x}$，为量测值与算术平均值的偏差。

由上式可知，当量测次数 n 增多时，$\sigma_{\bar{x}}$ 逐渐减少。当 $n > 10$ 时，$\sigma_{\bar{x}}$ 减小的效果不显著。一般在结构模型试验中常采用 n 为 4~5 次。

算术平均值的相对误差 $\Delta\bar{x} = \frac{\sigma_{\bar{x}}}{\bar{x}} \times 100\%$，$\Delta\bar{x}$ 值越小，说明算术平均值的精度越高。在结构模型试验中，一般要求精确度 $\Delta\bar{x} \leqslant 5\%$。

5)量测数值的取舍

(1)三倍标准误差(3σ)判别法。

根据高斯误差正态分布曲线积分结果分析可知，当绝对误差 δ 大于 3σ(σ 为标准误差)时，可以认为该量测数值是系统误差或过失误差，应予以舍弃。根据试验研究的重要程度不同，也可采用 2σ 或 4σ。

(2)格拉布斯判别法。

设有一组服从正态分布规律的量测数据 x_i，按从小到大的序列排列为：x_1，x_2，x_3，…，x_n。取其中最小的数值 x_1 和最大数值 x_n 作为异常数据，按格拉布斯判别法进行数据的取舍，判定步骤为：

A. 选定判定危险率 α。判定危险率 α，就是按本方法判定某数据为异常数据并将其舍弃，而实际上该数据又不是异常数据应当保留，从而造成错误判定的概率。α 值是人为选定的一个较小百分数，通常取为 5%、2.5% 和 1.0% 三个值。

B. 计算 T 值。设 T_1 和 T_2 是对应于上述取的可疑值，即最大数值 x_n 和最小数值 x_1 的 T 值，则

$$
\left.
\begin{aligned}
T_1 &= \frac{x_n - \bar{x}}{\sigma} \\
T_2 &= \frac{\bar{x} - x_1}{\sigma}
\end{aligned}
\right\}
\tag{3.6.7}
$$

C. 由所选的 α 值和测量数据的个数 n，由表 3.6.1 查得 $T(n, \alpha)$ 值。

D. 取 T_1 和 T_2 中较大的 T 值，若 $T \geqslant T(n, \alpha)$，则相应的 x 值可判定为异常数据，应予舍弃，否则保留。

表 3.6.1　格拉布斯判据表

$T(n, \alpha)$ n	α 5%	2.5%	1.0%	$T(n, \alpha)$ n	α 5%	2.5%	1.0%
3	1.15	1.15	1.15	20	2.56	2.71	2.88
4	1.46	1.48	1.49	21	2.58	2.73	2.91
5	1.67	1.71	1.75	22	2.60	2.76	2.94
6	1.82	1.89	1.94	23	2.62	2.78	2.96
7	1.94	2.02	2.10	24	2.64	2.80	2.99
8	2.03	2.13	2.22	25	2.66	2.82	3.01
9	2.11	2.21	2.32	30	2.75	2.91	
10	2.18	2.29	2.41	35	2.82	2.98	
11	2.23	2.36	2.48	40	2.87	3.04	
12	2.29	2.41	2.55	45	2.92	3.09	
13	2.33	2.46	2.61	50	2.96	3.13	
14	2.37	2.51	2.66	60	3.03	3.20	
15	2.41	2.55	2.71	70	3.09	3.26	
16	2.44	2.59	2.75	80	3.14	3.31	
17	2.47	2.62	2.79	90	3.18	3.35	
18	2.50	2.65	2.82	100	3.21	3.38	
19	2.53	2.68	2.85				

由于首先判定的是相应于 T 值最大的数值，从式（3.6.7）可知，该数据也是距离算术平均值 $\bar{x}$ 最远的数据。因此，若判定结果是该数据应保留，则其他数据全部保留；如果判定的结果是该数据应舍弃，则将他舍弃后，对剩下的数据（$n-1$ 个数值）重新排序。按上述相同步骤，重复进行整个判定过程，直至不存在异常数据为止。

3.6.2 应力成果分析与计算

利用应变片进行量测所得的结果是应变值，而量测应变的目的是确定结构物的应力分量或主应力的大小和方向。因此，必须将测量所得的结构物内部某些点的应变值，通过计算得到应力值，为设计计算提供对比、校核的参考依据。

如前所述，结构应力模型试验中材料处于弹性阶段。因此，其应力计算条件是符合弹性理论的基本假定，而且采用的数据是已将测量误差减小到最小的程度。以下介绍的应力分析计算公式只有满足这种弹性假定条件才适用。

1. 结构内某点的应力状态

由弹性理论可知，结构内某点的应力状态，可取一个无穷小的平行六面体来表示，如图 3.6.1 所示。应力分量共有 6 个，其中 3 个正应力为 σ_x、σ_y、σ_z 和 3 个剪应力 τ_{xy}、τ_{yz}、τ_{zx}，其坐标系统如图所示，图中 6 个面上的正应力和剪应力的方向都是正方向，反之为负方向。

对于平面应力问题，即沿 Z 轴方向的应力为零，则作用在该点上的应力分量成为 4 个，即两个正应力 σ_x、σ_y 和两个剪应力 τ_{xy}、τ_{yx}，坐标系统及应力正负号如图 3.6.2 所示。已知上述应力后，该点任何方向的应力均可求出。

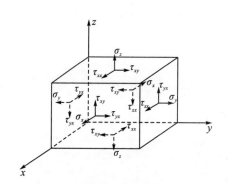

图 3.6.1　结构内某点的应力状态

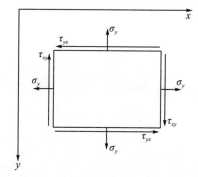

图 3.6.2　平面某点的应力状态

2. 单向应力状态的计算(主应力方向已知)

当构件受到拉伸或压缩时，如用石膏圆柱试件进行单轴压缩测试弹性模量即属这种情况。此时只有一个应力 σ，且是平行于外荷载作用方向的。在材料的弹性范围内，应力 σ 与应变 ε 成线性比例关系，服从胡克定律，则有

$$\sigma = E\varepsilon \tag{3.6.8}$$

式中，E 为材料的弹性模量；ε 为应变。

3. 平面应力状态的应力计算

平面应力状态的应力计算主要用于剖面模型试验，如重力坝剖面模型试验。要知道

断面上某点的应力 σ_x、σ_y 及 τ_{xy}，通常在该点布置三片直角应变花（即三花），分别沿 x 轴、y 轴、xy 轴 45°向或者其反方向，如图 3.6.3 所示。贴片也可不沿 x、y 向而采用任意方向，只要保持直角应变花的形式即可，如图 3.6.4 所示。在贴片时，使应变花的中心点尽量接近测点，同时方便应变片布置和粘贴。通常选用图 3.6.3(a)中方式，当测点位于结构物右侧、右上侧或左上侧端点位置附近时，则采用图(b)、图(c)、图(d)方式。

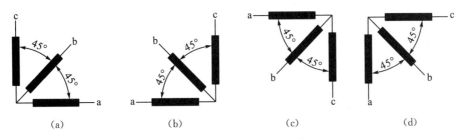

图 3.6.3　直角应变花的贴片方式(一)

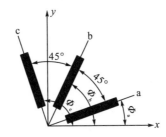

图 3.6.4　直角应变花的贴片方式(二)

1)直角应变花的计算

(1)当直角应变花如图 3.6.3(a)所示布置时，测得应变值后，按广义胡克定律：

$$\left.\begin{aligned} \varepsilon_a &= \frac{1}{E}(\sigma_a - \mu\sigma_c) \\ \varepsilon_c &= \frac{1}{E}(\sigma_c - \mu\sigma_a) \\ \gamma_{ac} &= \frac{2(1+\mu)}{E}\tau_{ac} \end{aligned}\right\} \tag{3.6.9}$$

将式(3.6.9)转换为用应变表达的应力式子，得

$$\left.\begin{aligned} \sigma_a &= \frac{E}{1-\mu^2}(\varepsilon_a + \mu\varepsilon_c) \\ \sigma_c &= \frac{E}{1-\mu^2}(\varepsilon_c + \mu\varepsilon_a) \\ \tau_{ac} &= \frac{E}{2(1+\mu)}\gamma_{ac} \end{aligned}\right\} \tag{3.6.10}$$

式中，γ_{ac} 为剪应变。

由材料力学原理推得：与 x 坐标夹角为 φ 的应变片[如图 3.6.3(a)中的 b 片]的应变 ε_φ 为

$$\varepsilon_\varphi = \frac{\varepsilon_x + \varepsilon_y}{2} + \frac{\varepsilon_x - \varepsilon_y}{2}\cos 2\varphi + \frac{\gamma_{xy}}{2}\sin 2\varphi \tag{3.6.11}$$

对于图 3.6.3(a)所示的直角应变花，当 φ 分别为 0°、45°、90°时，有

$$
\left.
\begin{aligned}
\varepsilon_a &= \frac{\varepsilon_x + \varepsilon_y}{2} + \frac{\varepsilon_x - \varepsilon_y}{2} \\
\varepsilon_c &= \frac{\varepsilon_x + \varepsilon_y}{2} - \frac{\varepsilon_x - \varepsilon_y}{2} \\
\varepsilon_b &= \frac{\varepsilon_x + \varepsilon_y}{2} + \gamma_{xy}
\end{aligned}
\right\}
\tag{3.6.12}
$$

由式(3.6.12)中前二式可得

$$
\left.
\begin{aligned}
\varepsilon_a &= \varepsilon_x \\
\varepsilon_c &= \varepsilon_y
\end{aligned}
\right\}
\tag{3.6.13}
$$

将式(3.6.13)代入式(3.6.12)中第三式得

$$
\gamma_{xy} = \gamma_{ac} = 2\varepsilon_b - (\varepsilon_a + \varepsilon_c)
\tag{3.6.14}
$$

由胡克定律 $\tau_{xy} = G\gamma_{xy}$ 得

$$
\tau_{xy} = \tau_{ac} = G\gamma_{xy} = \frac{E}{2(1+\mu)}\left[2\varepsilon_b - (\varepsilon_a + \varepsilon_c)\right]
\tag{3.6.15}
$$

式中，$G = \dfrac{E}{2(1+\mu)}$。

以上各式中符号意义如下：ε_a、ε_b、ε_c 分别为模型测点应变花中 0°(水平向即 x 方向)、45°(45°倾角向)、90°(垂直向即 y 方向)应变片的应变值；σ 为模型的正应力；τ 为模型的剪应力；E 为模型材料的弹性模量；G 为模型材料的剪切弹性模量；μ 为模型材料的泊松比。

由上述公式可知，只要测得 ε_a、ε_b、ε_c 值后，测点的应力状态完全可确定。

若测试时主应变方向已知，并沿主轴方向贴片时，其量测结果是主应变 ε_1、ε_2，则式(3.6.10)变为

$$
\left.
\begin{aligned}
\sigma_1 &= \frac{E}{1-\mu^2}(\varepsilon_1 + \mu\varepsilon_2) \\
\sigma_2 &= \frac{E}{1-\mu^2}(\varepsilon_2 + \mu\varepsilon_1)
\end{aligned}
\right\}
\tag{3.6.16}
$$

对于平面变形问题，当量测到应变值后，其应力值可改用下式计算：

$$
\left.
\begin{aligned}
\sigma_a &= \frac{E}{(1+\mu)(1-2\mu)}\left(\varepsilon_a + \frac{\mu}{1-\mu}\varepsilon_c\right) \\
\sigma_c &= \frac{E}{(1+\mu)(1-2\mu)}\left(\varepsilon_c + \frac{\mu}{1-\mu}\varepsilon_a\right) \\
\tau_{ac} &= \frac{E}{2(1+\mu)}\gamma_{ac}
\end{aligned}
\right\}
\tag{3.6.17}
$$

同理，若量测结果为主应变 ε_1、ε_2，则主应力计算式为

$$
\left.
\begin{aligned}
\sigma_1 &= \frac{E}{(1+\mu)(1-2\mu)}\left(\varepsilon_1 + \frac{\mu}{1-\mu}\varepsilon_2\right) \\
\sigma_2 &= \frac{E}{(1+\mu)(1-2\mu)}\left(\varepsilon_2 + \frac{\mu}{1-\mu}\varepsilon_1\right)
\end{aligned}
\right\}
\tag{3.6.18}
$$

(2)若直角应变花按图 3.6.3(b)布置，则正应力分量 σ_a 和 σ_c 的计算公式不变[见

式(3.6.10)所示]，剪应力因为各应变片与 x 轴的夹角 φ 分别改为 $180°$、$135°$ 及 $90°$，根据式(3.6.11)可得

$$
\left.\begin{aligned}
\varepsilon_a &= \frac{\varepsilon_x + \varepsilon_y}{2} + \frac{\varepsilon_x - \varepsilon_y}{2} \\
\varepsilon_c &= \frac{\varepsilon_x + \varepsilon_y}{2} - \frac{\varepsilon_x - \varepsilon_y}{2} \\
\varepsilon_b &= \frac{\varepsilon_x + \varepsilon_y}{2} - \frac{\gamma_{xy}}{2}
\end{aligned}\right\} \tag{3.6.19}
$$

同前可知，$\varepsilon_a = \varepsilon_x$，$\varepsilon_c = \varepsilon_y$，$\gamma_{ac} = \gamma_{xy}$，则可根据式(3.6.19)中第三式得

$$
\gamma_{xy} = \gamma_{ac} = (\varepsilon_a + \varepsilon_c) - 2\varepsilon_b \tag{3.6.20}
$$

则

$$
\tau_{xy} = \tau_{ac} = G\gamma_{ac} = \frac{E}{2(1+\mu)}\left[(\varepsilon_a + \varepsilon_c) - 2\varepsilon_b\right] = -\frac{E}{2(1+\mu)}\left[2\varepsilon_b - (\varepsilon_a + \varepsilon_c)\right]
$$
$$
\tag{3.6.21}
$$

对比式(3.6.15)与式(3.6.21)，二者仅相差一个符号。因此，当应变花如图3.6.3(b)粘贴时，正应力计算公式不变，仅剪应力反一个符号。

当应变花如图 3.6.3(c)布置时，应力计算公式与式(3.6.10)完全相同，当应变花如图 3.6.3(d)布置时，正应力计算公式形式相同，仅剪应力计算式反号。也就是说，在直角坐标系的 Ⅰ、Ⅲ 象限内布置的直角应变花，其应力计算公式完全一致；Ⅱ、Ⅳ 象限内的直角应变花，其正应力计算式相同，与 Ⅰ、Ⅲ 象限计算式不同处，仅是剪应力反号。

(3)当直角应变花如图 3.6.4 所示布置时，各应变片与 x 轴的夹角 φ_a、φ_b、φ_c 已知，相应各片的应变 ε_a、ε_b 和 ε_c 由量测可得。由此可得该点的应力状态，即由 6 个已知值求出 ε_x、ε_y 及 γ_{xy}，然后再求出应力分量 σ_x、σ_y 及 τ_{xy}，这是属于二向受力状态的一般情况。如在圆形隧洞断面模型试验中，要量测顶拱部分的径向应力和切向应力时，其贴片方向与统一坐标 x、y 系统不同，这时需换成统一坐标系统的应力分量值，便可采用这种计算方法。

由式(3.6.11)可看出，ε_φ 是夹角 φ 的连续函数，对应不同的 φ_i，可得到不同的 ε 值；反之，如图 3.6.4 所示贴片，已知 φ_a、φ_b、φ_c 及 ε_a、ε_b、ε_c 值，便可反求得 ε_x、ε_y 及 γ_{xy} 三个未知量。方程组可表示为

$$
\left.\begin{aligned}
\varepsilon_a &= \frac{\varepsilon_x + \varepsilon_y}{2} + \frac{\varepsilon_x - \varepsilon_y}{2}\cos 2\varphi_a + \frac{\gamma_{xy}}{2}\sin 2\varphi_a \\
\varepsilon_b &= \frac{\varepsilon_x + \varepsilon_y}{2} + \frac{\varepsilon_x - \varepsilon_y}{2}\cos 2\varphi_b + \frac{\gamma_{xy}}{2}\sin 2\varphi_b \\
\varepsilon_c &= \frac{\varepsilon_x + \varepsilon_y}{2} + \frac{\varepsilon_x - \varepsilon_y}{2}\cos 2\varphi_c + \frac{\gamma_{xy}}{2}\sin 2\varphi_c
\end{aligned}\right\} \tag{3.6.22}
$$

以上三个方程中只有 ε_x、ε_y 及 γ_{xy} 三个未知量，联解即可求得，再将 ε_x、ε_y 及 γ_{xy} 代入式(3.6.10)即可求得 σ_x、σ_y 及 τ_{xy}。

(4)当应变片为四花(图 3.6.5)时的应力计算。

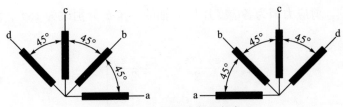

图 3.6.5　四花片布置方式

由材料力学可知，理论上相互垂直的应变应满足下列关系式：

$$\varepsilon_a + \varepsilon_c = \varepsilon_b + \varepsilon_d$$

则

$$\varepsilon_b = \varepsilon_a + \varepsilon_c - \varepsilon_d \tag{3.6.23}$$

将式(3.6.23)代入式(3.6.15)：

$$\tau_{ac} = \frac{E}{2(1+\mu)}\left[2(\varepsilon_a + \varepsilon_c) - 2\varepsilon_d - (\varepsilon_a + \varepsilon_c)\right] = \frac{E}{2(1+\mu)}(\varepsilon_b - \varepsilon_d) \tag{3.6.24}$$

正应力分量 σ_a 和 σ_c 仍按式(3.6.10)计算。

(5)主应变 ε_1、ε_2 计算。

由以上分析得出三个应变分量后，便可计算主应变 ε_1 和 ε_2。根据材料力学原理可推得与 x 轴成任意角度 φ 的应变片的正应变 ε_φ 和剪应变计算公式如下(分析时，设 φ 沿反时针向变化为正，反之为负)：

$$\left.\begin{array}{l}\varepsilon_\varphi = \dfrac{\varepsilon_x + \varepsilon_y}{2} + \dfrac{\varepsilon_x - \varepsilon_y}{2}\cos 2\varphi + \dfrac{\gamma_{xy}}{2}\sin 2\varphi \\[3mm] \dfrac{\gamma_\varphi}{2} = -\dfrac{\varepsilon_x - \varepsilon_y}{2}\sin 2\varphi + \dfrac{\gamma_{xy}}{2}\cos 2\varphi\end{array}\right\} \tag{3.6.25}$$

将式(3.6.25)中第一式移项后，两个式子两端平方后相加得

$$\left(\varepsilon_\varphi - \frac{\varepsilon_x + \varepsilon_y}{2}\right)^2 + \left(\frac{\gamma_\varphi}{2}\right)^2 = \left(\frac{\varepsilon_x - \varepsilon_y}{2}\right)^2 + \left(\frac{\gamma_{xy}}{2}\right)^2 \tag{3.6.26}$$

由此可见，式(3.6.26)表示 $\left(\varepsilon_\varphi, \dfrac{\gamma_\varphi}{2}\right)$ 所代表的点 F 恰好落在以半径为

$\sqrt{\left(\dfrac{\varepsilon_x - \varepsilon_y}{2}\right)^2 + \left(\dfrac{\gamma_{xy}}{2}\right)^2}$，圆心为$\left(\dfrac{\varepsilon_x + \varepsilon_y}{2}, 0\right)$的圆上。该圆与材料力学中的应力圆相似，故称为应变莫尔圆，如图 3.6.6 所示。

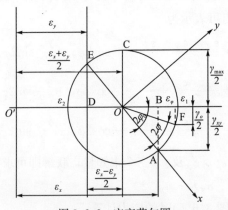

图 3.6.6　应变莫尔圆

由图可知，当剪应变 $\dfrac{\gamma_\varphi}{2}=0$ 时，F 点落在应变圆与水平轴 ε 的交点上，其坐标为 $(\varepsilon_1, 0)$，此时的正应变最大，即最大主应变为 ε_1，与水平轴 ε 成 $2\varphi_0$ 夹角的应变圆直径，就是所定的 xy 坐标系统的 x 轴。则 x 向的正应变为

$$\varepsilon_{\varphi x} = \frac{\varepsilon_x + \varepsilon_y}{2} + \frac{\varepsilon_x - \varepsilon_y}{2} = \varepsilon_x \tag{3.6.27}$$

相应的剪应变：

$$\gamma_{\varphi x} = 2 \times \frac{\gamma_{xy}}{2} = \gamma_{xy} \tag{3.6.28}$$

同时由图可得

$$\overline{OA} = \sqrt{\left(\frac{\varepsilon_x - \varepsilon_y}{2}\right)^2 + \left(\frac{\gamma_{xy}}{2}\right)^2} = \frac{1}{2}\sqrt{(\varepsilon_x - \varepsilon_y)^2 + (\gamma_{xy})^2} \tag{3.6.29}$$

则得主应变：

$$\begin{matrix}\varepsilon_1\\\varepsilon_2\end{matrix} = 00' \pm \overline{OA} \tag{3.6.30}$$

将式(3.6.30)代入应变分量 ε_x、ε_y 及 γ_{xy} 后得

$$\begin{matrix}\varepsilon_1\\\varepsilon_2\end{matrix} = \frac{\varepsilon_x + \varepsilon_y}{2} \pm \frac{1}{2}\sqrt{(\varepsilon_x - \varepsilon_y)^2 + \gamma_{xy}^2} \tag{3.6.31}$$

$$\mathrm{tg}2\varphi_0 = \frac{\dfrac{\gamma_{xy}}{2}}{\dfrac{\varepsilon_x - \varepsilon_y}{2}} = \frac{\gamma_{xy}}{\varepsilon_x - \varepsilon_y} \tag{3.6.32}$$

式中，φ_0 为表示主应变与 x 轴间的夹角。

$$\gamma_{\max} = 2\overline{OA} = \sqrt{(\varepsilon_x - \varepsilon_y)^2 + \gamma_{xy}^2} \tag{3.6.33}$$

当应变片为直角应变花，且 $\varepsilon_a = \varepsilon_x = \varepsilon_{0°}$，$\varepsilon_c = \varepsilon_y = \varepsilon_{90°}$，$\varepsilon_b = \varepsilon_{45°}$，$\gamma_{ac} = \gamma_{xy} = 2\varepsilon_b - (\varepsilon_a + \varepsilon_c)$，代入式(3.6.31)~式(3.6.33)，得

$$\begin{matrix}\varepsilon_1\\\varepsilon_2\end{matrix} = \frac{\varepsilon_a + \varepsilon_c}{2} \pm \frac{1}{2}\sqrt{(\varepsilon_a - \varepsilon_c)^2 + [2\varepsilon_b - (\varepsilon_a + \varepsilon_c)]^2}$$

$$= \frac{\varepsilon_a + \varepsilon_c}{2} \pm \frac{\sqrt{2}}{2}\sqrt{(\varepsilon_a - \varepsilon_b)^2 + (\varepsilon_b - \varepsilon_c)^2} \tag{3.6.34}$$

$$\mathrm{tg}2\varphi_0 = \frac{2\varepsilon_b - (\varepsilon_a + \varepsilon_c)}{\varepsilon_a - \varepsilon_c} \tag{3.6.35}$$

$$\gamma_{\max} = \sqrt{(\varepsilon_a - \varepsilon_c)^2 + [2\varepsilon_b - (\varepsilon_a + \varepsilon_c)]^2} = \sqrt{2[(\varepsilon_a - \varepsilon_b)^2 + (\varepsilon_b - \varepsilon_c)^2]} \tag{3.6.36}$$

由式(3.6.36)看出，对于 135°向布置的应变片，计算最大剪应变 $\gamma_{\max}$ 时不反号。

(6)主应力 σ_1、σ_2 计算。

计算得主应变 ε_1 和 ε_2 后，代入式(3.6.16)，便可求得主应力 σ_1、σ_2，即

$$\left.\begin{matrix}\sigma_1 = \dfrac{E}{1-\mu^2}(\varepsilon_1 + \mu\varepsilon_2)\\[2mm]\sigma_2 = \dfrac{E}{1-\mu^2}(\varepsilon_2 + \mu\varepsilon_1)\end{matrix}\right\} \tag{3.6.37}$$

由材料力学可知，当最大剪应变 γ_{max} 已知时，最大剪应力 τ_{max} 为

$$\tau_{max} = \frac{E}{2(1+\mu)}\gamma_{max} = \frac{E}{2(1+\mu)}(\varepsilon_1 - \varepsilon_2) \tag{3.6.38}$$

将式(3.6.34)分别代入式(3.6.37)、式(3.6.38)得

$$\sigma_1 = \frac{E}{1-\mu^2}\left\{\frac{\varepsilon_a + \varepsilon_c}{2} + \frac{\sqrt{2}}{2}\sqrt{(\varepsilon_a - \varepsilon_b)^2 + (\varepsilon_b - \varepsilon_c)^2}\right.$$

$$\left. + \mu\left[\frac{\varepsilon_a + \varepsilon_c}{2} - \frac{\sqrt{2}}{2}\sqrt{(\varepsilon_a - \varepsilon_b)^2 + (\varepsilon_b - \varepsilon_c)^2}\right]\right\}$$

$$= \frac{E}{2}\left[\frac{\varepsilon_a + \varepsilon_c}{1-\mu} + \frac{\sqrt{2}}{1+\mu}\sqrt{(\varepsilon_a - \varepsilon_b)^2 + (\varepsilon_b - \varepsilon_c)^2}\right] \tag{3.6.39}$$

$$\sigma_2 = \frac{E}{2}\left[\frac{\varepsilon_a + \varepsilon_c}{1-\mu} - \frac{\sqrt{2}}{1+\mu}\sqrt{(\varepsilon_a - \varepsilon_b)^2 + (\varepsilon_b - \varepsilon_c)^2}\right] \tag{3.6.40}$$

$$\tau_{max} = \frac{E}{2(1+\mu)}\sqrt{2\left[(\varepsilon_a - \varepsilon_b)^2 + (\varepsilon_b - \varepsilon_c)^2\right]} \tag{3.6.41}$$

主应力的方向用公式(3.6.35)进行计算。

上面计算所得的模型应力，还需根据相似条件换算成原型应力。由相似原理可知：

$$\frac{\sigma_p}{\sigma_m} = \frac{E_p}{E_m} = C_E, \sigma_p = C_E\sigma_m \tag{3.6.42}$$

所以，只要知道 C_E 值后，原型应力就可根据上式计算得到。

在计算原型的主应力时，也可以先计算模型的正应力和剪应力，再根据相似比转化成原型的正应力和剪应力，最后由式(3.6.29)~式(3.6.41)直接计算原型主应力。

2)等角应变花的计算

等角应变花通常都粘贴成等边三角形，如图 3.6.7(a)所示。

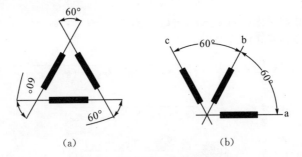

图 3.6.7　等角应变花的布置方式

计算时可将其中一片移动到图 3.6.7(b)所示位置，即互成 60°角的三花型式。这样，$\varphi_a = 0°$，$\varphi_b = 60°$，$\varphi_c = 120°$。由式(3.6.11)可得方程组，并解得

$$\left.\begin{array}{l} \varepsilon_a = \varepsilon_x \\[2mm] \varepsilon_b = \dfrac{1}{4}\varepsilon_x + \dfrac{3}{4}\varepsilon_y + \dfrac{\sqrt{3}}{4}\gamma_{xy} \\[2mm] \varepsilon_c = \dfrac{1}{4}\varepsilon_x + \dfrac{3}{4}\varepsilon_y - \dfrac{\sqrt{3}}{4}\gamma_{xy} \end{array}\right\} \tag{3.6.43}$$

由此又解得

$$\left.\begin{array}{l} \varepsilon_x = \varepsilon_a \\[2mm] \varepsilon_y = \dfrac{2(\varepsilon_b + \varepsilon_c) - \varepsilon_a}{3} \\[2mm] \gamma_{xy} = \dfrac{2}{\sqrt{3}}(\varepsilon_b - \varepsilon_c) \end{array}\right\} \tag{3.6.44}$$

将式(3.6.44)代入式(3.6.34)得主应变计算式:

$$\begin{array}{l} \varepsilon_1 \\ \varepsilon_2 \end{array} = \frac{\varepsilon_a + \varepsilon_b + \varepsilon_c}{3} \pm \sqrt{\left(\varepsilon_a - \frac{\varepsilon_a + \varepsilon_b + \varepsilon_c}{3}\right)^2 + \left(\frac{\varepsilon_b - \varepsilon_c}{\sqrt{3}}\right)^2} \tag{3.6.45}$$

为便于计算,经简化后得

$$\begin{array}{l} \varepsilon_1 \\ \varepsilon_2 \end{array} = \frac{1}{3}(\varepsilon_a + \varepsilon_b + \varepsilon_c) \pm \frac{\sqrt{2}}{3}\sqrt{(\varepsilon_a - \varepsilon_b)^2 + (\varepsilon_b - \varepsilon_c)^2 + (\varepsilon_c - \varepsilon_a)^2} \tag{3.6.46}$$

将式(3.6.44)代入式(3.6.35)得主应变方向:

$$\mathrm{tg}2\varphi_0 = \frac{\sqrt{3}(\varepsilon_b - \varepsilon_c)}{2\varepsilon_a - \varepsilon_b - \varepsilon_c} \tag{3.6.47}$$

同样可得最大剪应变计算式:

$$\gamma_{\max} = \frac{2\sqrt{2}}{3}\sqrt{(\varepsilon_a - \varepsilon_b)^2 + (\varepsilon_b - \varepsilon_c)^2 + (\varepsilon_c - \varepsilon_a)^2} \tag{3.6.48}$$

与前面计算法相同,如已知主应变,将主应变代入主应力及主剪应力计算式得

$$\begin{array}{l} \sigma_1 \\ \sigma_2 \end{array} = \frac{E}{3(1-\mu)}(\varepsilon_a + \varepsilon_b + \varepsilon_c) \pm \frac{\sqrt{2}E}{1+\mu}\sqrt{(\varepsilon_a - \varepsilon_b)^2 + (\varepsilon_b - \varepsilon_c)^2 + (\varepsilon_c - \varepsilon_a)^2}$$

$$\tag{3.6.49}$$

$$\tau_{\max} = \frac{\sqrt{2}E}{3(1+\mu)}\sqrt{(\varepsilon_a - \varepsilon_b)^2 + (\varepsilon_b - \varepsilon_c)^2 + (\varepsilon_c - \varepsilon_a)^2} \tag{3.6.50}$$

主应力方向的计算同公式(3.6.47)。

以上等角应变花各式中,$\varepsilon_a = \varepsilon_{0°}$,$\varepsilon_b = \varepsilon_{60°}$,$\varepsilon_c = \varepsilon_{120°}$;$\varphi_0$ 角为最大主应力 σ_1 与应变片 a 间的夹角。

4. 整体结构模型试验的应力计算

在拱坝整体结构模型试验中,应变花是贴在坝的上、下游坝面上的。对于下游坝面而言,如无水压作用,因是在 x、y 坐标平面内贴应变花,应力计算方法同前。但在上游坝面,由于是在库水位以下贴应变花量测,虽然仍是在 x、y 坐标平面内贴片,实际上是处于三向受力状态,即垂直于坝面的 z 轴方向也有水压强度 γh 的作用,则有

$$\sigma_z = -\gamma h \tag{3.6.51}$$

由三向受力状态下的广义胡克定律可知:

$$\left.\begin{array}{l} \varepsilon_x = \dfrac{1}{E}\left[\sigma_x - \mu(\sigma_y + \sigma_z)\right] \\[2mm] \varepsilon_y = \dfrac{1}{E}\left[\sigma_y - \mu(\sigma_x + \sigma_z)\right] \\[2mm] \varepsilon_z = \dfrac{1}{E}\left[\sigma_z - \mu(\sigma_x + \sigma_y)\right] \end{array}\right\} \tag{3.6.52}$$

由式（3.6.52）中的第一式可得

$$\sigma_x = E\varepsilon_x + \mu(\sigma_y + \sigma_z) \tag{3.6.53}$$

将上式代入 ε_y 式得

$$E\varepsilon_y = \sigma_y - \mu[E\varepsilon_x + \mu(\sigma_y + \sigma_z) + \sigma_z] \tag{3.6.54}$$

简化后得

$$\sigma_y = \frac{E}{1-\mu^2}(\varepsilon_y + \mu\varepsilon_x) + \frac{\mu}{1-\mu}\sigma_z \tag{3.6.55}$$

同理可得

$$\sigma_x = \frac{E}{1-\mu^2}(\varepsilon_x + \mu\varepsilon_y) + \frac{\mu}{1-\mu}\sigma_z \tag{3.6.56}$$

将 $\sigma_z = -\gamma h$ 代入式(3.6.55)、式(3.6.56)式，得

$$\left.\begin{aligned}\sigma_x &= \frac{E}{1-\mu^2}(\varepsilon_x + \mu\varepsilon_y) - \frac{\mu}{1-\mu}\gamma h \\ \sigma_y &= \frac{E}{1-\mu^2}(\varepsilon_y + \mu\varepsilon_x) - \frac{\mu}{1-\mu}\gamma h\end{aligned}\right\} \tag{3.6.57}$$

虽然上游坝面有 $\sigma_z = -\gamma h$ 作用，但剪应力为零。因此，这种受力状态下的剪应力计算仍为下式：

$$\tau_{xy} = \pm\frac{E}{2(1+\mu)}[2\varepsilon_b - (\varepsilon_a + \varepsilon_c)] \tag{3.6.58}$$

式中，$\varepsilon_a = \varepsilon_x = \varepsilon_{0°}$，$\varepsilon_b = \varepsilon_{45°}$，$\varepsilon_c = \varepsilon_y = \varepsilon_{90°}$；式中正负号由布片位置所处象限确定。

当确定应力分量后，便可求得主应力。根据各测点计算出来的应力值，就可绘制原型水工结构在各受力阶段的主应力分布图，并观察坝体内拉、压应力的分布规律是否合理。

3.6.3 模型和原型的位移计算

位移测量值计算结果仍按各量测值的算术平均值 $\bar{\delta}_m$ 确定。求得模型各位移测点的位移值 $\bar{\delta}_m$ 后，通过下列相似关系式换算成原型位移 δ_p：

$$\delta_p = C_L \cdot \bar{\delta}_m \tag{3.6.59}$$

由式(3.6.59)看出，δ_p 与 C_L 成正比，若 C_L 值很大，则模型制作尺寸较小。此时量测模型位移 δ_m 需要较高的量测精度，否则可能导致较大的误差。

3.6.4 结构模型破坏试验成果分析

结构模型破坏试验可以分两个步骤来完成，首先是加载至正常荷载，量测其在弹性状态下的应力与位移，其成果处理方式和结构模型试验的成果处理方式相同；然后进行第二阶段的超载试验。超载试验是在正常荷载基础上进行逐级加载，直至结构模型破坏，即结构丧失了承载能力，其试验目的是研究结构本身的极限承载力或超载安全系数。

结构超载安全系数的概念认为，由于某些原因作用于大坝上的外荷载超过了设计荷

载，而使大坝遭到破坏，将结构物破坏时的外荷载与设计荷载之比作为结构物的超载安全系数 K_{SP}。为了反映超载后的结构破坏程度和破坏过程，又将超载安全系数分两个阶段来表达，即 K_1、K_2。前者代表结构开始出现初裂时的安全系数(可以通过位移曲线上出现的第一个拐点判断)，称为第一超载安全系数或者初裂超载系数 K_1；后者代表结构完全丧失承载能力时的安全系数(可以通过位移曲线上出现的第二个拐点判断)，称为第二超载安全系数或溃坝安全系数 K_2。一般超载的步长为 $(0.2\sim0.3)\,P_0$(P_0为设计荷载)。

在超载状态下，模型材料已经超出了其弹性范围，此时不能再用胡克定律将量测的应变值计算成应力值，得到的成果主要有以下几个方面：

(1)坝体下游面各典型高程表面测点不同方向的位移 δ 分布及发展过程图，即 $\delta\text{-}K_P$ 关系曲线。如图 3.6.8 所示为某重力坝模型试验得到的原型顺河向位移与超载倍数的关系曲线图。

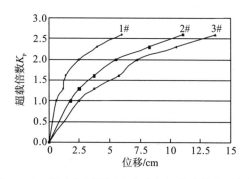

图 3.6.8　某重力坝顺河向位移与超载倍数关系曲线

(2)坝体下游面各典型高程测点应变 μ_ε 变化发展过程图，即 $\mu_\varepsilon\text{-}K_P$ 关系曲线。如图 3.6.9 所示为某拱坝模型的下游面拱向应变与超载倍数的关系曲线图。

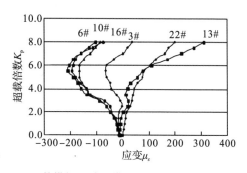

图 3.6.9　某拱坝下游面拱向应变与超载倍数关系曲线

(3) 拱坝两坝肩或重力坝基岩表面位移测点的位移 δ 分布及发展过程图，即 $\delta\text{-}K_P$ 关系曲线。

(4)模型破坏过程的记录表。

根据曲线上整体出现的拐点、波动和反向，并结合破坏发展过程的记录情况，就可综合分析判定处结构的安全系数。

第4章 大坝地质力学模型试验方法与技术

4.1 地质力学模型试验方法

4.1.1 三种破坏试验方法

从整体稳定性分析的角度来看，地质力学模型破坏试验研究方法目前主要有三种：超载法、强度储备法、综合法。

1. 超载法试验

超载法试验假定坝基(坝肩)岩体的力学参数不变，逐步增加上游水荷载，直到基础破坏失稳，用这种方法得到的安全系数叫超载法安全系数 K_{SP}。在工程上的实际意义可以理解为突发洪水等对坝基(坝肩)稳定安全度的影响。这种试验方法是当前国内外常用的方法，便于在模型试验中实现，试验安全系数的确定又可以参考刚体极限平衡法的安全评价体系，长期以来为人们所接受和引用。

进行超载法破坏试验，可以采用增大坝上游的水容重 γ_m(称为三角形超载)，也可以采用抬高水位(称为梯形超载)的办法来增大上游水平荷载 P，如图 4.1.1 所示。

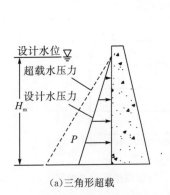
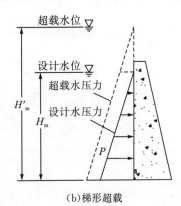

(a)三角形超载　　　　　　　(b)梯形超载

图 4.1.1　荷载超载的两种方式

但在实际工程中水荷载是不可能随意增大的，因为汛期洪水中夹砂量增大或因暴雨出现超标洪水翻坝等因素影响都是有限的，虽然历史上瓦依昂拱坝曾出现过超标水位达一倍的情况，但对绝大多数工程而言，水压超标一般不超过 20%。同时，就这两种方法的合理性，河海大学陈国启教授论证了三角形超载更为合理。目前大多数破坏试验采用三角形超载法。超载法试验主要是增大水平推力而忽略其他因素影响，是一种单因素方法。

2. 强度储备法试验（降强法试验）

强度储备法考虑坝基（坝肩）岩体本身具有一定的强度储备能力，试验可以通过逐步降低岩体的力学参数直到基础破坏失稳，以此来求得它的强度储备能力有多大，用这种方法求得的安全系数叫强度储备安全系数 K_{SS}。在工程的长期运行中，坝基（坝肩）岩体和软弱结构面，由于受到库水的浸泡或渗漏的影响，其力学参数会逐步降低。因此，设计计算中通常要进行敏感性分析，以探讨力学参数降低一定幅度后，对稳定安全度的影响。在模型上则是在保持坝体及坝基岩体自重和设计正常荷载组合作用值不变的条件下，不断降低坝基、坝肩岩体的力学参数，直到破坏失稳为止。强度储备法考虑了坝体在正常水荷载的作用下材料强度降低这一不可忽略的因素。

强度储备法的关键技术是降低材料的强度，这是国内外研究的一个重要课题。一种试验方法是一种参数做一个模型，这需做多个模型才能得出强度储备安全系数 K_{SS}。但这种方法工作量大、投资大、周期长，不同模型不能保持同等精度，难以满足试验研究的要求，因此一般采用这种方法的较少。为了能实现在同一模型中采用强度储备法，可采用一种等价的原则来进行试验，保持外荷载不变，逐步降低材料强度，直至达到材料强度极限的试验过程，改变为保持模型材料强度不变，同比例增大荷载与坝体自重，直至材料极限强度，由模型破坏时的强度与模型设计荷载之比得强度储备安全系数 K_{SS}，即

$$K_{SS} = R_m/R_m' = \sigma_m'/\sigma_m = P_m'/P_m \tag{4.1.1}$$

式中，R_m 为材料的设计强度；R_m' 为破坏时的实际强度；σ_m' 为材料极限强度；σ_m 为材料在设计荷载下的应力；P_m' 为模型破坏时的荷载；P_m 为模型设计荷载。

据文献记载，已有些试验采用拉杆挂砝码、离心机加荷等方法来实现模型材料容重的增加。采用拉杆挂砝码来增重的方法在模型试验中应用有一定难度，特别是在三维模型试验中应用较困难。用离心机作为加荷工具可以同比例增大荷载与坝体自重，但离心机设备昂贵，要求的模型尺寸比较小，对地质结构比较复杂的大型模型来说无法实现，并且在试验中也不便于观测破坏过程。

3. 综合法试验

综合法是超载法和强度储备法的结合，它既考虑到工程上可能遇到的突发洪水，又考虑到工程长期运行中岩体及软弱结构面力学参数逐步降低的可能，将两种因素结合起来进行试验得到的安全系数叫综合法安全系数 K_{SC}。这种试验方法曾先后应用于：普定拱坝、沙牌拱坝、铜头拱坝、溪洛渡拱坝、锦屏一级拱坝、小湾拱坝等坝肩稳定研究，以及百色重力坝、武都重力坝坝基稳定等地质力学模型试验中。

上述三种试验方法中，超载法主要考虑超标洪水对工程安全的影响，是一种单因素方法。强度储备法主要考虑工程中岩体与结构面在水的作用下强度的降低，也是一种单因素法。综合法考虑了超载和岩体强度降低的双重可能性，是一种多因素方法。

超载法是一种常用的试验方法，通过逐步增大上游水平荷载来进行试验，在模型中

容易实现。而要在一个模型中实现强度储备法和综合法试验，其关键技术是需要研制出一种能可控制性地降低材料力学参数的新型模型材料。四川大学水电学院水工结构研究室经过多年来的不断探索，在模型材料上有所突破，研制出了一种新型地质力学模型材料——变温相似材料。用这种材料来制作模型就可以在一个模型上实现强度储备法试验，如与超载法相结合则可在一个模型上实现综合法试验。这种新材料、新试验方法扩大了地质力学模型试验的研究领域，具有广阔的应用前景，并成功地应用于多个大、中型工程的稳定性研究中。

变温相似材料是将高分子材料与传统的模型材料结合起来，即在模型材料中加入适量的高分子材料及胶结材料，同时配置升温系统，在试验过程中通过电升温的办法使高分子材料逐步熔解，用热效应来产生力学效应的变化，达到逐步降低材料力学参数的目的。变温相似材料首先在常温状态下与原型材料的力学参数满足相似关系，通过升温使模型材料的抗剪断强度随温度的升高而逐步降低，并与原型材料的力学特性保持相似关系。研制变温相似材料，首先依据常温状态下的相似关系进行配制，不同强度的岩体和结构面采用不同类型和不同配比的变温相似材料，然后再进行变温过程的剪切试验，测得变温相似材料的抗剪断强度与温度之间的关系曲线，并以此作为判定强度储备系数的依据，图 4.1.2 为典型变温相似材料的抗剪断强度与温度之间的 τ_m-T 关系曲线。在模型试验中，由预埋的热电偶来监测温度值，通过调节电压来控制升温的快慢及温度的高低，从而达到通过控制温度的方法将材料的抗剪断强度降低到预定值的目的。

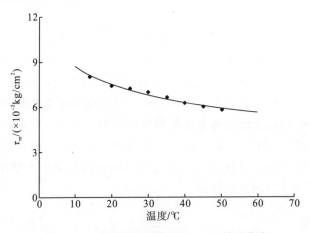

图 4.1.2   典型变温相似材料 τ_m-T 关系曲线

4.1.2   模型试验安全系数表达式

1. 超载法安全系数

地质力学模型试验中，超载法是目前国内外最常用的一种试验方法。它认为坝体所受水荷载及其他荷载，由于某种原因会超过设计荷载，达到一定程度会使建筑物及地基遭到破坏。为检验结构的超载能力，在设计荷载基础上，再超载一定倍数的荷载，直至结构破坏为止。由破坏时相应的外荷载与设计荷载之比，即得超载法安全系数 K_{SP}，并

用它来评价工程的安全性，其表达式为

$$K_{SP} = P'_m/P_m = \gamma'_m/\gamma_m \tag{4.1.2}$$

式中，P_m、P'_m分别为模型的设计荷载、模型破坏时的荷载；γ_m、γ'_m为模型加压液体的设计容重、模型破坏时加压液体的容重。

由破坏时的相似条件可知：

$$C_\sigma = C_\gamma C_L \tag{4.1.3}$$

$$C_\sigma = C_\tau = C_E \tag{4.1.4}$$

$$\frac{\tau_p}{\tau_m} = \frac{\gamma_p}{\gamma_m} C_L \tag{4.1.5}$$

由此可得

$$\frac{1}{\gamma_m} = \frac{\tau_p}{\tau_m \gamma_p C_L} \tag{4.1.6}$$

$$K_{SP} = \frac{\tau_p \gamma'_m}{C_L \tau_m \gamma_p} \tag{4.1.7}$$

根据抗剪断公式 $\tau = \sigma f' + c'$ 还可得到：

$$K'_P = \frac{\sigma f' + c'}{P} = \tau/P \tag{4.1.8}$$

$$1 = \frac{\tau}{K'_P P} \tag{4.1.9}$$

由式(4.1.7)和式(4.1.9)可知，超载法就是不断增大上游水平荷载 P 的倍数或增大水平荷载的容重 γ_m，直到模型破坏为止，对应破坏时的荷载超载系数 K'_P(超载倍数)即为超载法安全系数 K_{SP}，其对应的点安全系数可以用图 4.1.3 来表示。

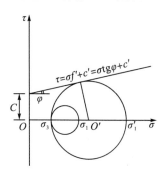

图 4.1.3 　点超载安全系数

2. 强度储备法安全系数

强度储备法认为坝基和坝肩的岩体及岩体内的软弱结构面或软岩层的强度，尤其是抗剪断强度参数 c'、φ 值(或综合计算为 τ 值)，在水库长期运行过程中会不断降低，从而导致坝基、坝肩失稳。设计和破坏时的强度之比，即为强度储备法安全系数 K_{SS}，其表达式为

$$K_{SS} = \tau_m/\tau'_m \tag{4.1.10}$$

式中，τ_m为模型材料的设计强度；τ'_m为破坏时模型材料的实际强度。

由相似关系式(4.1.5)得

$$\tau_m = \frac{\tau_p \gamma_m}{C_L \gamma_p} \tag{4.1.11}$$

$$K_{SS} = \frac{\tau_p \gamma_m}{C_L \tau'_m \gamma_p} \tag{4.1.12}$$

式中，τ_p 为原型材料的设计强度；τ'_m 为破坏时模型材料的实际强度。

同上，根据抗剪断公式 $\tau = \sigma f' + c'$ 可得到：

$$1 = \frac{\tau / K'_S}{P} \tag{4.1.13}$$

由式(4.1.12)和式(4.1.13)可看出，强度储备法就是保持设计外荷载 P 不变，不断降低抗剪断强度 τ，直至破坏为止。对应破坏时的强度储备系数 K'_S（降强系数，降强倍数）即为强度储备法安全系数 K_{SS}，其对应的点安全系数可以用图 4.1.4 来表示。

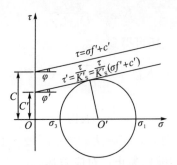

图 4.1.4　点强度储备安全系数

3. 综合法安全系数

综合法是将超载法与强度储备法结合起来，既考虑了材料强度降低的可能性，又考虑了水压超载的因素。

根据式(4.1.7)和式(4.1.12)，当同时改变 γ_m 与 τ_m 时：

$$K_{SC} = \frac{\tau_p \gamma'_m}{C_L \tau'_m \gamma_p} \tag{4.1.14}$$

同上，由抗剪断公式 $\tau = \sigma f' + c'$ 可得

$$1 = \frac{\tau / K'_S}{K'_P P} \tag{4.1.15}$$

则

$$K_{SC} = K'_S K'_P \tag{4.1.16}$$

式中，K'_S、K'_P 分别为模型破坏时的降强系数和超载系数，含义与式(4.1.9)和式(4.1.13)相同。

由式(4.1.14)和式(4.1.15)可知，在同时考虑强度储备与超载的情况下，综合法安全系数 K_{SC} 即为模型破坏时的降强系数 K'_S 与超载系数 K'_P 的乘积，其对应的点安全系数可以用图 4.1.5 来表示。

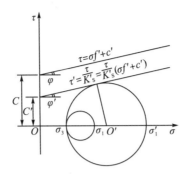

图 4.1.5　点综合安全系数

　　模型试验中，材料强度常以莫尔－库仑强度理论确定的抗剪断强度 $\tau = \sigma f' + c'$ 来控制，一般不由 c'、f' 单独控制。原因是材料的 c' 值较小，按相似关系 $c'_m = c'_p / C_\sigma$ 缩小后，模型材料的 c'_m 值将变得更小，而实际上又不能配制出如此低参数的模型材料，如果忽略 c'_m 值，只满足 f'_m 的相似关系，则无形中提高了 c'_m，而使模型材料不能满足相似关系。因此，应按莫尔－库仑强度理论来考虑材料 $c'-f'$ 综合效应，如图 4.1.6 所示。

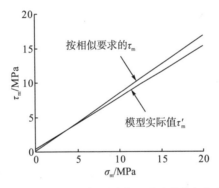

图 4.1.6　模型材料设计值和试验值的相似性

　　地质力学模型试验的三种破坏试验方法的相似关系及安全系数的评价依据见表 4.1.1。

表 4.1.1　超载法、强度储备法和综合法安全系数的相似关系

超载法		强度储备法		综合法	
(1) $K_{SP} = P'_m / P_m = \gamma'_m / \gamma_m$	①	(1) $K_{SS} = \tau_m / \tau'_m$	⑤	(1) 超载与强储相结合	
(2) 由相似关系式知：		(2) 由相似关系式 ② 得		(2) 由公式 ③、⑥，同时改变 γ_m 与 τ_m 可得	
$\quad \because C_\sigma = C_r \cdot C_L$		$\quad \tau_m = \dfrac{\tau_p \gamma_m}{C_L \gamma_p}$			
$\quad C_\sigma = C_\tau = C_E$				$\quad K_{SC} = \dfrac{\tau_p \gamma'_m}{C_L \tau'_m \gamma_p}$	⑧
$\quad \therefore \dfrac{\tau_p}{\tau_m} = \dfrac{\gamma_p}{\gamma_m} C_L$	②	$\quad \therefore K_{SS} = \dfrac{\tau_p \gamma_m}{C_L \tau'_m \gamma_p}$	⑥	(3) 由抗剪断公式得	
$\quad$ 则 $\dfrac{1}{\gamma_m} = \dfrac{\tau_p}{\tau_m \gamma_p C_L}$		(3) 由抗剪断公式得		$\quad \dfrac{\tau / K'_S}{K'_P P} = 1$	⑨
		$\quad \dfrac{\tau / K'_S}{P} = 1$	⑦	$\quad$ 则 $K_{SC} = K'_S K'_P$	⑩
$\quad K_{SP} = \dfrac{\tau_p \gamma'_m}{\tau_m \gamma_p C_L}$	③	(4) 点强度储备安全系数的含义		(4) 点综合安全系数的含义	
(3) 由抗剪断公式得		强度储备法安全系数 K_{SS} 为破坏时的降强倍数 K'_S		综合法安全系数 K_{SC} 即为破坏时的降强倍数 K'_S 与超载倍数 K'_P 的乘积	
$\quad K'_P = \dfrac{\sigma f' + c'}{P} = \tau / P$					

超载法	强度储备法	综合法
得 $\dfrac{\tau}{K'_P P}=1$ ④ (4)点超载安全系数的含义 超载法安全系数 K_{SP} 为破坏时的 超载倍数 K'_P		

4.1.3 地质力学模型试验程序

模型的试验过程需按预先设计的试验程序进行，由于超载法、强度储备法和综合法试验的原理和安全系数的评价方法各不相同，三种试验方法的试验程序也各不相同。

1. 超载法试验程序

首先对模型进行预压，然后逐级加载至正常荷载，测试在正常工况下坝与地基的工作性态(应变、变位、破坏情况等)，在此基础上再对上游水荷载按小步长(0.2~0.5倍正常荷载)逐级进行超载，分级测试坝与地基在各超载阶段的变形和破坏情况，直至坝与地基发生大变形、出现整体失稳趋势，则停止超载。试验中，记录各级荷载作用下的测试数据，观测坝与地基的变形特征、破坏过程和破坏形态。

2. 强度储备法试验程序

首先对模型进行预压，然后逐级加载至正常荷载，在此基础上进行降强阶段试验，即逐级进行升温，降低坝肩坝基岩体内主要结构面的抗剪断强度，分级测试坝与地基在各级降强幅度条件下的变形和破坏情况，直至坝与地基发生大变形、出现整体失稳趋势，则停止升温。试验中，记录在正常工况下和各级降强幅度条件下的测试数据，观测坝与地基的变形特征、破坏过程和破坏形态。

3. 降强与超载相结合的综合法试验程序

首先对模型进行预压，然后逐级加载至正常荷载，测试在正常工况下坝与地基的工作性态(应变、变位、破坏情况等)，在此基础上进行降强阶段试验，即逐级进行升温，降低坝肩坝基岩体内主要结构面的抗剪断强度，在达到设计降强幅度时停止升温，保持各主要结构面降低后的强度参数，最后再进行超载阶段试验，对上游水荷载按小步长(0.2~0.5倍正常荷载)逐级进行超载，分级测试坝与地基在各超载阶段的变形和破坏情况，直至坝与地基发生大变形、出现整体失稳趋势，则终止试验。试验中，记录各级荷载作用下和各级降强幅度条件下的测试数据，观测坝与地基的变形特征、破坏过程和破坏形态。

超载法试验程序的拟订主要考虑大坝建成后，遭遇超标洪水时，坝与地基在水压超载条件下的超载能力。强度储备法试验程序考虑了大坝建成后，在渗水作用和工程应力的长期作用下，岩体和结构面力学参数发生了降低，此时坝与地基在承受正常荷载作用下的安全储备能力。综合法试验结合了超载法试验和强度储备法试验，反映大坝在运行工况下，坝基岩体和结构面力学参数已发生一定程度的降低，又遭遇水压力超载的不利情况时，大坝与地基的超载能力。

4.2　地基岩石力学指标测试概述

用地质力学模型研究的对象是结构与地基的整体，在这类模型中要求模型与原型岩体的变形特性从局部到整体都能相似，且必须在破坏试验中全过程相似。因此，试验前不仅需要收集足够的原型现场岩体的地质勘探资料，还需要进行室内岩石力学指标的测试试验，以获得原型岩体的力学参数，本节简要介绍地基岩石力学基本指标的测试方法。

岩石（体）力学测试技术是岩石力学与实验力学相结合、技术性很强的一门应用学科。它是以现行国家标准和行业规程、规范为依据，采用当今先进的仪器设备和计算机测控技术、数据处理技术，对岩石（体）的力学特性进行常规测试和特殊试验的技术手段体系。

岩石由于其成因、成分、结构、构造不同，以及形成环境、构造改造及浅表生改造作用的差异，而具有各向异性、非均匀性和非连续性，并且其物理力学特性相差非常悬殊，故每个工程重要部位的典型岩类都必须进行专门的试验。岩石力学现代测试技术主要包括室内岩块试验、结构体测试和现场原位测试。测试的主要目的是揭示岩石（体）的力学特性，包括变形特性和强度特性，以及地应力场特性等，并获得表征这些特性的参数、指标，为模型设计和试验提供定性和定量依据。

为了规范岩石物理力学试验的方法、条件和成果整理，使测试成果具有普遍意义、对比意义和代表意义，国家制定了专门的工程岩体试验方法标准，各有关行业、部门也依据国家标准，并结合自身特点编制了规程规范。目前，岩石（体）力学试验领域的主要常规试验项目和部分常用特殊测试项目均"有法可依"。本节主要针对大坝模型试验中必须获得的原型地基岩石（体）物理力学参数指标测试项目进行简要介绍，其主要目的是为地质力学模型试验设计提供原型力学参数。

室内岩块试验是岩石力学测试技术的基础，其主要目的是获得岩块的基本物理力学特性及其指标。测试类别可分为静力学与动力学试验、常温常压与高温高压试验、变形与强度试验、地应力测试试验等。近年来由于科学技术的发展和进步，可以模拟地壳较深部位岩体的环境条件与受力条件，进行地应力场、温度场、渗流场、地震动力场等多场耦合的试验研究。限于教学目的和篇幅，本节主要介绍室内岩块试验中的试样制备、块体密度试验、单轴压缩变形及强度试验、抗拉强度试验、应力应变全过程三轴试验。这些试验可以获得岩石的块体密度（包括天然密度 ρ、饱和密度 ρ_{sat}、干燥密度 ρ_d 和风干密度 ρ_f）、变形参数（包括弹性模量 E 与泊松比 μ，割线模量 E_{50} 与泊松比 μ_{50}，变形模量 E_0 与泊松比 μ_0）和强度参数[包括抗拉强度 σ_t、抗压强度 $R(\sigma_c)$、抗剪断强度 c_r、φ_r 和抗剪断强度 c、φ]。

4.2.1　试样

室内岩石块体试验是将岩石制备成规则、标准的试件来进行测试的。试样制备的过程包括岩样采集、包装、运输、试件加工、试件状态预置、试件描述等几个环节。

1. 岩样采集、包装与运输

岩样采集,俗称取样,是在研究的具体工程的具体部位,采用特殊的手段采集用于测试研究的典型样品。采集手段从易到难一般有选取零星岩块、刻槽取样、手持钻机取样、爆破取样、钻孔取样等。

所取岩样应立即用油漆或油性记号笔进行编号,填写取样记录表或做好取样记录,记录内容主要有岩样编号、取样工程部位、构造部位、地层岩性、取样方法和取样时间等。钻孔取样时还需要记录钻孔编号与取样深度等。对于定向采取的岩样,应在岩样表面标注方向记号,比如在某一平面上做好记号,记录该平面的产状要素,并同时将这些信息做好记录。

试样采集完成后应尽快包装,特别是对于易崩解的泥岩类岩石和其他易风化的岩石类型,以及需要保持含水量不变的原状岩样,应立即采用密封薄膜进行密封处理,或采用浸蜡密封的方法,以使岩样与外界空气、水分等隔绝,保持原始状态;密封完成后放置在有软衬垫的硬质包装箱(如木箱、塑料箱等)内;对于比较坚硬和稳定的岩石,如果不需要保持原状含水状态,则可直接放入有软衬垫的硬质箱内。

交由专业运输部门运输时,应当在包装表面醒目部位标注“小心轻放”警示文字。

2. 试件加工

为了使试验成果统一,便于对比,岩样必须按国标或有关规程规范加工成规则的、具有一定外形尺寸精度的试件,因此须借助机械进行加工。加工的工艺和方法一般有钻、切、磨、车。对于方形试件,加工工艺主要是切和磨;对于圆柱体试件,加工工艺主要有钻、切、车、磨。

为了使试件尺寸测量精确、试验中受力均匀,并严格遵从试验条件,使测试成果具有代表性和对比性,国标和各规程、规范对用于岩石力学试验的试件的加工精度均作出了明确规定。这些规定主要有:①试件可用圆柱体、方柱体或立方体;②含大颗粒的岩石,试件直径或边长应大于岩石中最大颗粒粒径的 10 倍;③沿试件高度、直径或边长的尺寸误差不得大于 0.3mm;④试件两端面不平整度误差不得大于 0.05mm;⑤端面应垂直于试件轴线,最大偏差不得大于 0.25°;⑥方柱体或立方体试件相邻两面应互相垂直,最大偏差不得大于 0.25°;⑦试件尺寸测量一般采用普通游标卡尺或数显游标卡尺,精度为 0.01mm。

3. 饱和状态与干燥状态的试样制备

饱和状态与干燥状态是岩石试件含水状态的两种极端状态,其间还有天然状态和自然风干状态等。

1)饱和状态试样制备

岩石试件的饱和可在真空抽气法、煮沸法、自由吸水法三种方法中依序选用。

(1)真空抽气法。在饱和容器中放入适量蒸馏水,再放入试件,应保证水面高出试件。将饱和容器的盖子和容器口密封盖紧，开启真空泵使真空压力表达到 100kPa，继续抽气至无气泡逸出为止，但总的抽气时间不得少于 4h。抽气完成后，试件在原容器中于大气压力下静置 4h。试验前取出试件并沾去其表面水分立即测试。

(2)煮沸法。采用煮沸法饱和试件时，煮沸容器内的水面应始终高于试件，煮沸时间不得少于 6h。经煮沸的试件应放置在原容器中冷却至室温，试验时取出并沾去表面水分立即测试。

(3)自由吸水法。当采用自由吸水法饱和试件时，首先将试件放入容器中，先注进蒸馏水至试件高度的 1/4 处，以后每隔 2h 分别注水至试件高度的 1/2 和 3/4 处，6h 后全部浸没试件。试件在水中自由吸水 48h 后便可取出沾去表面水分进行测试。

饱和后待测试的试件必须一直浸泡在蒸馏水里。

2)干燥状态试件制备

干燥状态试件制备采用烘干法。将试件置于恒温干燥箱内，对于不含结晶水矿物的岩石，应在 105~110℃的恒温下烘 24h。对于含有结晶水矿物的岩石，应降低烘干温度，可在 60℃±5℃或 40℃±5℃(SL264-2001)下恒温 24h。恒温烘干时间达到后将试件取出放置于干燥器中冷却至室温取出称量。重复上述恒温烘干—干燥器冷却—称量步骤，直至相邻两次称重之差不超过后一次称量的 0.1%。制备好的干燥试件应立即测试，没测完的可暂时存于干燥器内。

4. 试样描述

无论什么试验项目，试验之前都应对试样进行描述、记录，一般至少应当对工程名称、岩石名称、颜色、试样编号、试件尺寸、含水状态，以及层面、裂纹、裂隙、岩脉分布和发育程度及其与施加荷载的方向等进行描述记录。有条件的话，最好对岩样的结构、构造、矿物成分、胶结物、胶结类型等进行描述记录，并照相或作裂纹分布素描图。试验以后均应对破坏形态、破裂面性质、方向、分布等做好描述记录，最好照相或素描。这样，对试验结果的分析和岩石力学性能的认识能够提供最大的帮助。

4.2.2　岩石块体密度测试

中华人民共和国国家标准《工程岩体试验方法标准》(GB/T50266-2013)规定，岩石块体密度测试可采用量积法、水中称重法或蜡封法进行。凡是能够加工制备成规则试件的各类岩石均应采用量积法测试其块体密度。工程活动所涉及的大多数岩石均能够加工制备成规则试件，本教材仅介绍量积法。

1. 量积法岩石块体密度测试原理

根据定义，岩石的密度指单位体积的质量，即

$$\rho = \frac{m}{v} \tag{4.2.1}$$

式中，ρ 为岩石的密度，g/cm^3；m 为岩石的质量，g；v 为岩石的体积，cm^3。

由于岩石是一种三相体,即岩石中含有空隙(包括孔隙、裂隙和溶隙等),空隙中可能全是空气,也可能全是水,也有可能二者均有之。因此式(4.2.1)可写成:

$$\rho = \frac{m_s + m_w + m_a}{v} \tag{4.2.2}$$

式中,m_s为岩石中固体物质(矿物)的质量,g;m_w为存在于岩石空隙中的水的质量,g;m_a为存在于岩石空隙中的空气的质量,g。

当岩石的空隙中完全充满水时的密度为饱和密度,用ρ_{sat}表示:

$$\rho_{sat} = \frac{m_s + m_w}{v} \tag{4.2.3}$$

当空隙中完全没有水分时的密度为干密度,用ρ_d表示:

$$\rho_d = \frac{m_s + m_a}{v} = \frac{m_s}{v} \tag{4.2.4}$$

因此,要准确获得岩石的密度,必须要精准地测量岩石块体尺寸和精准地称量岩石块体的质量。通常,需要测定岩石的干密度、饱和密度、天然密度和风干密度等。应当指出,即便对于同一种岩石,其密度指标因原生成岩作用、构造改造作用和表生改造作用及其程度的不同而有所差异。表4.2.1列出了一些典型岩石类型的块体密度。

表 4.2.1　典型岩石类型的块体密度

岩石类型	岩石块体密度/ (g/cm³)	岩石类型	岩石块体密度/ (g/cm³)
花岗岩	2.30~2.80	页岩	2.30~2.60
闪长岩	2.52~2.96	石灰岩	2.30~2.70
辉长岩	2.55~2.98	泥质灰岩	2.30~2.70
辉绿岩	2.53~2.97	白云岩	2.10~2.70
玢岩	2.40~2.87	片麻岩	2.30~3.00
流汶岩	2.60	石英片岩	2.10~2.70
安山岩	2.50~2.85	绿泥石片岩	2.10~2.85
玄武岩	2.60~3.10	蛇纹岩	2.40~2.70
粗面岩	2.30~2.67	石英岩	2.50~2.75
凝灰岩	0.75~1.40	大理岩	2.60~2.70
砾岩	1.90~2.30	板岩	2.30~2.80
砂岩	2.61~2.70		

2. 量积法岩石块体密度测试方法

1)测试要求与方法

本方法要求测干密度时每组试样不少于3个试件,测湿(饱和)密度时每组试样不少于5个试件。试件的加工制备及其精度应当符合规范规定。试验前应将试样进行分组、编号,并做好试件描述。

试件的量测方法与步骤为:①用百分游标卡尺(数显式或机械式均可)量测试件两端和中间三个断面上相互垂直的两个方向直径或边长(精确到0.01mm,下同),按平均值

计算截面面积 A；②以上述量具和精度量测试件两端面周边上对称 4 点和中心点处的共 5 个高度，并计算出高度平均值 H；③据测试岩块的含水状态要求，在感量为 0.01g 的天平上称量试件的质量(精确到 0.01g)。

2)成果整理

根据要求，采用以下公式计算各种含水状态下的岩石块体密度：

$$\rho_0 = \frac{m_0}{AH} \qquad\qquad (4.2.5)$$

$$\rho_{sat} = \frac{m_{sat}}{AH} \qquad\qquad (4.2.6)$$

$$\rho_d = \frac{m_d}{AH} \qquad\qquad (4.2.7)$$

式中，ρ_0、ρ_{sat}、ρ_d 分别为天然密度、饱和密度和干密度，g / cm^3；m_0、m_{sat}、m_d 分别为天然状态、饱和状态与干燥状态的试件质量，g；A 为试件截面积，cm^2；H 为试件高度，cm。

由于岩石的非均匀性，同组岩石的每个试件测试成果不可能完全一致。测试成果应列出每个试件的测试值和平均值。

4.2.3　单轴压缩试验

单轴压缩试验可同时测试岩石的单轴抗压强度和单轴压缩变形参数指标。

1. 测试原理

岩石在承受逐渐增大的单轴轴向荷载时，其轴向压缩变形随应力升高而增大，在与轴向垂直的横向上产生随之增大的拉伸变形。当轴向应力升高到试件承受荷载极限时，试件发生破坏。在此过程中不断测试记录试件所受轴向荷载及试件各方向变形量，可以得到应力－应变关系曲线(图 4.2.1)。曲线的直线段(图 4.2.2 中 AB 段)之斜率为弹性模量 E，与之对应的横向应变与纵向应变之比为泊松比 μ。破坏时(图 4.2.2 中 D 点)的轴向应力称为单轴抗压强度 R(或 σ_c)，它代表单轴压缩受力条件下岩石所能承受的最大轴向应力值。表 4.2.2 与表 4.2.3 分别给出了某些岩石的弹性模量、泊松比和单轴抗压强度。此外，工程上还常用到抗压强度 50% 时的应力、应变之比，称为割线模量 E_{50}，是应力－应变关系曲线上该点与坐标原点连线的斜率，对应的泊松比为 μ_{50}。图 4.2.2 给出了应力－应变(包括轴向应变 ε_1、横向应变 ε_3 和体积应变 ε_v)关系曲线。

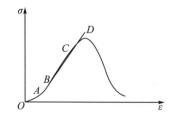

图 4.2.1　岩石典型应力－应变全过程曲线

表 4.2.2　部分岩石的弹性模量和泊松比

岩石名称	E/GPa	μ	岩石名称	E/GPa	μ
页岩	12.75~41.99	0.09~0.35	花岗岩	30.41~62.29	0.17~0.36
碳质页岩	2.35~8.93		粗粒花岗	48.46~49.25	0.21~0.22
绢云母岩	34.34		中粒花岗	48.56~56.72	0.17~0.21
变质页岩	15.69~19.62		细粒花岗	82.80~83.68	0.24~0.29
板状页岩	17.66~21.58		斜长花岗	62.29~75.44	0.19~0.22
粗粒砂岩	16.97~41.10	0.10~0.45	斑状花岗	56.02~58.67	0.13~0.23
中粒砂岩	26.29~41.10	0.10~0.22	片麻花岗	51.80~55.23	0.16~0.18
细粒砂岩	28.45~48.56	0.15~0.52	花岗闪岩	56.70~59.45	0.20~0.23
粉砂岩	9.91~31.69		辉长岩		0.11~0.22
石英砂岩	54.15~59.84	0.12~0.14	辉绿岩		0.26~0.28
碳质砂岩	5.59~21.19	0.08~0.25	苏长岩		0.22~0.24
煤		0.25~0.4	正长岩	49.34~54.15	0.18~0.26
石英岩	18.30~70.74	0.12~0.27	闪长岩	103.01~119.88	0.26~0.37
石灰岩	24.53~39.04	0.18~0.35	玄武岩	42.18~98.10	0.23~0.32
泥质灰岩	12.95~25.51		安山岩	39.24~78.48	0.21~0.32
泥灰岩	3.73~7.46	0.30~0.40	流纹岩	39.24~78.48	0.20~0.3
石膏	1.18~7.85	0.3	片麻岩	14.32~56.21	0.20~0.34
白垩	8.24		片岩	44.15~71.51	0.12~0.25
			大理岩	9.81~76.30	0.06~0.35

表 4.2.3　部分岩石的单轴抗压强度

岩石名称	抗压强度/MPa	岩石名称	抗压强度/MPa
花岗岩	00~250	白云岩	80~250
闪长岩	180~300	砂岩	20~200
辉长岩	180~300	煤	5~50
粗玄岩	200~350	石英岩	150~300
玄武岩	150~300	片麻岩	50~200
流纹斑岩	100~250	石英片岩	70~220
凝灰岩	60~170	云母片岩	60~130
页岩	10~100	大理岩	100~250
泥灰岩	13~100	板岩	100~200
石灰岩	20~250	千枚岩	50~200

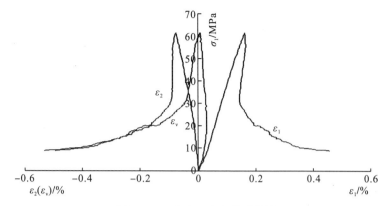

图 4.2.2　应力－应变关系曲线

表 4.2.4　部分岩石的软化系数

岩石名称	软化系数	岩石名称	软化系数
花岗岩	0.8~0.98	砂岩	0.60~0.97
闪长岩	0.7~0.9	泥岩	0.10~0.5
辉长岩	0.65~0.92	页岩	0.10~0.50
辉绿岩	0.92	片麻岩	0.70~0.96
玄武岩	0.7~0.95	片岩	0.50~0.96
凝灰岩	0.65~0.88	石英岩	0.8~0.98
白云岩	0.83	千枚岩	0.76~0.95
石灰岩	0.68~0.94		

　　对于同一种岩石，饱和状态抗压强度与干燥状态抗压强度之比称为岩石的软化系数 (η)。对于岩石干燥状态的抗压强度试件，有的文献要求采用烘干状态，有的要求采用风干状态，国标和一些行业规程规范没有作严格规定，作者认为应当根据工程具体情况来确定。但一般情况下，工程环境或天然环境没有烘干状态的可能性。因此多数情况可采用风干状态试件进行测试。应当指出，即便对于同一种岩石，其软化系数变化范围非常大，将部分岩石的软化系数列于表 4.2.4 中供参考。

2. 测试要求与方法

1）测试要求

　　对于单轴压缩试验，通常采用直径为 50mm 或 100mm 的圆柱体试件进行测试，要求试件的高径比为 2.0~2.5。也可采用边长为 50mm 或 100mm 的方柱体试件进行测试，同样要求试件高度与边长之比为 2.0~2.5。并且要求每种含水状态下的试件个数不少于 3 个。试件的加工制备及其精度应当符合本节 4.2.1 节的规定。

2）测试方法与步骤

（1）接通并开启电阻应变仪电源使其按说明书要求的时间预热。

（2）将试件置于试验机上、下压头中心，调整球形座使试件受力均匀，连接好应变片与应变仪，调整好应变仪后测读初值。

(3)按照预先估计的强度值分十级以上逐级加载直至试件破坏，加载速率为 $0.5\sim$ $1.0MPa/s$，每加一级荷载测读记录一次，测读记录内容为各级荷载及其对应的各应变片测值。

(4)记录试件破坏形态、破坏方式、破坏面与加载轴的夹角，有条件的可以拍摄照片或绘制素描图。

4.2.4 岩石抗拉强度测试

岩石的抗拉强度是指在单轴拉伸荷载条件下，岩石所能承受的最大拉应力。由于岩石的特殊性质，在直接拉伸试验中对于试件夹持难度较大，需要进行大量繁琐复杂的准备工作。故国家标准与各规程规范都将简便易行的间接拉伸试验的方法——劈裂法(又称巴西法)作为岩石抗拉强度测试的方法。

1. 劈裂法测试原理

设有一直径为 D 的单位厚度岩石圆盘受对径荷载 P 作用，如图 4.2.3(a)所示，此时沿圆盘直径 y-y 截面上的应力分布如图 4.2.3(b)所示，各应力分量可由式(4.2.8)计算。当荷载升高到一定程度，圆盘沿 y-y 面破裂，此时的 σ_x 即代表圆盘试件的抗拉强度。

$$\sigma_y = \frac{8PD}{\pi(D^2 - 4y^2)} - \frac{2P}{\pi D} \tag{4.2.8}$$

$$\sigma_x = \frac{2P}{\pi D} \tag{4.2.9}$$

$$\tau_{xy} = 0 \tag{4.2.10}$$

式中，P 为荷载，kN；D 为圆盘直径，mm。

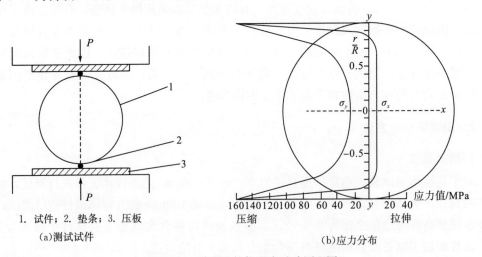

1. 试件；2. 垫条；3. 压板

(a)测试试件 (b)应力分布

图 4.2.3　劈裂法抗拉强度试验原理图

由图 4.2.3 与式(4.2.8)不难看出，圆盘 y-y 面上的应力分量在中部大约 $0.8D$ 的范围内是均匀的拉应力。虽然该面上还存在较大的压应力 σ_y 分布，且端部效应使得 σ_x 在该面两端部附近也为压应力，但由于岩石的抗拉强度远远低于抗压强度，故据此得到的抗拉强度能够代表岩石的抗拉强度，其近似性完全满足工程要求。表 4.2.5 列出了某些岩石的抗拉强度值。

表 4.2.5　某些岩石的抗拉强度

岩石类型	抗拉强度/MPa	岩石类型	抗拉强度/MPa
花岗岩	4.0～10.0	中砂岩	5.0～7.0
斑状花岗岩	2.0～5.0	细砂岩	8.0～12.0
辉绿岩	8.0～12.0	铁质砂岩	7.0～9.0
玄武岩	7.0～8.0	页岩	2.0～4.0
流纹岩	4.0～7.0	白垩	1.0
石灰岩	3.0～5.0	石英岩	7.0～9.0
粗砂岩	4.0～5.0	大理岩	4.0～6.0

2. 劈裂法测试方法及步骤

劈裂法测试岩石抗拉强度的方法及步骤如下。

(1)通过试件直径的两端，沿轴线方向画两条相互平行的加载基线。将两根垫条沿加载基线固定。对于坚硬和较坚硬岩石可选用直径为 1mm 的钢丝为垫条，对于软弱或较软弱的岩石可选用宽度与试件直径之比为 0.08～0.1 的硬纸板或胶木板为垫条。

(2)将试件置于试验机压头中心，调整球形座使试件均匀受力，并使垫条与试件在同一加荷轴线上。

(3)以 0.3～0.5MPa/s 的速率加载直至破坏，某些行业(如水利水电行业)要求为 0.1～0.3MPa/s，并要求软岩与较软岩应适当降低加载速率。

(2)试件最终破坏面应通过两垫条决定的平面，否则应视为无效。

(5)记录破坏荷载和加载过程中出现的现象，并对破坏后的试件进行描述。

4.2.5　岩石三轴压缩试验

岩石的抗剪断强度是工程应用中的最重要指标之一。岩石的抗剪(断)强度的测试方法主要有三轴压缩试验、直剪试验、变角板剪切试验、双面剪切试验等。本次试验采用三轴压缩试验。

这里介绍的岩石三轴压缩试验是一种常围压三轴试验，试验中岩石试件所受应力状态为 $\sigma_1 > \sigma_2 = \sigma_3$。这种三轴压缩试验可以同时测试岩石的三轴抗压强度、抗剪断强度，以及不同围压条件下岩石的变形参数指标。

1. 测试原理

这里的三轴压缩试验是指等围压三轴压缩试验，应力状态一般是 $\sigma_1 > \sigma_2 = \sigma_3$。这种三轴压缩试验是在单轴压缩试验的条件上，在试件周围增加了由液压油传导的均匀的侧向围限压力－静水压力。由于传导压力的液压油液被柔性密封隔膜与试件隔开，因而既保证了围压的有效施加，又保证了岩石的全部变形破裂行为不受到影响。图 4.2.4 是这种三轴压缩试验得到的岩石的典型应力－应变全曲线和莫尔强度包络线。从该图上可以看出，随着围压的升高，岩石的强度随之增高，各变形阶段的应变也随之增加[图 4.2.4(a)]，同时岩石还从脆性破坏特征向延性破坏特征过度。这些特点揭示了岩石在天然三向应力条件下的重要基本特征。正是由于这些特征，使得我们对若干个试件(一般是 5 个)施加不同的围压来进行三轴压缩试验，可以获得一系列应力莫尔圆，并可由此得到莫尔强度包络线[图 4.2.4(b)]，这样便可以获得岩石的抗剪断强度指标 c'(内聚力)和 φ(内摩擦角)。前人在大量的工程实践中，对各种岩石进行试验，得到了某些岩石的抗剪断强度指标如表 4.2.6 所列。如果采用高刚度与快响应的伺服三轴试验机，试验还可以获得岩石的应力－应变全程曲线，并得到岩石的残余强度。

表 4.2.6　某些岩石的抗剪断强度指标

岩石名称	内聚力/MPa	内摩擦角/(°)	岩石名称	内聚力/MPa	内摩角/(°)
花岗岩	14~50	45~60	片岩	1~20	25~65
流纹岩	10~50	45~60	板岩	2~20	45~60
闪长岩	10~50	50~55	大理岩	15~30	35~50
安山岩	10~40	45~50	页岩	3~20	15~30
辉长岩	10~50	50~55	砂岩	8~40	35~50
辉绿岩	25~80	55~60	砾岩	8~50	35~50
玄武岩	20~60	48~55	石灰岩	10~50	35~50
石英岩	20~60	50~60	白云岩	20~50	35~50
片麻岩	3~5	30~50			

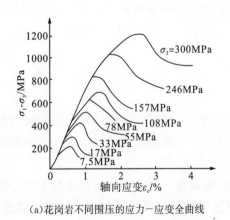 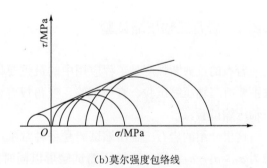

(a)花岗岩不同围压的应力－应变全曲线　　　　(b)莫尔强度包络线

图 4.2.4　岩石三轴试验结果

2. MTS 岩石力学试验系统简介

岩石三轴试验需在专门的岩石三轴试验机上进行。由于岩石的强度和刚度大，脆性强、变形小，因此要求试验机具有出力吨位大、刚度大、变形测量灵敏度和精度高、测量参数多、控制方式全和控制响应快等特点，故岩石三轴试验机的结构比较复杂，价格比较昂贵。

目前广泛使用的岩石三轴试验机主要有中国、英国、德国、日本和美国生产的多种型号。

四川大学 2006 年引进的美国 MTS 公司生产的 MTS815FlexTestGT 岩石力学试验系统(图 4.2.5),是目前国内软硬件配套最完备、功能最强大、技术水平最高的岩石力学试验设备之一。该系统具有常温常压与高温高压、动力学与静力学、孔隙水压力与渗透压、超声波波速与声发射定位等特殊试验功能,能够进行岩石和混凝土等材料的单轴压缩、三轴压缩、间接拉伸、直接拉伸、三点弯曲、纯弯曲等试验项目。可以在高温高压条件下测量岩石试件的应力、应变、弹性波波速(纵波和两个横波)和声发射参数。

图 4.2.5　MTS815FlexTestGT 岩石力学试验系统

该系统的主要加载技术性能指标为:轴向位移 $0\sim100\text{mm}(\pm50\text{mm})$,轴向荷载:4600kN(压缩)、2300kN(拉伸),围压 140MPa,孔隙压力 140MPa,孔隙压差 $0\sim30\text{MPa}$,试验温度为室温至 200℃,振动频率最大达 5Hz 以上,振动波形有正弦波、三角波、方波、斜波、随机波,相位差则是 $0\sim2\pi$ 任意设定。其主要测量技术性能指标为:轴向位移 $0\sim100\text{mm}(\pm50\text{mm})$,轴向变形 ±4mm(单轴双桥测量)、$-2.5\text{mm}\sim5.0\text{mm}$(三轴高温高压双桥测量),环向变形 $-2.5\text{mm}\sim+12.5\text{mm}$(单轴)、$-2.5\text{mm}\sim8.0\text{mm}$(三轴高温高压),渗透率为 $10^{-4}\sim5\times10^{-8}\text{DC}$,体变大于 100mL,三点弯曲挠度为 $0\sim5\text{mm}$,三点弯曲裂纹开度为 $0\sim3\text{mm}$;声发射测量方面则有 12 个独立通道(可三维定位),超声波测量则为纵波波速 V_P,以及两个相互垂直的横波波速 V_S1 和 V_S2。

从上述功能及性能指标可以看出,该系统不但可以进行大多数常规试验,还能够研究地表以下 5000m 深度范围内,在地壳应力场、温度场、渗透场和地震动力场,这样一个多场耦合条件下岩石的力学特性与力学行为。

4.3　地质力学模型材料

4.3.1　材料选用的基本原则

地质力学模型往往用于研究超过弹性范围直至破坏阶段的建筑物及周围岩体的静力

平衡问题，所以在模型材料的选择上，已不同于传统的弹性模型试验，它需要考虑到材料经过弹性、弹塑性或黏弹性阶段直至破坏的整个发展过程的相似问题。地质力学模型试验能否真实反映工程实际，除岩石力学参数测试的准确性、选定概化模型的代表性以外，模型材料的力学性能也必须和原型材料的力学性能满足相似关系，尤其是对断层、软弱夹层和节理裂隙等软弱结构面的相似模拟至关重要。因此，研究满足相似关系的模型材料是地质力学模型试验最重要的内容之一，也是关系到模型试验是否取得成功的关键所在。

在模型试验中要找到完全满足相似关系的模型材料十分困难，不论是混凝土材料，还是岩体材料，其物理力学性质都是非常复杂的，尤其岩体材料更是如此，不同种类的材料各有其特殊性质，即使是同一类材料，在应力－应变关系曲线的不同阶段，所表现出来的力学特征也有所不同，包括受力条件在内的各种外界条件，都可以导致材料性质的多变性。一般根据要研究问题的性质，配制出满足主要参数相似的模型材料。

模型材料的选用应遵循以下原则：

(1)地质力学模型材料应满足破坏模型相似条件，除一般性要求外，还必须满足一些特殊要求：

A. 在地质力学模型试验的稳定分析中，自重的影响非常重要，但不能像弹性模型试验那样将自重转化为集中荷载，采用人工加荷的方法来施加。因此，通常情况下要求模型材料和原型材料的容重比值接近于1，即 $C_\gamma \approx 1$，以模型材料的自重来模拟原型岩体的自重效应。

B. 模型材料的主要力学性质与原型材料在整个极限荷载范围内都必须满足相似要求。如模拟破坏过程时，在单向、两向或三向应力状态中，必须使材料的极限强度(拉、压、剪)有相同的相似常数。

C. 模型把包含断层、破碎带等的复合岩体结构视为一个整体，其各组成部分的变形特性 E_1/E，E_2/E，$\cdots$，μ_1，μ_2，$\cdots$，等也必须加以考虑。就材料的非线性应力与应变的关系而言，除要求弹性阶段 $C_\varepsilon = 1$ 外，还应要求塑性阶段满足 $C_\varepsilon = 1$。此外，原型、模型材料的屈服应变和破坏应变也必须相等。

D. 在考虑断层、破碎带、节理、裂隙等不连续面的强度特性时，除了满足摩擦系数 f' 相等外，还要考虑材料的凝聚力 c' 和内摩擦角 φ 相等，使材料满足抗剪断强度相似的条件。

(2)地质力学模型材料还应尽量满足材料成本低廉、性能稳定、无毒害和容易加工的要求，使材料加工成型简单方便，工作人员的健康得以保证，并确保成果的可靠性。

根据相似条件，地质力学模型材料变形特性的比例尺必须和模型的几何比尺相等或接近。而模型的几何比尺受到多种条件的限制，不能太大，则只好降低模型材料的强度及弹性模量以满足相似条件的要求。因此，地质力学模型材料是一种高容重、低强度、低变形模量的材料。

4.3.2 模型相似材料的研制

自研究人员和工程师们开发出并开始利用地质力学模型试验来解决实际工程问题以

来，地质力学模型试验的试验理论和试验技术日臻成熟，国内外的科研机构在不断开发应用先进试验技术的同时，也在不断地对现有地质力学模型材料的性能进行改进，并且从未放弃对性能更好的新型地质力学模型材料的探索研究。在地质力学模型试验发展的几十年里，各国的科研机构开发出了各种材料配比的模型材料，它们拥有不同的力学特性和优缺点，并且在实际应用中都取得了一定的成果。

20 世纪 60 年代，以 E. Fumagalli 为首的专家在意大利 ISMES 开创了工程地质力学模型试验技术，研究范围为从弹性到塑性直至最终破坏阶段。随后，葡萄牙、苏联、法国、德国、英国和日本等国也开展了这方面的研究。在国内，从 20 世纪 70 年代开始，长江科学院、清华大学、河海大学、中国水利水电科学研究院、华北水利水电学院、武汉水利电力大学、四川大学等单位，结合大型水利水电工程的抗滑稳定问题进行了大量的试验工作，取得了一大批研究成果。

1. 岩体相似材料的研制

地质力学模型中，岩体材料是组成模型的主体材料，岩体相似材料的研制是模型材料研制的重要内容之一。为了配制出高容重、低变形模量和低强度的岩体相似材料，各研究单位开展了相应的研制工作，并获得了多种配制方法和技术。

意大利 ISMES 采用的地质力学相似材料主要有两类。一类是采用以环氧树脂为胶凝剂的重晶石粉和石灰石粉的混合料，可以获得较高强度和变形模量的材料，用来模拟较完整、较坚硬的岩石，但是材料配制需要高温固化，其固化过程中散发的有毒气体会危害人体健康；另一类是以石蜡油为胶凝剂的重晶石粉和氧化锌的混合料，材料强度低、变形大，用来模拟软弱基岩。

目前，国内正在使用的地质力学模型试验相似材料主要有以下几种：

（1）采用重晶石粉为主要材料，以石膏或液体石蜡油作为胶结剂，其他添加剂如石英砂、氧化锌粉、铁粉、膨润土粉等作为调节容重和弹性模量的辅助材料。

（2）石膏类材料，以砂或硅藻土等材料为骨料，石膏为胶结剂。

（3）以铜粉作为主要骨料，满足高容重材料的要求，且不易生锈，但铜粉成本过高。

（4）武汉水利电力大学韩伯鲤研制的 MIB 材料，由加膜铁粉和重晶石粉为骨料，以松香为胶结剂并且使用模具压制而成。MIB 材料具备高容重、低强度、低变形模量、高绝缘度，以及砌块易黏结、易干燥、可切割、材料易得等优点，缺点是给铁粉粗骨料加膜用的氯丁胶黏剂中含有甲苯，对人体有毒害作用，且铁粉外膜脱落后易生锈影响材料性质的稳定性。

（5）清华大学李钟奎研制的 NIOS 材料，含有主料磁铁矿精矿粉、河沙、黏结剂石膏或水泥、拌和用水及添加剂。NIOS 材料可以模拟较大的容重，其弹性模量和抗压强度等主要力学指标可以在比较大的范围内进行调整，物理化学性质比较稳定，并且配制较方便，成本低廉，没有毒性，最主要的缺点是材料干燥太慢。

（6）山东大学的王汉鹏、李术才、张强勇等结合武汉大学 MSB 材料和清华大学 NIOS 材料的优点，研制了一种铁晶砂胶结材料（IBSCM），由铁精粉、重晶石粉、石英砂为骨料，松香、酒精溶液为胶结剂，石膏作为调节剂。该材料具有容重高、抗压强度与弹性模量低、性能稳定、价格便宜、易干燥、易于加工堆砌以及可重复使用的特点。

表 4.3.1 和表 4.3.2 列出了一些国内外常用的岩体相似材料。

表 4.3.1　常用岩体模型材料及其特性

材料	容重/ （g/cm³）	抗压强度 /Mpa	变形模量 /Mpa	特点
重晶石、石膏、沙子、甘油混合料	1.9～2.4	0.1～0.23	25～35	一定范围内，石膏用量固定的条件下，重晶石粉与沙子的比值越高，材料的抗压强度及变形模量也越大
重晶石、石膏、甘油混合料	2.3～2.4	0.1～0.38	71～314	拌和时加适量的熟淀粉浆可调节其固结强度
重晶石、膨润土混合料	2.23～2.5	0.1～0.3	14～480	属于中等强度和变形模量的系列
重晶石、重硅粉混合料	2.0～2.4	0.07～0.22	11～140	容重、强度、变形模量变化范围较大
铅氧化物、石膏混合物				国外模型试验多采用这类模型材料

表 4.3.2　国外采用的岩体模型材料

材料	配比（重量比）	容重/ （g/cm³）	抗压强度 /Mpa	变形模量 /Mpa	制作单位
PbO：石膏：水：膨润土	75：7.5：16.2：1.3	3.61	0.53	40	意大利贝加莫结构模型试验所（ISMES）
Pb_3O_4：石膏：水：砂	60：7.5：43.5：120	1.97	0.072	25.2	意大利贝加莫结构模型试验所（ISMES）
浮石：重晶石粉：水：甘油：环氧树脂：固化剂	11.8：80.8：5.5：1.24：0.33：0.33	2.45	0.4～0.5	250～350	意大利贝加莫结构模型试验所（ISMES）
钛铁矿粉：Pb_3O_4粉：石膏：水	600：300：18.8：90	3.41	0.46	200	葡萄牙国家土木工程研究所（LNEC）
Pb_3O_4：砂：小米石：石膏：水	600：600：600：75：416	1.94	0.06	28	巴顿（Barton）

2. 断夹层相似材料

作为研究岩体抗滑稳定性及岩体破坏机理的地质力学模型试验，正确地模拟岩体中软弱结构面、断夹层等是十分重要的，它直接影响到岩体的抗滑稳定性及破坏形态。

在模型内通常略去岩石表面的不规则性，事实上为了简化起见，岩体表面大部分被概化，并用折面进行模拟。有黏土或充填物存在时，必须考虑充填物是否成层以形成一个连续的滑动平面。对于沿已知软弱结构面的剪切破坏，目前多采用莫尔－库仑屈服条件，即

$$\tau = \sigma_n \tan\varphi + c' \tag{4.3.1}$$

式中，τ 为抗剪断强度，MPa；σ_n 为作用在软弱结构面上的正应力，MPa；φ 为内摩擦角，（°）；$\tan\varphi$ 为摩擦系数 f'；c' 为凝聚力，MPa。

根据相似原理，要求 $C_f = 1$，$C_c = C_\sigma$，即原型软弱结构面的摩擦系数应与模型的相同，凝聚力相似常数应等于应力相似常数。

国外实验室在模拟摩擦系数时，多用清漆掺润滑脂及滑石粉等混合料涂在层面间，

这种方法可获得较大幅度（$f' = 0.1\sim1.0$）的不同摩擦系数，但由于温度变化及喷涂工艺对它们的性能影响较大，因此，成果离散度大，稳定性差。

国内曾有研究单位采用不同光滑度的纸张来模拟夹层摩擦系数，效果不错。但由于纸张容易受潮，所以具有一定的局限性。此外，另一些研究单位也采用过防潮性较好的铝箔纸、蜡纸或塑料薄膜等来模拟夹层模拟系数。表 4.3.3 列出了一些断夹层的模拟材料。

表 4.3.3　断夹层材料摩擦系数的模拟方法

序号	夹层材料	摩擦系数 f'
1	聚四氟乙烯薄膜/聚四氟乙烯薄膜	0.15
2	铝箔纸(贴)聚四氟乙烯薄膜/铝箔纸(贴)	0.17
3	重晶石模型材料光面/两层腊纸/重晶石模型材料光面	0.25
4	铝箔纸(贴)/蜡纸/铝箔纸(贴)	0.35
5	聚乙烯薄膜(贴)/聚乙烯薄膜(贴)	0.45
6	重晶石模型材料光面/铝箔纸(贴)	0.55
7	重晶石模型材料光面/重晶石模型材料光面	0.65
8	聚乙烯醇涂层/聚乙烯醇涂层	0.75

此外，四川大学水工结构实验室采用一种新型的夹层变温相似材料，可以较好地实现地基中软弱结构面模型材料的降强。有关变温相似材料的特性及配套试验技术将在第 5 章进行详述。

4.3.3　不同性能的岩体相似材料

大坝工程坝肩（基）岩体往往存在着种类繁多、变形模量变化幅度大、不均匀性严重等特点，这种不均匀性特点导致岩体在受力条件下变形分布不一致，对坝肩、坝基稳定性带来较大影响，因此，能否正确研制出满足相似关系的岩体材料是模型试验成功与否的关键问题。

根据岩体模型材料高容重、低变形模量的选用原则，在大坝地质力学模型试验中，通常选用重晶石粉、水泥、石蜡、机油、水等作为模拟坝肩（基）岩体的原料，其中重晶石粉是一种较理想的模型材料，其物理力学性能稳定，且成本较低。以重晶石粉为主相继开发出了各种配比的模型材料。试验研究发现，在模型材料中，水泥、石蜡、机油是控制高、中、低性能岩体模型变形模量的重要因素，因此，为准确模拟变形模量变化范围大的岩体模型材料的力学特性，开展了模型岩体材料中各组成成分对变形模量的影响研究，系统分析了水泥、石蜡和机油对模型材料变形模量的控制关系。

为便于模拟出不同性能的岩体材料，根据岩体变形模量 E 的大小，将岩体划分为高、中、低三类，高性能岩体适用于变形模量在 15GPa 以上的 I、II 类岩体，中等性能岩体适用于变形模量在 6~15GPa 的 III 类岩体，低性能岩体适用于变形模量在 6GPa 以下的 IV、V 类岩体、卸荷岩体、含柱状节理岩体等。

在材料试验研究过程中，配制岩体相似材料的各种原材料按不同配比制成混合料，并压制成小块体。材料配比中将重晶石粉的质量单位定为 100，其他成分的含量以与重晶石粉的质量比而定(以百分比计)。试验中所用的试件在模具中夯压成型，成型后在室内自然干燥后进行力学性能试验。

1. 高性能岩体材料

高性能岩体通常是指强度较高、变形模量较大的岩体，如工程上常见的Ⅰ类和Ⅱ类岩体。水泥对较大程度提高模型材料的力学性能有着积极的作用，其原因是：随着水泥用量的增加，加深了水泥和水发生水化反应的程度，其结果就是在模型材料中增加了水化产物——水化硅酸钙的含量，由于水化硅酸钙具有较大的强度和较强的胶凝特性，使相似材料的强度和变形模量进一步得到提高。为了获得高性能岩体相似材料，研究人员进行了块体力学特性试验研究，获得了材料的变形模量与水泥含量的关系曲线，见图 4.3.1。

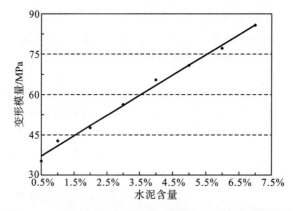

图 4.3.1　高性能模型材料变形模量与水泥含量关系曲线

材料试验结果表明，材料的变形模量随水泥含量增加而逐渐增加，近似成正比关系。当水泥含量从 0% 增加到 7% 时，变形模量从 35MPa 增加到 86MPa。相对于原型材料来说，如模型相似比为 1∶300 时，对应可模拟的原型岩体变形模量范围从 10.5GPa 增加 25.8GPa。根据试验结果，高性能模型材料的变形模量随水泥含量变化的控制方程式如下：

$$y = 712.82x + 35.68 \qquad (4.3.2)$$

式中，y 为变形模量，MPa；x 为水泥含量，%。

水泥对于改善模型材料的力学性能较为敏感，当需要配制强度较高、变形模量较大的高性能岩体相似材料时，可采用提高水泥含量来实现，且改变水泥含量可以较大幅度地调节变形模量适用范围。

2. 中等性能岩体材料

对于中等性能的岩体材料的相似模拟，如工程中常见的Ⅲ类岩体，变形模量在 10GPa 以下时，在原材料配比中将不再掺入水泥成分，而是由重晶石粉、石蜡和机油组成。中等性能材料的试验研究，可通过调节石蜡含量来实现。试验中采用的固体石蜡本身具有较强的黏附性和柔韧性，且弹性适中，材料性能比较稳定，是作为中等性能岩体材料的理想黏结剂。但是由于石蜡在常温下是固体形态，无法与模型材料充分融合，因此为增加石蜡在模型材料配比中的均匀性，在掺入其他成分之前，需将固体石蜡与重晶石粉混合后在一定温度下进行熔化。

　　为了获得中等性能岩体相似材料，研究人员进行了块体力学特性试验研究，试验成果如图 4.3.2 所示。

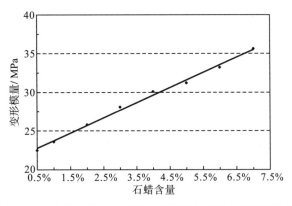

图 4.3.2　中等性能模型材料变形模量与石蜡含量关系曲线

　　试验结果表明材料的变形模量随石蜡含量增加而相应增加，近似成正比关系。当石蜡含蜡量从 0.5% 增加到 7% 时，模型材料的变形模量从 22MPa 增加到 36MPa。如模型相似比为 1:300 时，对应可模拟的原型岩体变形模量从 6.6GPa 增加到 10.8GPa。根据试验结果，中等性能模型材料的变形模量随石蜡含量变化的控制方程式如下：

$$y = 195.18x + 21.57 \qquad (4.3.3)$$

式中，y 为变形模量，MPa；x 为石蜡含量，%。

　　当配制中等强度且变形模量变化范围不大的岩体模型材料时，可采用调节石蜡含量的方式来实现变形模量的相似要求。

3. 低性能岩体相似模拟

　　当岩体性能较差时，如工程地质构造中常见的 IV 类岩体，则岩体具有强度和变形模量较低的特点。对此类岩体相似材料的研制，通过调节水泥和石蜡含量已无法满足低变形模量的相似要求。将机油作为黏结剂，材料性能较稳定。因此，针对低性能岩体开展了不同机油含量对变形模量的影响试验研究，试验结果表明提高机油的含量对于降低变形模量具有明显的效果，试验结果如图 4.3.3 所示。

　　由图可见，材料的变形模量随机油含量增加而降低，近似成反比关系。当机油含量从 3.5% 增加到 6.5% 时，变形模量从 22.5MPa 降到 14.3MPa。如模型相似比为 1:300 时，对应可模拟的原型岩体变形模量范围为 4.2~6.6GPa，可以满足低变形模量岩体相似材料的研制要求。

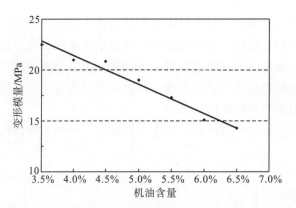

图 4.3.3　低性能模型材料变形模量与机油含量关系曲线

通过分析得到变形模量与机油含量的关系如式(4.3.4)表示：

$$y = -239.6x + 29.82 \tag{4.3.4}$$

式中，y 为变形模量，MPa；x 为机油含量，%。

试验结果表明，当岩体性能较差，变形模量较小时，其材料配比可通过提高机油含量来实现变形模量的降低，满足低性能岩体的相似模拟要求。

综上，依据材料性能试验结果可以比较方便地找到适合试验要求的材料配比，从而减少材料配比试验的工作量，加快试验进度。

另外，需要注意的是，对于不同性能岩体，在模拟时所对应的块体形状及体积也有所不同。如对于强度较高、完整性较好的高性能岩体材料，可以采用面积为 $10 \times 10 \mathrm{cm}^2$、厚度为 7～10cm 的块体进行模拟；中等性能岩体材料的模拟，可以采用面积为 $10 \times 10\mathrm{cm}^2$、厚度为 5～7cm 的模型块体进行模拟；低性能岩体材料由于岩体较为破碎，需采用面积为 $5 \times 5\mathrm{cm}^2$，厚度为 1～5cm 的小块体模型岩体精细模拟。不同尺寸规格的岩块材料如图 4.3.4 所示。

图 4.3.4　不同尺寸规格的岩块材料

4.3.4　模型材料的成型工艺

模型材料的成型包括浇筑和压制两种方法。浇筑成型是由胶结料、填料和外加料按一定配合比配制成混合料，加水搅拌后倒入预制的模具浇制而成，图 4.3.5 所示为浇筑成型的模型块体。压制成型是由胶结料、填料按一定配比制成混合料，拌和均匀后，倒入钢制模具中，再置于压力机上加压成型，制成小块体备用。一般小块体地质力学模型试验中，对于地基岩体材料往往是采用压制成型。图 4.3.6 和图 4.3.7 所示分别为压制成型的岩体块体和压制块体的压力机。

图 4.3.5　浇筑成型的模型块体

图 4.3.6　压制成型的岩体材料

图 4.3.7　半自动压块机

从原料种类来看，浇筑成型使用的胶结料主要有石膏、水泥、环氧树脂等，主要起到胶结作用，其含量对材料的强度和变形模量等力学性能有重要的影响；填充料主要有重晶石粉、砂、铅粉、石灰石粉、磁铁矿粉等，其主要作用是增加材料的容重，但其含量对材料强度和变形模量等力学性能有一定影响；选用的外加料主要是膨润土、硅藻土、甘油等，主要作用是改善浆体的可塑性与和易性，有时对降低材料的变形模量也有一定作用。此外，水也是浇筑成型材料中的重要成分。

浇筑成型的特点是材料变形模量的调整范围大，比较容易获得较高强度和较高变形模量的材料，但该种材料通过浇铸成型需要烘烤、干燥等工序，模型制作的周期较长。在地质力学模型试验中，目前一般多在模拟制作坝体时选择这类模型材料和试验技术（图 4.3.8），也有一些单位在选用大块体地质力学模型时会采用类似制作工艺。

(a)拱坝坝坯　　　　　　　　　　　　　　　(b)重力坝坝坯

图 4.3.8　浇筑成型的模型坝坯

从原料组成来看，压制成型使用的胶结料有石膏、石蜡油、机油、环氧树脂、水等，填料主要有重晶石粉、氧化锌、膨润土、石灰石粉等。压制成型材料具有高容重、低强度、低变形模量的特点，它的制模时间短，干燥快，可以缩短制模周期。压制成型材料制作地质力学模型，还需经过技术人员的砌筑，耗时较长，但整个模型制作周期比浇筑成型的要短。目前，压制成型材料比浇筑成型材料应用更广泛。经过多年的发展，压制成型材料在材料组成和制作工艺方面都取得了一定的成果。

通常在制作地质力学模型时，采用的方式是：上部结构(如坝体)采用浇筑成型后再精工雕刻至设计体型，而基础部分则选用压制成型材料砌筑而成。

4.4　模型加载系统与量测系统

目前，我国进行的地质力学模型试验，在加载方法上，多数采用油压千斤顶系统加载或液压囊加载。加载程序上超载、降强及综合法三种方法各有异同，其中综合法能够全面模拟工程运行后超载、降强等工作条件的改变。

地质力学模型试验中的荷载类型及加荷设备虽然与结构模型试验有相似之处，但它又有自身的特点。地质力学模型的荷载模拟是把作用在原型上的各种荷载，按一定比例尺换算成相当的模型荷载，施加在模型上。施加的荷载值按试验相似要求进行换算而得。

4.4.1　自重的模拟

地质力学模型试验研究的问题主要是岩体的变形和稳定问题，因此岩体自身重量的模拟就成为加荷的一个重点。在地质力学模型试验中可以实现自重荷载的较精确模拟。如上所述，地质力学模型中通常是靠提高模型材料的容重来实现对原型岩体自重的模拟的，这样才能精确地模拟出自重作为一种体积力的特性，满足相似性要求。这是地质力学模型材料的一个重要特点。目前，地质力学模型材料采用的容重大多为 $1.9\sim3.6\mathrm{g/cm^3}$，而 C_γ 为 $1.3\sim0.7$。在模型初步设计时，如还没有材料容重的试验资料，通常可预先设 $C_\gamma=1$。

有的地质力学模型试验中会采用集中力施加于模型内部或表面的方式，来模拟岩体自重，但是这种做法很难满足模型与原型的自重体积力的相似关系，导致模型岩体内部自重应力场分布不相似。此外，这种加载方法对岩体变形可能会造成一定的约束，导致应力集中，更增加了问题的复杂性。因此，在一般情况下不宜采用此种方法。

4.4.2　荷载设计与加载系统

在地质力学模型试验中除了自重的模拟靠材料自身容重相等来满足，其他荷载的模拟与结构模型试验相类似。

温度荷载的模拟方法，是将温度荷载换算成当量水荷载，再与水沙荷载叠加。而对于水的渗压模拟和地震动荷载的模拟，目前在地质力学模型试验中还处于不断研究和探索阶段，现阶段少有行之有效的方法对其进行模拟。

这里需要补充说明的是，在结构模型试验中，可以考虑多种工况的荷载组合，从而测得各种工况下坝体的应力分布和变位分布。而地质力学模型试验属于破坏试验，所以一般只考虑一种荷载组合进行试验，通常考虑对稳定最不利的荷载组合。

此外，地质力学模型试验需要研究岩体的超载失稳过程及破坏机理，这就要求模型中的加荷系统具有足够的超载能力，对荷载的持荷稳定性有较高要求。

为了实现模型加荷，需要将坝体上游面的荷载按照一定的要求设计分块，如图 4.3.9 和 4.3.10 所示，然后按照分块荷载的大小计算加载油压及加载作用点，最后依照设计成果布设加载千斤顶及传压系统，如图 4.3.11 和 4.3.12 所示。

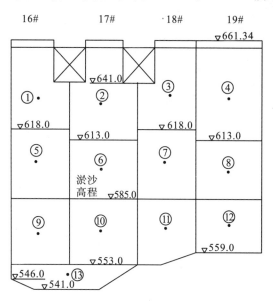

图 4.3.9　重力坝上游坝面的荷载分块图

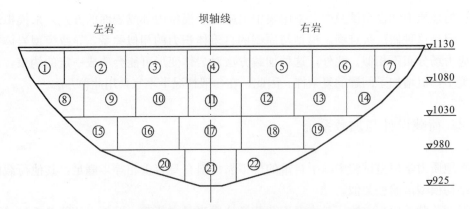

图 4.3.10　拱坝上游坝面的荷载分块图

图 4.3.11　重力坝模型上游加载千斤顶及传压系统

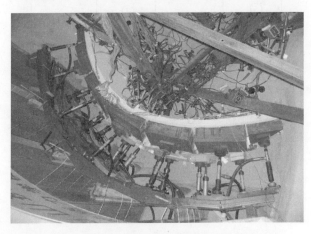

图 4.3.12　拱坝模型上游加载千斤顶及传压系统

4.4.3　模型量测系统

在地质力学模型试验中，通常需要布设三大量测系统：应变、表面变位、内部相对变位。当进行强度储备法或综合法试验时，还需增加布设升温降强系统进行温度的量测。因此，在地质力学模型试验中进行量测的主要数据包括：①坝体应变量测；②坝体及拱坝两坝肩及河床、重力坝坝基岩面的表面变位量测（包括顺河向、横河向、铅直向）；③岩体内部断层、蚀变带等软弱结构面沿层面的相对变位量测；④在强度储备法或综合法试验中，对变温相似材料的温度进行量测。

其中，应变及表面变位的量测与结构模型试验中的设备和原理都相同。图 4.3.13 所示为重力坝和拱坝地质力学模型试验表面变位量测系统的布设情况。至于变温相似材料的温度量测，将在第 5 章进行专门介绍，本节重点介绍结构面内部相对变位的量测方法和原理。

（a）重力坝模型　　　　　　　　　　　　　　　　（b）拱坝模型

图 4.3.13　重力坝和拱坝地质力学模型表面变位量测系统的布设情况

地质力学模型试验中内部变位主要监测坝肩、坝基内部的断层及软弱结构面的相对变位即相对错动，可以确定出岩体沿滑动面的相对移动，了解破坏失稳的过程，分析破坏机理，确定坝与地基整体稳定安全度。目前，在地质力学模型试验中，内部变位有如下两种检测方法。

（1）根据应变片电测原理间接地测量相对变位的仪器叫做内部变位计。内部变位计的结构包括两部分：一部分埋设在断层的上盘（或下盘），叫做盒盖，另一部分埋设在断层的下盘（或上盘），叫做盒子，两部分之间有连接，当断层有相对运动时，就会使盒子内的应变片被拉伸或是压缩，从而用应变量来显示变位值。这种方法首先需要测定应变与变位之间的关系式。

（2）新型的基于光纤布拉格光栅（FBG）技术的光纤传感器。这种传感器为圆棒式结构，其表面沿轴向安装了准分布式的光纤布拉格光栅。对于大坝物理模型，该传感器可预埋入坝体和坝基的内部。当大坝受到油压千斤顶荷载产生变形时，该传感器类似于一根一端固定并同时受轴向拉、压和横向弯曲的弹性梁。根据弯梁原理，由光纤布拉格光栅测得的应变结果可反算出大坝沿水平向和竖向的变位分布。室内标定试验结果表明，该传感器测得的变形量与其他常规传感器的读数一致。

4.5 地质力学模型的设计与制作

4.5.1 模型的设计内容与优化

在进行地质力学模型试验之前,需要做好模型试验的设计与制作工作,这是决定试验成败关键的第一步。地质力学模型试验的设计内容包括:选择模型材料、确定模型比尺与模型尺寸、确定模拟范围、加荷和量测方法的选择,以及试验程序的设计等。其中,准备工作及模型设计工作的主要内容、模型模拟范围的确定等都与结构模型试验类似,可参考结构模型的设计内容进行。这里仅结合实际工程的模型试验作简要的补充说明。

(1)为了有利于试验成果的分析比较和从中找出规律性的成果,在进行一个模型试验时,常需要进行一些辅助性的试验。例如,在进行复杂地基条件下的重力坝溢流坝段试验时,为了分清坝基各条断层和软弱带对重力坝稳定的影响,进行抗滑稳定分析,提出有效的处理措施,较为可取的方案是:先做一个天然地基的模型试验,再做一个加固地基的模型试验以进行比较。条件允许时,还可以针对主要地质构造采用不同加固方案再进行对比。有时,对于拱坝三维模型上的多个方案的处理较为复杂时,还可以取出一些有代表性的典型平面或剖面进行试验,作深入的研究分析。例如,对小湾拱坝取▽1210.00m平面,开展了天然地基与加固地基方案两个平面模型试验及对比分析研究。

(2)为了充分利用一个模型取得多种设计方案的试验成果,需根据提供试验任务的基本数据,拟订出一个模型进行试验时可能采用的综合试验方案。

(3)在地质力学模型试验中,如何选用模型材料进行模型制作也非常重要。一般来说,地质力学模型模拟的地质条件较为复杂,在模型中要抓住主要影响因素进行模拟,而忽略一些次要因素。如就岩层的走向而言,对稳定性影响较大的地质缺陷和节理裂隙组等主要地质构造需要进行模拟,而对一些次要的、影响较小的结构或远离研究区域的结构则可以不模拟;在综合法试验中,由于结构面的升温降强系统较复杂,因此只对稳定影响较大的主要结构面降强,而对其他次要结构面不降强。

4.5.2 模型比尺 C_L 的选择

在结构模型试验部分,已经介绍了模型需满足下列相似判据:

$$C_\sigma = C_L C_\gamma = C_E C_\varepsilon \tag{4.5.1}$$

通常地质力学模型要求 $C_\varepsilon = 1$,则

$$C_\sigma = C_L C_\gamma = C_E \tag{4.5.2}$$

以下 4 项相似常数,即 C_σ、C_L、C_γ、C_E,其中 C_γ 常通过外加荷载或材料本身自重来满足原模型容重相似,即 $C_\gamma = 1$,而其他三项只要选定其中一项,剩余两项即可根据上述相似关系计算出。试验中通常是首先确定模型比尺或几何相似常数 C_L,确定模型规模,然后再根据相似关系确定出应力相似常数 C_σ 和变形模量相似常数 C_E。确定合适

的模型比尺 C_L，一方面要保证试验的精度，另一方面又要考虑制作模型的工作量和经济指标。对于地质力学模型试验来说，其相似条件要求较高，而模型比尺的选择与材料性能密切相关，模型材料的制备及模型块体的制作工作量又较大。因此，选择适当的模型比尺就显得更为重要。通常考虑几个模型比尺方案，通过对比选出较优的方案。

例如，某拱坝工程坝肩岩体的干容重 $\gamma_p = 26$ kN/m³，岩体的极限抗压强度 $R_p^c = 120$ MPa，变形模量 $E_p = 10000$ MPa，要求拟订几个模型比尺方案进行选择。测得模型材料的干容重 $\gamma_m = 24$ kN/m³，则容重相似常数 $C_\gamma = 1.083$；根据 $C_\varepsilon = 1$ 及 $C_\sigma = C_E = C_L C_\gamma$ 的相似要求，则可计算出不同模型比尺方案对应的指标数据，见表 4.5.1。

表 4.5.1　不同几何相似常数 C_L 的指标比较表

几何相似常数 C_L	应力或强度相似常数 C_σ	模型材料抗压强度 R_m^c/MPa	变形模量相似常数 C_E	模型变形模量 E_m/MPa	相当于原型 1mm 的模型位移 δ_m/mm	模型体积 V_1/m³
100	108.3	1.108	108.3	92.34	10/1000	32.0
200	216.6	0.554	216.6	46.17	5/1000	4.0
300	324.9	0.369	324.9	30.78	3.3/1000	1.2
400	433.2	0.227	433.2	23.08	2.5/1000	0.5

由上表可见，当 $C_L = 400$ 时，虽然模型体积很小，模型制作工作量小，但其模型材料强度要求很低，变形模量也很低，而且山体中的断层破碎带等软弱部分要求模型材料的强度及变形模量则更低，以致无法实现。此外，其模型的加工精度及变位量测精度要求过高，要达到要求是很困难的。反之，如模型比尺较大（如 $C_L = 100$），模型材料强度及变形模量均较易满足，量测精度也容易达到，但其模型体积达 32m³，所耗材料近 100t，其模型制作工作量较大。因此，该模型选择比尺 C_L 为 200～300 比较合适。

通常，地质力学模型试验的几何比尺小于常规结构模型试验的几何比尺，这主要是受地质力学模型研究范围、模型材料性能模拟及加工条件的限制。国外地质力学模型几何比尺一般为 80～150，模型规模较大。而国内地质力学模型几何比尺一般为 150～300。对于研究拱坝坝肩稳定的小块体地质力学模型，由于模型研究范围较大，则常采用较小的模型比尺，如四川大学水工结构实验室在三维地质力学模型中通常采用 C_L 为 150～300，效果较好。实践结果表明，只要材料性能合适，在缩小块体尺寸、提高加工精度及砌筑工艺水平、采取可靠的加载措施及采用微型化和高精度量测设备等技术措施的基础上，适当缩小模型的尺寸是可行的。

4.5.3　地质力学模型制作

按模型制作方式的不同，地质力学模型包括现浇式模型及压模成型砌筑模型。本书着重对小块体砌筑地质力学模型的制作进行介绍。

一般来说，地质力学模型的制作分为坝体的制作和地基的制作两部分。坝体制作常采用浇筑成型后再精细雕刻的方法，对于大型的大坝工程，常分块浇筑再进行拼接，待地基模型砌到一定高度时，再利用专用的黏结剂将坝体模型黏结在地基上。模型地基部分的制作采用压制的小块体模拟岩体及节理裂隙，按岩层产状分层、分区进行砌筑。

1. 坝体的制作与加工

一般来说，为了满足材料自重的要求，坝体模型材料采用重晶石粉来增加模型材料的比重，达到 $C_\gamma=1$ 的相似要求，但是重晶石粉具有高容重、低弹模的特点，所以还要选用弹性模量较高的石膏材料或石膏硅藻土混合料以提高坝体的弹模，配以添加剂或掺和料，再掺水搅拌，然后倒入专门的模具浇制成具有一定厚度和体积的坝坯。坝坯厚度不宜过大，如太大则不容易搬迁，且干燥时间长。

浇制过程中需要注意以下事项：

(1)确保拌和料搅拌均匀，尽量避免内部残留气泡。

(2)浇制前，应在模具里侧涂一层油脂，便于脱模。

(3)材料在室温条件下，一般经过较短的时间即可脱模，脱模后需要进行烘干，考虑到经济因素，一般采用自然风干；也可以采取放在烘干室或者烘箱内烘干，保持温度40℃以下。判断试块是否干燥，常用材料的绝缘电阻值来衡量。如检测坝坯表面的干燥度时，常用的方法是将两支电表笔间隔1cm放在模型表面，用兆欧表测定其电阻，当电阻不小于200MΩ时，可以认为表面已经干燥。测定内部干燥度时，可于浇制前在模型内部预埋几对相距1cm的小铜片，用漆包线引出模型外，再用兆欧表检查内部的电阻。

(4)预制块干燥后，需要检验预制块内部质量的均匀性，以便选择优质的预制块制作模型。试验中常采用超声波或声波仪检测。

坝体模型制作时按大坝的设计体形要求制作模具，最好将坝体浇筑为一个整体。如坝体较大，不宜整体浇筑或加工安装，也可将坝体分为几个部分来浇筑。在条件允许的前提下，可以同时浇筑两个坝坯，经干燥养护后互为备用。当模型坝基砌筑到建基面时，需进行坝体的安装，安装前先按设计基坑的轮廓尺寸，将模型的基坑和坝体底部严格按设计尺寸进行精修，保证坝与基坑能准确对位，并将坝坯侧面加工平整后，再将坝坯底部与坝基进行定位、安装、黏结。待坝基黏结面干燥以后，再按坝体设计尺寸精加工至设计体形。

关于地质力学模型试验中坝体与基础的黏结，其黏结材料以及黏结工艺与结构模型试验中基本相同，但对于三维模型来说，坝体重量一般比较重，有时需分块进行黏结，当坝基砌筑至建基面时，先黏结下半部分坝体，当砌筑至一定高程时再黏结上部坝体。地质力学模型试验中，拱坝与基础的黏结情况见图4.5.1所示。

(a)模型坝体下部与坝基黏结完成　　　　　　　　(b)模型坝体上部黏结完成

图4.5.1　地质力学模型试验中拱坝与坝基的黏结

2. 地基的制作

1)岩体的制作

在小块体地质力学模型中，制作坝基时，首先确定模型地基的平面范围、河床坝底下的深度和两岸坡的高度，再对模型地基进行简化。模型坝基采用满足相似关系的不同配合比的岩体材料，压制成不同尺寸的小块体，按照预先设计的模型砌块的砌筑方案，采用黏砌法或堆砌法砌块。

岩体制作时根据模型试验的相似要求，先按照材料的物理力学特性的相似要求选择合适的模型材料制作成配合料，然后，再倒入特制的钢模具中，用专门的压力机压制成小块体备用，砌块的几何尺寸和结构面要依照力学相似原理设计。在砌筑模型前，还要先根据模拟范围制作模型钢架，对于大型的模型可采用砖混砌成的模型槽，在模型边界绘制出控制断面位置和高程线，再结合地质纵、横剖面图和地质平切图，在横河向、顺河向及沿高程方向三维交叉控制下进行模型制作，在模型中模拟出各类地质构造特征和河谷地形。模型砌筑时，为了模拟岩体的非连续性及多裂隙性，需根据节理裂隙的产状和连通率进行错缝砌筑，并按模型制作的先后次序进行分层制作。

四川大学水工结构室近年来在溪洛渡、锦屏一级、小湾和白鹤滩等一批高拱坝的模型试验中总结出大量经验，采用的小块体尺寸为 10cm×10cm×7cm、7cm×7cm×7cm、5cm×5cm×5cm。岩体小块体的形状通常为方形块体，有时为了模拟不同夹角的节理裂隙，也可以制成菱形块体，如图 4.5.2 所示。制作时将预先配制好的模型材料倒入相应的钢模具中，在压力机上用高压加压一次成型，不需要再次加工，压块模具如图 4.5.3和图 4.5.4 所示。这种方法能保证块体制作形状尺寸的准确，易于砌筑且砌筑密实，大大提高了模块制作的效率。根据实际经验，在制模块时，用机油或石蜡油等来搅拌，可避免用水搅拌时需要等待水分挥发的缺点。模块加压成型后即可使用，大大缩短了制模时间。

(a)方形块体　　　　　　　　　　　　　　(b)菱形块体

图 4.5.2　小块体岩体材料

图 4.5.3　方形块体压块模具　　　　图 4.5.4　菱形块体压块模具

2)断夹层、软弱结构面的制作

整体地质力学模型试验,要模拟坝肩山体及基础内部的断夹层、软弱结构面等地质缺陷,但这些结构面产状与力学性质很复杂。因此,对复杂地质构造的模拟有必要作一些概化。在进行模型设计时,需要先对这些地质构造进行分析,抓住主要因素,而忽略一些次要因素,重点对稳定影响较大的主要地质构造进行模拟。

根据相似要求,地基中断层和软弱结构面的厚度不大,如果按几何比尺缩小后模型尺寸较小,无法压块制模,则需按所需厚度采用敷填或铺填压实方法制作。制作软弱结构面时,首先根据模型设计要求,在坝基砌筑之前确定起始高程的岩层、岩脉、断层等主要结构面的分布范围及产状,并在模型槽底板和两侧边墙绘制出边界线。在制作过程中,要按制模要求确定砌筑步骤,特别是要考虑坝基内不同倾向的岩层、结构面给模型制作带来的难度,同时还要兼顾各种工序的相互协调,如在砌筑岩块和制作结构面时,要按预先设计的量测方案埋设内部量测仪器、布置引出线。

四川大学水工结构实验室结合研制的变温相似材料,在综合法地质力学模型试验中对软弱结构面进行模拟。模型制作时,首先按坝基、坝肩岩体中结构面的产状,在结构面下盘岩体表面铺设电热丝和热电偶,并在其上敷填变温相似材料,最后在上部覆盖夹层薄膜和砌筑上盘岩体材料。待整个模型制作完成后,通过调节电压升高温度逐步熔化变温相似材料中的高分子材料,逐渐降低结构面的抗剪断强度,在模型中实现降强试验。变温相似材料及综合法试验已成功应用于我国多座高拱坝工程的三维地质力学模型试验研究中,几座典型的高拱坝三维地质力学模型的全貌如图 4.5.5 所示。

(a)锦屏拱坝(坝高 305m)　　　　　　　(b)小湾拱坝(坝高 294.5m)

(c)白鹤滩拱坝(坝高 289m)　　　　　　　　(d)溪洛渡拱坝(坝高 278m)

图 4.5.5　典型高拱坝三维地质力学模型全貌

4.6　试验成果分析

4.6.1　试验数据误差分析

对于坝体变位及表面变位的误差分析，地质力学模型试验的方法与结构模型试验的方法是相同的。由于在地质力学模型试验中还需测量内部相对变位，而其测量方法是通过应变测量值间接得到的，因此需要补充对间接测量的误差进行分析。

间接测量中常遇到的问题：①已知各直接测量值的误差，求间接测量的误差；②给定间接测量的误差，计算各直接测量允许的最大误差。

1. 间接测量误差的一般公式

设函数

$$N = f(u_1, u_2, \cdots, u_n) \tag{4.6.1}$$

式中，$u_1, u_2, \cdots, u_n$ 为各直接观测值。

令 Δu_1、Δu_2、Δu_n 为以上观测值的误差，ΔN 是由于以上观测值的误差引起的 N 的误差，则

$$\Delta N = \frac{\partial f}{\partial u_1} \Delta u_1 + \frac{\partial f}{\partial u_2} \Delta u_2 + \cdots + \frac{\partial f}{\partial u_n} \Delta u_n \tag{4.6.2}$$

令 E_r 为间接测量值的相对误差。E_1、E_2、$\cdots$、E_n 分别为直接测量值的相对误差，则

$$E_r = \frac{\Delta N}{N} = \frac{\partial N}{\partial u_1} \frac{\Delta u_1}{N} + \frac{\partial N}{\partial u_2} \frac{\Delta u_2}{N} + \cdots + \frac{\partial N}{\partial u_n} \frac{\Delta u_n}{N} = \frac{\partial N}{\partial u_1} E_1 + \frac{\partial N}{\partial u_2} E_2 + \cdots + \frac{\partial N}{\partial u_n} E_n \tag{4.6.3}$$

2. 间接测量中的均方根误差

设函数

$$y = f(x, z, w, \cdots) \tag{4.6.4}$$

式中，x，z，w，$\cdots$ 为实验中直接观测值。若对 x，z，w，$\cdots$ 作几次观测，则有 n 个 y 值，其均方根误差为

$$\sigma = \sqrt{\left(\frac{\partial y}{\partial x}\right)^2 \sigma_x^2 + \left(\frac{\partial y}{\partial z}\right)^2 \sigma_z^2 + \left(\frac{\partial y}{\partial w}\right)^2 \sigma_w^2 + \cdots} \tag{4.6.5}$$

式中，$\sigma_x^2 = \dfrac{1}{n}\sum \mathrm{d}x_i^2$，$\sigma_z^2 = \dfrac{1}{n}\sum \mathrm{d}z_i^2$，$\sigma_w^2 = \dfrac{1}{n}\sum \mathrm{d}w_i^2$。

4.6.2　试验成果整理分析

模型试验按设计的试验程序完成加载和量测之后，对获得的试验成果需进行整理分析。由于不同坝型的模型试验得到的试验成果有所不同，因此试验成果的整理也有所区别。如重力坝着重考虑坝基的稳定问题，而拱坝除了进行坝基变形稳定分析之外，还要重点进行两岸坝肩的稳定分析。下面以拱坝模型综合法试验为例，通过试验可以获得的主要试验成果有：

(1)坝体下游面各典型高程表面测点径向变位 δ_r、切向变位 δ_t 及竖直向变位 δ_z 的分布及发展过程图，即 δ_r-K_P 关系曲线、δ_t-K_P 关系曲线与 δ_z-K_P 关系曲线。

(2)坝体下游面各典型高程应变测点应变 μ_ε 变化发展过程图，即 μ_ε-K_P 关系曲线。

(3)两坝肩表面变位测点的顺河向变位 δ_x、横河向变位 δ_y 及竖直向变位 δ_z 的分布及发展过程图，即 δ_x-K_P 关系曲线、δ_y-K_P 关系曲线与 δ_z-K_P 关系曲线。

(4)坝肩坝基各软弱结构面内部测点相对变位 $\Delta\delta$ 分布及变化发展过程图，即 $\Delta\delta$-K_P 关系曲线。

(5)试验现场观察记录的坝与坝基在不同阶段的破坏过程及破坏形态。

以某拱坝工程为例，其典型的变位 δ_r-K_P 关系曲线、应变 μ_ε-K_P 关系曲线如图 4.5.6 和图 4.5.7 所示，可分析得到模型的变位发展特征和模型破坏过程：

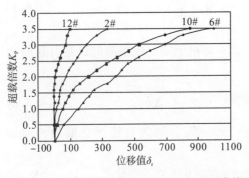

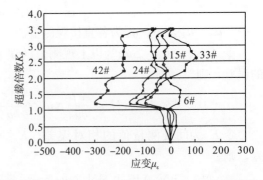

图 4.5.6　拱坝下游面径向变位 δ_r-K_P 关系曲线　　　图 4.5.7　拱坝下游面水平应变 μ_ε～K_P 关系曲线

在正常工况下，即 $K_P=1.0$ 时，大坝及坝肩变位正常。在降强试验结束阶段，即 $K_S=1.20$ 时，大坝及坝肩表面变位变幅小，由于受降强的影响，各断层相对变位较敏感，而随着超载倍数的增加，大坝及坝肩变位曲线出现微小波动或者拐点，且根据不同部位的测点的变位或应变的关系曲线，发现断层变形稍有增大，有时个别测点会出现波动。曲线出现拐点和发生波动可以作为判断模型初裂的一个依据。逐级对模型加荷超载，此

时，由于模型进入弹塑性变化阶段，分析各测点与超载系数的关系曲线，再配合观察模型在超载作用下的裂缝开展情况，以及模型坝体和坝基的失稳趋势，可以判断出模型发生大变形时对应的超载系数。由图可知，在 $K_P=1.0$ 之前，测点的变位变化不明显，坝与地基工作正常；在 $K_P=1.5$ 左右，曲线出现拐点、发生波动，模型发生初裂；在 $K_P=3.0$ 左右，曲线发生第二次转折，变位增幅明显增大，再配合该部位裂缝开裂情况，参考模型整体的应力、变位的变化规律和破坏情况，从而判定模型发生大变形时对应的超载系数为 $K_P=3.0$。则根据综合法安全系数的定义，$K_{SC}=K'_s \cdot K'_P=1.2 \times 3.0=3.6$。

4.6.3　试验成果报告的编写

在地质力学模型试验测试过程中，可以获得大量的试验数据和现场监测成果（如图表、照片、破坏过程记录等），通过对这些试验成果进行整理分析，可研究模型的受力变形特征及变化规律，分析其破坏过程及破坏机理，提出安全系数及评价稳定安全性，揭示薄弱部位和提出加固措施建议。在编写试验成果研究报告时，将上述资料进行整理汇总、研究分析，研究报告的内容应包括以下几个主要部分：

（1）前言。介绍工程概况、项目区的地形地貌、地质构造，存在的工程问题，说明试验研究的目的、意义，提出采用的研究方法、主要开展的研究工作和预期取得的研究成果。

（2）试验条件。介绍模型试验中所涉及的基本参数和资料，如工程的地勘资料（地质平面图、剖面图及平切图等），岩体、结构面和混凝土等材料的物理力学参数、考虑的荷载组合等。

（3）模型设计。确定模型的相似关系、几何比尺及模拟范围，在此基础上进行模型设计，设计的主要内容包括：地质结构的概化、模拟对象的明确（建筑物及地质构造）、模型材料参数的计算、模型相似材料的研制，模型加工及制作方案的选定，加载系统与量测系统的设计，以及试验程序的拟订等。

（4）成果分析。根据测试获得的试验数据和观察到的模型破坏形态，将试验数据整理成不同类型的图表，得到各试验阶段下应变、表面变位及结构面内部相对变位的分布特性，综合分析模型整体及重点部位的受力变形情况及发展变化规律，研究模型的破坏过程、破坏形态和破坏机理，提出稳定安全系数，揭示影响工程稳定的薄弱部位。

（5）结论与建议。根据试验研究成果，最后提出试验研究的总结论，要求内容简明扼要、重点突出。结论主要包括正常工况下的工作性态、变形特征及发展过程、模型破坏过程、破坏形态与破坏机理、稳定安全度等方面，并针对所揭示的薄弱部位提出加固处理的建议，为稳定安全性的评价及工程的设计与安全运行提供有力的科学依据。

第5章　模型试验新技术

5.1　概　　述

由第 4 章介绍的地质力学模型试验三种破坏试验方法可知，综合法试验结合了超载法试验和强度储备法试验，既考虑到工程上可能遇到的突发洪水，又考虑到工程长期运行中岩体及软弱结构面的力学参数在库水作用下逐步降低的可能，反映多种因素对大坝稳定的影响，更为符合工程实际。但是在模型试验中如何实现综合法试验呢？由综合法试验的原理可知，综合法的实现必须以超载法和强度储备法的实现为前提，其中超载法通过逐步增大上游水平荷载来进行试验，在模型中容易实现，因此，要实现综合法的关键环节就是要在同一个模型中实现材料参数逐步降低的强度储备法试验。然而传统的模型材料的共同特征是模型材料一旦配制好后，材料力学参数就固定不变，因而不能模拟岩石及软弱结构面力学性能降低的现象，如要实现强度储备法试验，则只能用一个材料参数对应一个模型，这需做多个模型才能获得强度储备系数，从而导致试验的工作量大、投资高和周期长，并且不同模型不能保持同等精度，难以满足试验研究的要求。曾有学者通过同倍比增加工程的自重和外部荷载的方式，等价地求得强度储备系数，如国际知名学者、意大利 ISMES 的富马伽利(E. Fumagalli)教授曾经在 1975 年对坝高 102m 的雷多克里(Ridracoli)重力拱坝进行应力和稳定性模型试验中，采用拉杆挂砝码的办法将模型材料的容重加大了 42 倍，又如长江科学院的龚召熊教授等通过离心机作为加载工具，用离心机场代替重力场开展模型试验，等价地求得了强度储备系数。但用拉杆挂砝码增重方法的试验干扰性较大，在三维模型中布置较困难，将离心机作为加荷工具的方法只适合于小尺寸的模型，对于地质结构较复杂的大型模型来说则受到模型加工精度、粘贴应变片及安装位移计数量的限制而未能广泛应用。因此，为了能在一个物理模型中模拟岩体中软弱结构可能出现的强度弱化行为，其关键是研制出能降低材料力学参数的模型材料，且过程可操控。随着材料科学的发展及工程建设的需要，四川大学水工结构实验室在模型材料和试验技术上不断创新，从模型材料性能上进行突破，研制出了模拟岩体及岩体内断层、软弱结构面抗剪参数变化的变温相似材料，并总结出了相应的试验模拟新技术，从而实现了强度储备法和综合法试验。

另外一方面，强度储备法及综合法试验的提出，主要是考虑到大坝蓄水运行后，坝肩坝基的岩体结构面在库水浸泡、渗透水等作用下参数弱化的力学行为，但在实际工程中材料的力学参数究竟能弱化多少，而模型试验中的降强幅度应怎么取值呢？在以往的综合法试验中，软岩及结构面材料的强度通常是按经验降低 10%～30%，但是缺少试验或者理论的支撑。课题组结合实际工程，采用试验研究方法，现场采集原型软弱岩体和结构面岩样，制备相似试件，在 MTS 试验机上进行水岩耦合的三轴试验。通过研究提出软岩及结构面在实际应力场、渗流场耦合作用下弱化后的力学参数，为综合法模型试验降强幅度的取值提供有力依据。

本章主要介绍新型模型材料——变温相似材料的基本原理、分类、温度特性，以及与之相配套的升温降强试验模拟技术，最后介绍了软岩和结构面的弱化效应试验。

5.2 变温相似材料

5.2.1 基本原理

变温相似材料的研制是一个交叉学科的渗透。其基本原理是将高分子材料与传统的模型材料相结合，即配制以重晶石粉、机油为主并加入适量的高分子材料及添加剂的模型材料，用以在模型中制作断层、蚀变带、软岩等地质构造，同时在这些地质构造中布置升温系统与温度监测系统，在试验过程中通过电升温的办法使高分子材料逐步熔解，从而改变材料接触面的摩擦形式，使得材料的抗剪断强度 $\tau(f, c)$ 逐步降低，用热效应来产生力学效应的变化，达到逐步降低材料力学参数的目的，整个升温降强过程中材料参数满足相似要求。

变温相似材料在模型应用过程中，首先要在常温状态下配制满足与原型抗剪参数相似的模型材料，然后进行变温过程的剪切试验，测得抗剪断强度 $\tau(f, c)$ 与温度 T 之间的关系曲线，以作为判定强度储备系数的依据。变温过程剪切试验如图 5.2.1 所示。

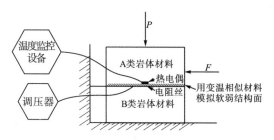

图 5.2.1 变温过程剪切试验示意图

剪切试验的原理：先在试样上施加垂直荷载 P，则试样上的正应力 σ 可以用 $\dfrac{P}{A}$ 表示，A 为试件受压面截面面积。然后在水平方向施加剪切力 F，保持正应力不变逐步增加剪应力直至试件发生剪切破坏为止，此时的剪切力 F 可用 $F_{\max}$ 来表示，则 $\dfrac{F_{\max}}{A}$ 为给定正应力 σ 条件下的抗剪断强度 τ。这样，用相同的材料试件，通过采用不同的正应力 σ 进行多次试验，即可得到不同 σ 下的抗剪断强度$(\tau_1、\tau_2、\tau_3、\cdots)$，绘成 τ-σ 曲线如图 5.2.2 所示。图 5.2.2 中的 τ-σ 曲线可用以下方程式表示：

$$\tau = \sigma\,\mathrm{tg}\varphi + c \tag{5.2.1}$$

式中，c 为凝聚力，MPa，可根据直线在 τ 轴上的截距求得；φ 为内摩擦角，为 τ-σ 直线与水平线的夹角。

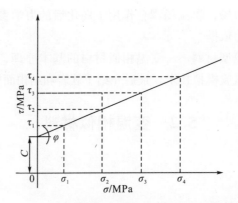

图 5.2.2　剪切试验剪应力 τ 与正应力 σ 的关系曲线

　　变温相似材料的剪切试验,首先在常温下进行,获得常温条件下的 τ-σ 关系曲线。然后增加调压器的电压,对电阻丝通电以加热结构面,使其温度升高,如将温度升到30℃、35℃、40℃、45℃、50℃,重复上面的加载过程,即可获得在不同温度下的 τ-σ 关系曲线。

　　通过对某典型的断层变温相似材料进行变温剪切试验,获得不同温度下的剪应力 τ 与正应力 σ 关系曲线,典型变温剪切试验 τ-σ 曲线如图 5.2.3 和图 5.2.4 所示。

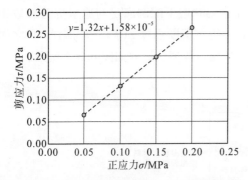
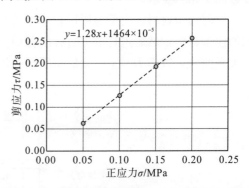

图 5.2.3　典型变温剪切试验 τ-σ 关系曲线(27℃)　　图 5.2.4　典型变温剪切试验 τ-σ 关系曲线(35℃)

　　由不同温度下剪切试验的 τ-σ 曲线,便可得到不同温度条件下的凝聚力 c 和摩擦系数 f,便可以通过莫尔-库伦公式[式(5.2.1)]计算得到抗剪断强度 τ,典型变温相似材料的 f、c、τ 与温度 T 的关系如表 5.2.1 所示。

表 5.1　典型变温相似材料变温剪切试验结果

温度 T/℃	27	35	45	55	65	75
摩擦系数 f	1.32	1.28	1.25	1.23	1.22	1.21
黏聚力 c/Pa	15.8	14.64	13.49	12.95	12.77	12.68
抗剪断强度 τ/$\times 10^{-2}$MPa	24.4	18.5	13.7	10.6	9.3	9.1

　　由表 5.2.1 可知，凝聚力 c、摩擦系数 f 及抗剪断强度 τ 均体现出随着温度的升高而逐渐降低的趋势，但试验获得的是一些离散的代表性点，在实际降强阶段的试验中，需要降低的强度不一定刚好落在这些离散的点上，因此需要寻求一个解析表达式 f、c 或 $\tau = \varphi(T)$ 来反映 f、c、τ 与 T 之间的相互关系，这样就能计算出需要降低的强度所对应的温度。这个表达式要求能与实测试验数据的规律相吻合，在一定意义下"最佳"地逼近或拟合已知数据。因此，可以运用曲线拟合的方法来求得其解析表达式。目前工程中应用较多的是最小二乘法回归曲线拟合。将表 5.2.1 中典型变温相似材料变温剪切试验测试结果进行拟合，其拟合曲线如图 5.2.3 所示。

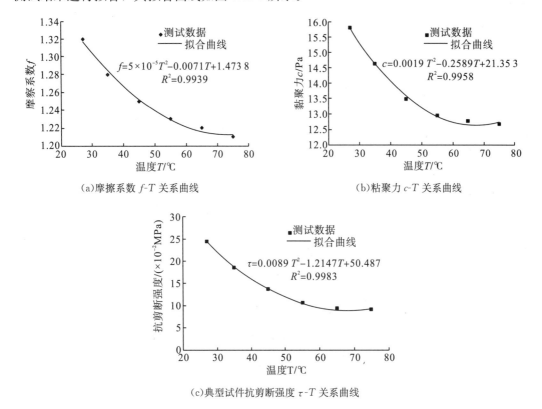

(a)摩擦系数 f-T 关系曲线　　　　　　　　(b)粘聚力 c-T 关系曲线

(c)典型试件抗剪断强度 τ-T 关系曲线

图 5.2.3　典型变温相似材料 f、c、τ-T 关系曲线

　　由图 5.2.3 所示，抗剪参数 f、c、τ 与温度 T 的关系可拟合成 c、f 或 $\tau = F(T) = aT^2 + bT + c$ 的二次多项式形式，通过曲线拟合的公式确定了常数 a、b、c 的值之后，便可以算得要降低一定的强度对应需要升高的温度值，从而在试验中准确进行降强。

　　这里需要说明的是，在模型试验中，对于岩体和结构面的抗剪参数 f、c 值，往往是按二者的综合效应 $\tau = \sigma f + c$ 进行考虑，这是因为原型和模型材料的摩察系数比 $C_f = 1.0$，而凝聚力之比 $C_c = C_\gamma \cdot C_L$，因此换算得到的模型材料的凝聚力 c_m 非常小，以往的试验中往往忽略 c_m 值的影响，但地质力学模型材料一般是其摩擦系数 f_m 偏小而凝聚力 c_m 偏大，对试验结果影响较大。考虑二者的综合效应，使模型材料的抗剪断强度 τ_m 满足相似要求，这样处理更符合工程实际。

　　变温相似材料已在部分工程中得到成功的应用：贵州普定 RCC 拱坝(坝高 75m)坝体

结构特性研究、四川铜头拱坝(坝高 75m)坝基、坝肩稳定性研究、四川沙牌高 RCC 拱坝(坝高 132m)坝基、坝肩稳定性研究、广西百色 RCC 重力坝(坝高 128m)坝基稳定性研究、溪洛渡拱坝(坝高 278m)坝基、坝肩稳定性研究、锦屏一级高拱坝(坝高 305m)坝基、坝肩稳定性研究、小湾高拱坝(坝高 294.5m)坝基、坝肩稳定性研究、天生桥二级厂区岩体高边坡稳定性研究、天生桥一级厂区岩体高边坡稳定性研究等。

5.2.2　变温相似材料分类

　　由于工程中岩体、软弱结构面、不连续节理等的力学参数相差较大,相应的变温相似材料的配比及其变温过程剪切试验的变化趋势也不一样,课题组经过长期的研究和总结,变温相似材料及模拟技术得到逐步完善,目前已研制出变温相似材料三大系列:即岩体变温相似材料、断夹层及软弱结构面变温相似材料、不连续节理变温相似材料。三大类变温相似材料的典型 τ_{m}-T 关系曲线如图 5.2.4~图 5.2.6 所示。

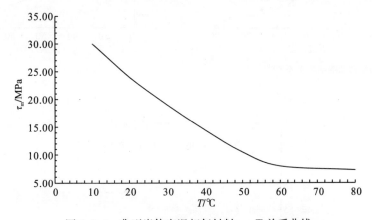

图 5.2.4　典型岩体变温相似材料 τ_{m}-T 关系曲线

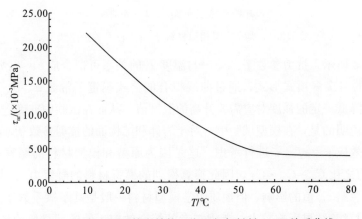

图 5.2.5　断夹层及软弱结构面变温相似材料 τ_{m}-T 关系曲线

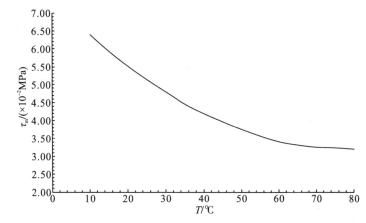

图 5.2.6　不连续节理变温相似材料 τ_m-T 关系曲线

由三类变温相似材料的曲线可知：①三类变温相似材料均具有随着温度升高而抗剪强度逐渐降低的趋势，与温度变化成反比的关系，即岩体、断夹层及软弱结构面、不连续节理均可以通过变温相似材料进行模拟，实现其强度参数的弱化效应；②各类材料的抗剪断强度 τ_m 随着温度升高而降低的趋势是有一定范围的，在温度从常温升高到 60℃ 左右时，抗剪强度降低较为明显，温度继续升高到 80℃ 的过程中，变温相似材料强度基本保持不变；③三类变温相似材料升温后抗剪强度降低的幅度基本能满足大坝工程模型试验的要求，但如果还需要获得更大的抗剪降强幅度，如完全采用强度储备法对高边坡、地下洞室开展稳定性研究，则还需要对材料进行进一步研究。

考虑到工程实际中力学参数弱化最显著的是软弱结构面，因此，目前在大坝稳定模型试验中应用最多的是断夹层及软弱结构面变温相似材料。

5.2.3　变温相似材料的温度特性研究

1. 线膨胀系数的测定

变温相似材料目前还是一种仅用于地质力学模型的特殊材料，对于它的热物理性质未见相关报道。为了研究其温度特性，通过试验测定了材料的线膨胀系数，以对其的温度特性进行研究。

在一定的温度范围内，固体受热后其长度会增加，设物体原长为 L，则初温 t_1 加热至末温 t_2，物体伸长量 ΔL 为

$$\Delta L = \alpha L (t_2 - t_1) \tag{5.2.2}$$

上式可变为

$$\alpha = \frac{\Delta L}{L (t_2 - t_1)} \tag{5.2.3}$$

式 (5.2.2) 表明，物体受热后，其伸长量与温度的增加量成正比，和原长也成正比。比例系数 α 称为固体的线膨胀系数，其物理意义是温度每升高 1℃ 时，物体的相对伸长量，单位为 ℃$^{-1}$，实际测量时，测得的是物体在初温 t_1 时原长度 L 及其温度升到 t_2 时其

长度伸长量 ΔL，便可获得该物体的线膨胀系数。很显然，试验中测出伸长量 ΔL 是关键，由于其数值微小，普通的米尺、游标卡尺的精度是不够的，需要采用千分尺、读数显微镜等进行测量。通过对某典型变温相似材料的三个试件进行测试，得出其线膨胀系数 α 与温度 T 之间的关系曲线如图 5.2.7 所示。从图中可以看出，变温相似材料在温度的作用下，膨胀变化过程有先大后小再变大的特征。这是因为材料内的高分子材料经历了软化到熔化的过程，并最终侵入了重晶石粉颗粒的空隙之间，变温相似材料则表现出软化速率变大的特征。因此材料的膨胀性质在温度升高到一定时候表现出线膨胀系数变小的现象；当材料软化速率变大时，则线膨胀系数显著增大。综合分析得到变温相似材料的线膨胀系数为：$2.07 \times 10^{-8} \sim 2.73 \times 10^{-8}$。

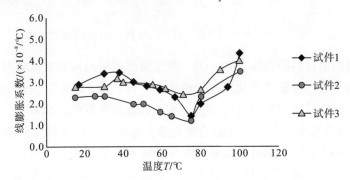

图 5.2.7　典型变温相似材料的线膨胀系数 α 与温度 T 的关系曲线

2. 附加温度应力分析

变温相似材料在应用到模型试验中实现降强时，需要进行升温，这就会在模型内产生附加温度场，为此开展变温相似材料的稳定性分析。参考混凝土坝温度应力的计算，综合法模型试验中，由附加温度场引起的温度应力可按下式近似计算：

$$\sigma_t = \frac{\alpha E_{\mathrm{m}} \Delta T}{1 - \mu} R \cdot K \tag{5.2.4}$$

式中，α 为变温相似材料的线膨胀系数，由以上实验测试结果可知，$\alpha = 2.07 \times 10^{-8}/℃ \sim 2.73 \times 10^{-8}/℃$；$E_{\mathrm{m}}$ 为与变温相似材料接触的上、下层岩体模型材料的弹性模量；μ 为变温相似材料的泊松比，根据相似关系，在地质力学模型试验中，原模型的泊松比之比等于 1，因此 μ 也是原型材料的泊松比；ΔT 为最大温差；R 为约束系数；K 为应力松弛系数。

在开展大坝工程三维地质力学模型综合法试验中，一般取几何比尺 $C_L = 300$，容重比 $C_\gamma = 1.0$，因此原型和模型材料变形模量的比 $C_E = C_L = 300$。而在原型岩体和结构面的物理力学参数中，变形模量一般为 $0 \sim 45 \mathrm{GPa}$，泊松比为 $0.2 \sim 0.38$，根据相似关系，换算得到 $E_{\mathrm{m}} = E_{\mathrm{p}}/C_E$，其值为 $0 \sim 90 \mathrm{MPa}$，泊松比为 $0.2 \sim 0.38$。模型中一般最大升温不超过 $80℃$，最大温差 ΔT 不超过 $60℃$，根据工程经验取约束系数 $R = 0.3$，应力松弛系数 $K = 0.4$。则由式(5.2.4)计算可得，模型中产生温度应力约为 $0 \sim 41 \mathrm{Pa}$。

为了全面分析温度场对试验结果的影响，课题组的成员还用热-结构耦合的数值计算对附加温度场进行分析，由计算结果可知，在平面模型中，温度在 $80℃$ 以内，附加温度场对变位影响约为 6%，对应力影响为 -6%～9%，且升高的温度越低，影响越小。

　　从温度应力的简化计算结果和热-结构耦合的数值计算结果可知，在地质力学模型综合法试验中，由于升温降强产生的附加应力场对试验结果的影响较小。

5.3　升温降强试验模拟技术

5.3.1　升温降强试验原理

　　由变温相似材料的基本原理可知，要实现材料的降强需要对材料进行加热，使其中的高分子材料融化，从而改变材料颗粒的摩擦形式，达到逐步降低材料力学参数的目的。针对岩体、断夹层及软弱结构面、不连续节理等三大类变温相似材料，其升温降强的原理略有不同，具体如下所述。

　　(1)岩体材料较为坚硬、种类多，具有不均匀性、变形模量变化幅度大的特征，岩体变温相似材料由重晶石粉、机油、可熔性高分子材料和掺和料等按一定比例配制而成，在模型岩体材料中布置升温系统，升高温度使模型岩体内的可熔性高分子材料受热后逐渐熔化，并熔解于机油中，从而改变模型岩体材料的抗剪断强度，达到模拟岩体力学参数 τ、f、c 降低的目的。

　　(2)岩体内存在的软弱结构面和不连续节理，如断层、蚀变带、层间层内错动带、煌斑岩脉、节理裂隙等，其力学参数较低，在工程长期运行过程中，由于渗水的作用，其抗剪断强度更容易出现逐步降低的现象。软弱结构面变温相似材料升温降强的试验原理为：在金属箔上涂上掺有不同掺和料的油脂，再于上均匀粘上圆粒状高分子材料，以降低常温状态下油脂的黏滞性和吸附力，然后在高分子材料上再覆盖一层薄膜、纸张或金属箔，将其布置在需要模拟的夹层部位。同时在夹层下盘岩体顶面布置电阻丝，升温后模型夹层中的油脂熔化，并逐渐使粒状高分子材料熔解，从而通过滑动摩擦与滚动摩擦相结合的方法来改变夹层的抗剪断强度 τ、f、c。

　　(3)对于不连续节理变温相似材料的试验原理如下：以高分子聚合物为不连续节理面的黏结剂，依据连通率和抗剪参数进行节理面粘接，通过布置在结构面上的电阻丝进行升温降强，从而实现不连续节理强度弱化的力学行为。

　　由此可见，升温降强试验主要就是通过升温的办法实现材料强度的降低，即用热效应来产生力学效应的变化。

5.3.2　升温降强控制系统及其在模型中的实现

　　由升温降强试验的原理可知，要想实现材料的升温降强，重点是要能对材料进行升温，同时还需要对温度的升高进行严格控制，以确保升温降强的过程是可控的。因此，升温降强系统还包括升温系统和温度控制系统。其中，升温系统由埋设在模型内的电阻丝(直接与变温相似材料接触的加热设备)、模型外的加热控制设备(主要通过调压器进行加热控制),以及连接电阻丝和调压器的电线组成,调压器可调整电压实现温度的调节。温度控制系统由模型外的温度巡回检测仪、埋设在变温相似材料中的热电偶以及两者的连线组成,连接好后通过外部的温度巡回检测仪(XJ-100 型温度巡回检测仪),测试埋设部位的温度值。电阻丝和热电偶分别埋设在模型软弱结构面的设计位置。电阻丝一般均匀地绕设在结构面下盘岩体的顶面,与结构面变温相似材料直接接触,热电偶埋设于电阻丝旁一定距离处或者是结构面的上盘岩体内,避免与电阻丝直接接触而损坏,二者均通过引出线与模型外的控制设备相连。采用变温相似材料的模型降强试验如图 5.3.1 所示。

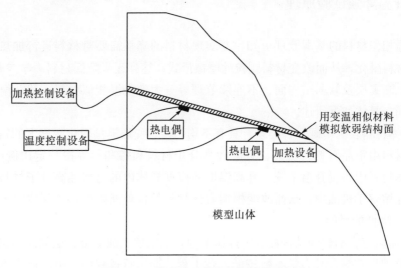

图 5.3.1   模型升温降强系统布置示意图

通电后电阻丝受热升温,热量传递给变温相似材料,使其中的粒状高分子材料熔解,岩体接触面间的摩擦形式发生变化,从而在试验过程中改变材料的抗剪断强度等力学参数,模拟软弱结构面抗剪断强度降低的力学行为。该过程符合强度储备试验法的原理。另外,降强过程在升温系统和温度控制系统的共同控制下,升温的速率和温度的高低是可控的,因此降强过程是可控的。

通过上述措施,运用变温相似材料模拟岩体中断层、层间错动带、节理裂隙、岩脉、蚀变岩带等软弱结构面,可使模型材料的力学参数按要求降低,实现模拟岩体及软弱结构面在工程长期运行过程中强度的弱化现象,同时实现了在同一模型中开展强度储备法和综合法试验。

地质力学模型反映了岩体的非均匀性、非弹性、非连续性及多裂隙的岩石力学特征,是一个复杂的三维模拟系统。为了使模型材料达到升温降强的目的,需要在该模型中布置三维立体交叉的升温系统和温度控制系统,同时在结构面上往往还需要布置结构面变位测试系统。因此,一是要合理布置模型砌筑过程中的施工工序,顺利埋入各种模型测试、加热内埋系统及其配套设施,确保其正常工作运行而不相互干扰;二是要注重各种材料在温度变化过程中的协调性和同步性。目前,水工实验室已在多个大坝地质力学模型试验中运用变温相似材料和升温降强系统,成功进行了综合法试验,已形成较为完善的降强法试验新技术。

5.4　岩体结构面弱化效应试验研究

5.4.1　弱化试验的目的

本章概述中已经提到，强度储备法及综合法试验的提出，主要是考虑到大坝蓄水运行后，坝肩坝基的岩体结构面在库水浸泡、渗透水等作用下参数弱化的力学行为。目前，采用 5.1 节介绍的变温相似材料，以及 5.2 节介绍的升温降强试验模拟技术已经实现了对这种力学参数弱化效应的模拟。这种新型材料及试验方法已在我国一些大型水电工程中得到应用，其试验理论及材料性能也在不断完善和发展。但在综合法模型试验中，材料的强度通常由工程地质和设计人员凭工程经验降低 10%～30%，而没有经过充分论证，材料的降强幅度不一定符合工程实际情况。课题组成员在多年的地质力学模型试验研究中，深刻认识到软弱岩体和结构面力学参数降强幅度值的确定是模型试验研究的基础，其值的合理性将影响到试验研究方案和成果的合理性，并影响到地质力学模型试验的发展和工程应用。而在实际工程中，软弱岩体和结构面在工程运行过程中力学参数究竟弱化多少也是工程人员关心的重要问题之一。目前，已有很多学者从水对岩石的物理、化学的软化作用，以及应力场、渗流场多场耦合作用下软岩结构面弱化效应等方面开展研究，取得很多有意义的成果，对实际工程具有重要的应用价值。

此外，岩体的力学参数主要是根据天然或饱水条件下的常规岩石力学试验或现场原位测试的结果进行取值，测试时的应力状态和渗水条件与水库蓄水运行后的条件是存在差异的。越来越多的研究表明，岩体特别是软弱岩体和结构面在水库蓄水后，在工程荷载和水化学作用下，将引起岩体力学特性的改变，如渗透特性和应力水平的变化，材料强度和变形参数的降低等。因此，不少学者建议岩体地质力学参数的确定应考虑工程实际所处的应力和渗水状态，使力学参数能客观反映工程运行条形下的岩体力学特征。

综上所述，在研究大坝稳定的综合法地质力学模型试验中，迫切需要科学合理地确定软弱岩体及结构面的降强幅度值，应结合实际工程开展深入研究。只有在科学合理地确定了材料弱化系数的基础上进行模型相似材料的研制和开展模型试验，才能使模型试验真实反映工程的实际问题，并满足工程建设的迫切需要。

课题组成员在了解大坝工程蓄水后，坝肩坝基岩体结构面将承受新增的很大的水荷载作用，同时库岸及坝基坝肩岩体中将形成复杂的渗流场这一实际情况，结合典型高坝工程，现场采集岩体结构面原样，制备试件，在 MTS 试验机上进行水岩耦合的三轴压缩试验，定量地揭示了高坝工程运行后，坝肩坝基软弱岩体和结构面在应力场、渗流场耦合作用下强度参数的弱化效应。下面就对其初步研究成果进行简介。

5.4.2　弱化试验设计与试验步骤

本次弱化试验紧密结合锦屏一级高拱坝工程，主要对影响坝肩稳定的 f5、f2、f13、

f14、f18 五条断层和断层影响带的IV₂类大理岩、砂板岩煌斑岩脉 X 和绿片岩透镜体开展弱化试验研究。试验中需要考虑坝肩岩体和结构面的形成和演变地质过程，以及水库蓄水后运行中的受力情况，因此需要试样为破碎或含有结构面的原样，能形成渗流通道，并承受拱坝传递的荷载。试验要能保证施加设计拱推力下的荷载、设计水头下的渗透压力，以及能获得天然状态下和应力场、渗流场耦合状态下的力学参数。试验采用美国产MTS815 Flex Test GT 岩石力学试验系统进行。具体试验步骤如下。

1. 软弱岩体弱化试验步骤

本次试验中，软弱岩体是指IV₂类大理岩、砂板岩、煌斑岩脉 X 和绿片岩透镜体。其试验步骤为：①从现场采取同岩性岩样后，制备出尺寸为直径 50mm、高度 100mm 的试样。②用锦屏坝址区构造应力水平(60~100MPa)的围压进行三轴压缩全过程试验，目的是在较高的压力下缓慢将岩石块体压裂，使试件在一定的应力条件下破裂成包含岩块与结构面，同时又受到一定应力作用的岩体，即可近似为天然IV₂类岩体。③将围压逐渐降低到后续弱化试验所需要的围压(根据锦屏坝址区地应力资料，后续试验的围压确定为5MPa、10MPa、15MPa、20MPa、25MPa、30MPa 六级，每个围压一个试件)，然后进行三轴压缩试验，获得天然状态下破裂岩体变形参数与强度参数。④保持围压与初始轴压，向岩体试件渗透水流进口端施加渗透水压1MPa，出口端排气，待试件中空气完全排除后关闭出口阀门，并监测进、出口端水压差，待该水压差为零时认为岩体试件饱和完成。⑤按1MPa、2MPa、3MPa、4MPa 逐级升高水压(考虑到锦屏拱坝蓄水后设计水头为300m，因此把水压拟定为 1~4MPa 四级)，对每级水压下的同一试件进行水岩耦合三轴压缩试验。获得应力场、渗流场耦合作用下破裂岩体变形参数与强度参数。⑥对天然状态和各级水压下的获得的破裂岩体变形参数与强度参数进行对比，获得参数的变化规律。

2. 主要结构面弱化试验步骤

本次试验中，主要结构面包括 f5、f2、f13、f14、f18 五条断层，结构面试验步骤除了在试样制备方面与软弱岩体不同外，其他均相同。试样制备为，用"现场天然全样"采样方法采取每条断层物质试样。考虑到研究目的与试验设备的能力，试样尺寸确定为直径 100mm，高 200mm。试样制备中，综合参考粗粒土与岩石试验的相关规程规范，将最大粒径确定为 10mm；对于超粒径部分，采用等量替代法，用原样中的 2~10mm 砾粒组予以等量替代。试样制备的密度与含水量均按天然密度与天然含水量控制。同时，考虑到结构面周围围压较其他部位低的情况，将围压确定为 5MPa、6.25MPa、7.5MPa、8.75MPa、10.0MPa 五个级别。

通过软岩和结构面的三轴压缩试验和水岩耦合三轴压缩试验可以获得不同围压 σ_3 和不同水压 P_w 情况下，试样破坏时的峰值强度(大主应力 σ_1)。则根据莫尔-库伦强度理论，在破裂面上，主应力 σ_1 与 σ_3 的关系式为

$$\sigma_1 = \frac{2c \cdot \cos\varphi + \sigma_3(1 + \sin\varphi)}{1 - \sin\varphi} \tag{5.4.1}$$

式中，c 为岩样的凝聚力，MPa；φ 为岩样的内摩擦角，(°)。

上式在 σ_1-σ_3 平面内的关系如图 5.4.1 所示，图 5.4.1(b)中，直线的线性方程可表示为

$$\sigma_1 = F\sigma_3 + R \tag{5.4.2}$$

式中，F 为 σ_1-σ_3 关系曲线的斜率；R 为 σ_1-σ_3 关系曲线在 σ_1 轴上的截距，MPa。

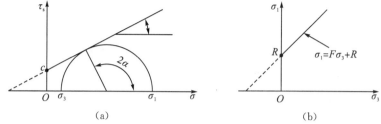

(a)　　　　　　　　　　　　　　　　(b)

图 5.4.1　莫尔－库伦强度理论中的主应力关系

根据参数 F、R，按下列公式计算抗剪断强度参数 f、c：

$$f = \frac{F-1}{2\sqrt{F}} \tag{5.4.3}$$

$$c = \frac{R}{2\sqrt{F}} \tag{5.4.4}$$

因此，由试验结果可以绘制天然状态和每一级水压下的轴向应力 σ_1 与围压 σ_3 关系的散点图，并在图中作下包络曲线，得到参数 F、R，再根据公式(5.4.3)和式(5.4.4)计算各断层天然状态与各级水压下的抗剪断强度参数 f、c 值，再根据莫尔－库伦方程 $\tau = c + \sigma f$，用适合工程条件的正应力 σ 得到岩样的抗剪断强度 τ。再把各级水压下强度参数 $(f、c、\tau)$ 和天然状态下的强度参数进行比较，得到强度参数的弱化率。同时还可以比较同一级水压、不同围压情况下强度参数的变化情况。弱化率的计算采用以下的公式：

$$W_i = (X_n - X_w)/X_n \times 100\% \tag{5.4.5}$$

式中，W_i 为断层和软岩强度参数 $(f、c、\tau)$ 的弱化率；X_n 为断层和软岩天然状态的强度参数 $(f、c、\tau)$；X_w 为各级水压条件下的强度参数 $(f、c、\tau)$。

因此，归结起来结果分析思路为：由试验得到断层、软岩破坏时最大主应力 σ_1，然后根据 σ_1、σ_3 绘图计算强度参数 f、c 值，再由正应力 σ 计算抗剪断强度 τ，最后比较天然和有水压下的 f、c、τ 值，计算弱化率。典型断层物质弱化试验的照片，以及弱化试验后试件的照片如图 5.4.2 和图 5.4.3 所示。

图 5.4.2　断层试样水岩耦合三轴压缩试验照片　　　图 5.4.3　典型断层试样弱化试验后照片

5.4.3　弱化试验成果

通过对上述的 5 条断层(f5、f2、f13、f14、f18)和断层影响带的 4 类软岩(IV_2类大理岩、砂板岩、煌斑岩脉 X 和绿片岩透镜体)共 90 组试件开展水压耦合三轴压缩试验,并采用 5.3.2 节介绍的试验步骤和试验成果的分析方法,对试验结果进行分析和计算,获得了断层物质和软弱岩体在不同水压、不同围压下强度参数的弱化率,经过统计分析及汇总的结果如下。

1.　主要结构面的弱化效应

计算和汇总得到的断层物质强度参数平均弱化值及平均弱化率 W 的汇总表如表 5.4.1 所示。

表 5.4.1　各断层强度参数平均弱化值及平均弱化率 W 汇总表

名称	强度及变形参数		天然状态	1MPa 水压		2MPa 水压		3MPa 水压		4MPa 水压	
				量值	$W/\%$	量值	$W/\%$	量值	$W/\%$	量值	$W/\%$
断层平均值	c/MPa		2.0	1.6	19.8	0.9	54.4	0.8	59.0	0.0	99.4
	f		0.41	0.41	0.0	0.43	−6.6	0.38	6.2	0.41	0.0
	τ/MPa	正应力 σ/MPa	5	4.1	3.7	9.9	3.1	24.7	2.7	33.3	2.1	49.4
		10	6.1	5.7	6.6	5.2	14.8	4.6	24.6	4.1	32.8
		15	8.2	7.8	4.9	7.4	9.8	6.5	20.2	6.2	24.5
		20	10.2	9.8	3.9	9.5	6.9	8.4	17.6	8.2	19.6

由上表可知:断层物质的强度特性具有显著的水压弱化效应与围压强化效应,各级围压下的强度均以天然状态最高,并随水压的升高而逐步减小;天然状态及各级水压下的强度均随围压的升高而增大。

(1)各断层的强度参数 f 随水压的变化非常微小,并具有水压越高离散性越小的随水压升高而收敛的特点;综合统计分析表明其平均弱化率不超过 10%;因此可认为 B4 类结构面强度参数 f 随水压的升降变化甚微。

(2)断层强度参数 c 随水压升高急剧减小,试验和统计分析结果表明在工程应力(10MPa)及工程水压(3MPa)条件下,B4 类结构面的弱化率 W_c 将超过 50%,甚至达到 100%,即在此条件下断层有可能完全丧失黏聚力。

(3)断层的抗剪断强度 τ 随水压的升高而降低,5 条断层的综合统计结果表明,应力 10MPa 与水压 3MPa 的工程条件下,B4 类结构面的抗剪断强度 τ 的弱化率 W_τ 大体在 20% 左右。

(4)各断层强度参数 f、c 及抗剪断强度 τ 与围压的关系虽具一定离散性,但综合分析表明 f 随围压增高略有减小,c 随围压升高有所增大,抗剪断强度 τ 随围压升高而增大。

2. 软弱岩体的弱化效应

计算和汇总得到的各软弱岩体强度参数平均弱化值及平均弱化率 W 的汇总表如表 5.4.2 所示。

表 5.4.2　各软弱岩体强度参数平均弱化值及平均弱化率 W 汇总表

名称	参数名称		天然状态参数值	1MPa 水压		2MPa 水压		3MPa 水压		4MPa 水压	
				数值	$W/\%$	数值	$W/\%$	数值	$W/\%$	数值	$W/\%$
软弱岩体平均值	c/MPa		4.7	2.7	43.4	2.0	58.2	1.2	75.7	0.4	91.5
	f		0.40	0.38	6.80	0.37	8.10	0.39	4.30	0.35	13.00
	τ/MPa　正应力 σ/MPa	5	6.7	4.6	31.3	3.9	42.5	3.2	53.0	2.2	67.9
		10	8.7	6.5	25.3	5.7	34.5	5.1	41.4	3.9	55.2
		15	10.7	8.4	21.5	7.6	29.4	7.1	34.1	5.7	47.2
		20	12.7	10.3	18.9	9.4	26.0	9.0	29.1	7.4	41.7

由上表可知：软弱岩体的强度特性同样具有显著的水压弱化效应与围压强化效应。即各级围压的强度均以天然状态最高，并随水压的升高而逐步减小；天然状态与各级水压条件下的强度又均随围压的升高而增大。

(1)软弱岩体在 3MPa 水压下的强度参数 f 值的平均弱化率 W_f 不到 5%。因此综合来看，可以认为各软弱岩体的强度参数 f 值随水压的升降变化不大。

(2)软弱岩体的强度参数 c 随水压的升高而急剧减小，在最大工程水压 3MPa 时，其弱化率可以达到 75% 以上，甚至完全丧失。

(3)软弱岩体抗剪断强度的弱化效应与断层物质试验结果一样存在弱化率随水压升高而增大，并随正应力升高而减小的特点。抗剪断强度 τ 在 10MPa 的应力与 3MPa 的水压作用下，其弱化率最大可达到 40% 左右。

(4)软弱岩体的强度参数 f 随围压的升高而略有减小，c 随围压的升高幅度较大，抗剪断强度 τ 皆随围压升高而增大。

以上的岩体结构面弱化试验成果初步地、定量地揭示了高坝工程运行后，坝肩软弱岩体和结构面在应力场、渗流场耦合作用下强度参数的弱化率。该成果为综合法地质力学模型试验中结构面降强幅度的确定提供了科学依据，为综合法地质力学模型试验的完善和发展奠定了基础，同时对岩体结构面力学参数的取值提供了参考，在高坝与地基、岩质高边坡、地下洞室等工程的稳定研究中具有重要的工程意义和广阔的应用前景。

第6章　沙牌拱坝结构模型试验研究

6.1　工程概况与试验研究任务

6.1.1　工程枢纽概况

沙牌水电站位于四川省阿坝藏族羌族自治州汶川县境内,是岷江支流草坡河上游的一个梯级龙头电站。坝址距草坡河河口约19km,距汶川县城约47km,距成都约136km。电站采用蓄、引相结合的开发方式,坝址位于草坡河上沙牌村牛厂沟附近,厂址在其下游约5km的克充台地,电站尾水汇入已建成的草坡电站水库。

沙牌水库正常蓄水位为▽1866.0m,死水位为▽1825.0m,总库容0.18亿 m³,具有季调节性能。工程以发电为主要目标,担负系统调峰任务,电站总装机容量36MW,多年平均年发电量1.78亿 kW·h,年利用小时数为4791h。枢纽工程主要由碾压混凝土拱坝、右岸两条泄洪洞及右岸发电引水隧洞、发电厂房等建筑物组成。工程为Ⅲ等中型工程,主要建筑物级别为3级。坝址区枢纽平面布置如图6.1.1所示。

沙牌坝址区河谷深切,谷坡陡峻,临河坡高200m以上。左岸谷坡35°~60°,右岸谷坡30°~60°,大致呈对称的"V"形河谷,宽高比约为1.7。挡水建筑物采用三心圆碾压混凝土重力拱坝,最大坝高132m,顶拱厚9.5m,拱冠梁底厚28m,厚高比为0.238,大坝体积为38.3万 m³。拱坝体形参数见表6.1.1,主要几何参数特征见表6.1.2,拱坝体型见图6.1.2。

表 6.1.1　沙牌拱坝体形几何参数表

高程/m	拱厚/m	拱冠梁中心线Y轴坐标/m	拱中心线半径/m			中心角/(°)			
---	---	---	左	中	右	左拱端	左中圈	右中圈	右拱端
1867.5	9.50	94.75	204.75	94.75	224.75	43.58	23.50	23.00	48.90
1850.0	13.36	92.82	202.82	.92.82	222.82	41.07	23.50	23.00	45.74
1830.0	17.76	90.62	200.62	90.62	220.62	37.55	23.50	23.00	41.32
1810.0	22.17	88.42	198.41	88.41	218.41	33.67	23.50	23.00	37.70
1790.0	25.58	86.71	196.71	86.71	216.71	30.69	23.50	23.00	31.25
1770.0	26.79	83.90	193.90	83.90	213.90	26.61	23.50	23.00	25.33
1750.0	28.00	81.10	81.10	81.10	81.10	16.45	16.45	17.34	17.34

图 6.1.1　沙牌拱坝枢纽平面布置图

表 6.2　沙牌拱坝体形几何参数特征表

项目	特征值	项目	特征值
坝顶高程/m	1867.5	厚高比	0.238
最大坝高/m	132.0	弧高比	2.130
垫座高度/m	14.5	上游面倒悬	0.11
坝顶厚度/m	9.5	坝体体积/万 m³	35.80
坝底厚度/m	28.0	垫座体积/万 m³	2.5
顶拱中心线弧长/m	250.25	坝基开挖/万 m³	58.20
最大中心角/(°)	92.48	单位坝高柔度系数	10.31

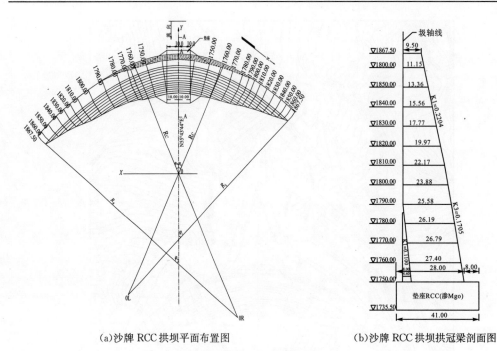

(a)沙牌 RCC 拱坝平面布置图　　　　　(b)沙牌 RCC 拱坝拱冠梁剖面图

图 6.1.2　沙牌拱坝体型图

为减小温度对坝体的不利影响,防止温度裂缝的发生,并保证碾压混凝土的快速施工,沙牌 RCC 拱坝坝体结构采用两条横缝和两条诱导缝的组合分缝方案,如图 6.1.3 所示,其中 2♯和 3♯缝为诱导缝,1♯和 4♯缝为横缝,物理力学参数见表 6.1.3 所示。

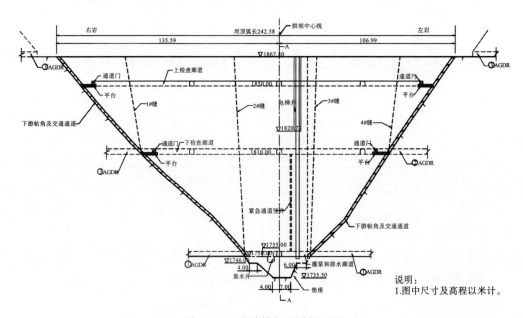

图 6.1.3　沙牌拱坝下游展示图

表 6.1.3　沙牌拱坝横缝及诱导缝物理力学参数

项目	弹性模量/GPa	泊松比μ	抗拉强度/MPa	抗压强度/MPa	抗剪断强度	
					f'	c'/MPa
横缝	0.18	0.18	0.72	4.0	0.96	0.84
诱导缝	0.18	0.18	0.46	2.0	0.8	0.48

6.1.2　坝址区地形地质条件

沙牌水电站工程区位于龙门山断裂、岷江断裂、鲜水河断裂、秦岭纬向断裂所围地块的南东边缘，距龙门山断裂带中的茂汶断裂 7~10km。块内构造以褶皱变形为主，断裂不发育，其块内历史与现今地震活动微弱，可视为相对稳定地块。

库区地层主要为灰色板状千枚岩夹泥质灰岩，水库两岸基本由岩质边坡构成，地层走向与坡向呈大角度相交，稳定性好。水库与邻谷山体浑厚，灰岩的岩溶现象不发育，无切断分水岭的透水结构面，水库无大的渗漏问题。

坝区工程地质以 F_1 断层（沙牌断层）为界，上盘为志留系茂县群千枚岩，下盘为晋宁－澄江期花岗闪长岩、花岗岩及后期侵入的闪长岩脉。河床冲积层厚度一般为 30~40m。沙牌水电站坝址选择在 F_1 断层以下的花岗闪长岩河段，坝址区河谷地形在平面上呈葫芦形。坝址河谷两岸较陡，左坝肩下游侧有一高约 40m 的陡崖，右坝肩下游侧由于河流流向由原来 NE 向拐弯成 SE 向，因此形成一座三面临空的山。总的说来，两坝肩都显单薄，从立面上看，坝址河谷深切，呈"V"形，两岸大致对称。坝基主要为块状花岗（闪长）岩夹绿帘石、黑云母、石英角岩及少量绿泥石片岩，坝基左岸▽1800m、右岸▽1795m 分布有绿帘石片岩（S_c）带。坝基岩体卸荷不明显，风化微弱，岩体质量主要为Ⅱ级，局部为Ⅲ-1 级。坝基岩体物理力学参数见表 6.4。

表 6.1.4　沙牌坝址区岩体物理力学参数

岩体质量分类	岩性及代号	力学参数采用值							容重 g/cm³
		变形模量 E_0/GPa	弹性模量 E/GPa	泊松比μ	抗剪断强度		抗剪断强度		
					f'	c'/MPa	f	c/MPa	
Ⅱ	花岗（闪长）岩夹角岩 $\gamma^4_{(02)}$	10—12	17.5	0.23	1.1~1.2	0.8~1.2	0.7~0.8	0	2.7
Ⅲ－1	花岗（闪长）岩夹角岩 $\gamma^4_{(02)}$	8—10	11.0	0.25	0.9~1.0	0.7~1.0	0.6~0.65	0	2.7
Ⅲ－2	片岩类花岗岩角岩 $S_c+\gamma^4_{(02)}$	6.00	9.0	0.26	0.72	0.20	0.57	0	2.7
Ⅲ－3	F_1 断层构造岩	4.00	5.0	0.3	0.67	0.20	0.52	0	2.6
Ⅲ－4	千枚岩 S_{max}	6.00	9.0	0.27	0.65	0.20	0.52	0	2.6
Ⅳ－1	花岗（闪长）岩夹角岩 $\gamma^4_{(02)}$	3.67	5.0	0.30	0.53	0.10	0.46	0	2.7

岩体质量分类	岩性及代号	力学参数采用值							容重 g/cm^3
		变形模量 E_0/GPa	弹性模量 E/GPa	泊松比 μ	抗剪断强度		抗剪断强度		
					f'	c'/MPa	f	c/MPa	
Ⅳ-2	片岩类花岗岩角岩 $S_c+\gamma_{(02)}$	3～5	5.0	0.31	0.55	0.2	0.42	0	2.7
Ⅳ-3	F_1断层构造岩	2.33	3.33	0.32	0.46	0.05	0.43	0	2.6
Ⅳ-4	千枚岩 S_{max}	1.33	2.33	0.33	0.43	0.02	0.40	0	2.6
V	断层带(半胶结)强风化各类岩体	0.36	0.7	0.35	0.40	0.01	0.36	0	2.5

坝区地质条件,从平面岩性分布看,左岸分为三区,右岸分为四区。Ⅰ区为晋宁-澄江期花岗闪长岩-花岗细晶岩夹绿帘石-黑云母-石英角岩,即图6.1.4中的Ⅱ类岩体。Ⅱ区为绿帘石-黑云母-石英岩组成,即Ⅲ-2类岩体,它和一区交接处夹有厚5～10m的绿帘石-石英-绿帘石片岩(S_c)密集带,遇水有软化现象。Ⅲ区(Ⅲ-3类岩体)和Ⅳ区(Ⅲ-4类岩体)岩性较差,处于坝址上游,详见图6.1.4所示。从四个区的岩性综合分析得出,以Ⅰ区岩性最好,两坝肩主要支承在该区上。坝底▽1735.5m以下,为花岗闪长岩夹绿帘石、黑云母及石英角岩,无顺河断层发育,除局部需处理外,对坝体稳定无影响。坝基岩体不存在大规模控制边坡整体稳定性的贯穿性软弱结构面,边坡主要受节理裂隙及其组合关系影响。在坝肩及抗力体中,除▽1840m以上拱圈有承受变形能力较差的片岩(S_c)出露及拱座岩体显得单薄,需进行工程处理外,从整体而言,坝肩抗力体尚属稳定。按地勘资料分析,两坝肩及抗力体的稳定性,主要受4组不同产状的节理控制,见表6.1.5所示。

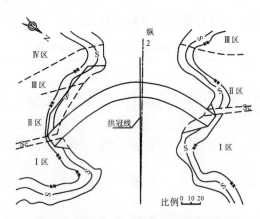

图6.1.4　▽1840m地质平切分区图

表6.1.5　两岸岩体节理产状

编号	左岸	右岸
①	N50°W,SW,∠70°	N50°W,SW,∠70°
②	N55°W,NE,∠45°	N40°W,SE,∠60°

编号	左岸	右岸
③	N35°E，SE，∠60°	N20°E，SE，∠40°
④	N20°W，SE，∠20°	N65°E，SE，∠0°

6.1.3　工程主要特征参数及荷载

1. 主要特征参数

1）水库特征水位

上游校核洪水位：▽1866.00m　　　　　上游设计洪水位：▽1866.00m

上游正常蓄水位：▽1866.00m　　　　　相应下游水位：▽1750.00m

死水位：▽1825.00m　　　　　　　　　相应下游水位：▽1750.00m

上游淤沙高程：▽1796.00m　　　　　　淤沙浮容重：0.5t/m³

淤沙内摩擦角：0°

2）坝体材料参数

坝体混凝土密度：2.4t/m³　　　　　　　坝体混凝土变形模量：18GPa

坝体混凝土线膨胀系数：$1.0×10^{-5}$/℃　　坝体混凝土泊松比：0.167

3）坝基岩体材料参数

各种地质构造和地层岩性的物理力学参数见表 6.1.4，两岸岩体节理产状见表 6.1.5。

2. 荷载及荷载组合

1）静荷载

静荷载主要有上游静水压力、坝基扬压力、淤沙压力和坝体混凝土自重。

2）温度荷载

运行期坝体的温度荷载见表 6.1.6。

表 6.1.6　拱圈温度荷载表

高程/m	设计温降荷载/℃		设计温升荷载/℃	
参数	T_m	T_d	T_m	T_d
1867.5	−6.56	0.00	6.56	0.00
1850.0	−2.97	2.27	2.97	9.29
1830.0	−1.91	2.66	1.91	13.12
1810.0	−1.44	3.65	1.44	14.02
1790.0	−1.20	4.33	1.20	4.19
1770.0	−1.11	4.50	1.11	14.41
1750.0	−0.99	4.30	0.99	14.78

注：T_m为均匀温度变化，T_d为等效线性温差。

3)地震荷载

沙牌水电站工程场地区域位于松潘－甘孜地槽褶皱系内，坝址距龙门山后山断裂的最近距离为 8km 且位于断层上盘。工程区内的两条主要次级块内断层沙牌断层和长河坝断层最后一次活动年代距今约有 500 万年以上。初设阶段，确定工程区地震基本烈度为 7 度。施工阶段，再次进行了地震危险性分析及场地地震动参数的确定，分析结果为：坝址区 50 年超越概率为 10％的地震基本烈度为 7.4 度，基岩水平峰值加速度为 137.5cm/s²。汶川地震后，重新对该工程场地进行地震安全性评价复核工作，确定坝址区 50 年超越概率为 10％的地震基本烈度为 8.1 度，基岩水平峰值加速度为 205cm/s²。

6.1.4 试验研究任务

沙牌拱坝结构模型试验研究分为两个阶段，第一阶段主要是采用整体结构模型试验方法，研究坝体在不同荷载组合及不同分缝结构形式下的应力及变形特性，借以评价不同方案坝体结构的应力及变形水平及其结构设计的合理性。在此基础上，采用超载法进行破坏试验，根据坝体的破坏过程及破坏形态，进一步论证坝体结构设计的合理性。由于含诱导缝高 RCC 拱坝，在完建蓄水初期和运行中后期，各种荷载作用下的坝体应力与变形分布特性、温度裂缝的发育深度与分布范围，以及运行期坝体的超载与开裂破坏特性，是结构设计和安全运行需要研究的重要课题。因此，在第二阶段结合沙牌碾压混凝土拱坝的特点，运用断裂力学理论，对含诱导缝 RCC 拱坝进行整体结构模型试验，着重分析含诱导缝 RCC 拱坝的结构应力与开裂发展过程，以及坝体的超载特性与最终破坏形态。

6.2 坝体分缝形式结构模型试验研究

6.2.1 试验方案

根据试验研究任务及研究内容，沙牌拱坝坝体分缝形式整体结构模型试验方案如表 6.2.1 所示。

表 6.2.1 坝体分缝形式整体结构模型试验方案

方案	试验条件及要求	荷载组合
一	①坝体不考虑诱导缝的影响； ②采用逆施工法进行坝体应力测试	坝体自重
二	①坝体无缝，量测坝体应力及变形； ②用超载法进行破坏试验	①水压＋沙压 ②水压＋沙压＋温降

续表

方案	试验条件及要求	荷载组合
三	①坝体设周边应力释放缝加两条诱导缝和一条水平施工缝； （▽1810m）[详见图6.2.1(a)所示]，量测坝体应力及变形 ②用超载法进行破坏试验	（同上）
四	①坝体设三条诱导缝[详见图6.2.1(b)所示]，量测坝体应力及变形； ②用超载法进行破坏试验	（同上）

注：方案二、三、四试验时未加自重，其自重产生的应力由方案一叠加。

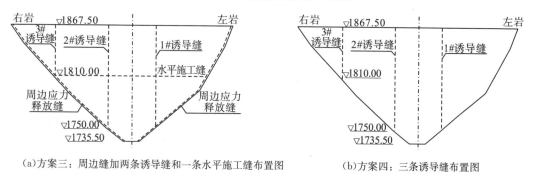

(a)方案三：周边缝加两条诱导缝和一条水平施工缝布置图　　　(b)方案四：三条诱导缝布置图

图6.2.1　坝体两种分缝布置图

6.2.2　模型设计与制作

1.　模型几何比尺及模型材料选择

沙牌拱坝结构模型试验的几何比尺选择为$C_L=150$，因试验属常规线弹性模型，主要分析坝体的应力及变形特性，因此，坝与地基均采用石膏材料制作。根据原型坝与地基变形模量E_p的变化范围及制模浇块的可能性等条件，结合相应的模型材料试验成果，最后选定模型材料的变形模量比$C_E=6.75$。相应材料的变形模量取值如表6.2.2所示。

表6.2.2　坝体分缝形式整体结构模型力学参数

各类材料		原型材料		模型材料		
		变形模量 E_p/GPa	μ_p	设计变形模量 E_m/GPa	实际采用值 E'_m/GPa	μ_m
	坝体	18.0	0.18	2.67	2.55	0.20
基岩	闪长花岗岩 $\gamma^{04}_{(02)}$	10.0	0.23	1.48	1.48	0.23
	S_c软岩带	3.5	0.31	0.52	0.55	

诱导缝及▽1810m水平施工缝的力学参数为$f'_p=0.84$，$c'_p=0.48$MPa，变形模量$E=10.4$GPa，相应的模型值$f'_m=0.84$，$c'_m=0.07$MPa。采用配合胶水拌惰性材料黏结缝面，该缝面的力学参数为$f'_m=0.80$，$c'_m=0.09$MPa。周边应力释放缝深度按设计要求取各高程拱厚的1/5，距拱端2m，缝宽以"不闭合"为度。

2. 模型模拟范围及坝基地质构造的简化

根据坝址区的地形、地质、枢纽布置等特点及研究的重点要求确定模型模拟范围相当于原型尺寸 300m×400m(纵向×横向)。模型基底▽1644.5m，即垫座底面至模型基面深共计 45.5cm，超过三分之二坝高的深度。基岩按综合弹性模量计，只对两坝肩及坝基上游侧的 S_c 软岩带按其弹性模量予以模拟。由于 S_c 层厚度及走向是变化的，在不影响整体构造条件下，按各高程平均厚度和直线分布模拟。S_c 的倾向及倾角在立面上亦按高程简化为折线模拟，这样既考虑了 S_c 对坝体的影响，又不致造成制模的困难。对 S_c 上游侧的第二区岩体，主要考虑加压千斤顶布置的要求，相比之下对该部分材料特性的要求要低些。

3. 模型荷载及加载方式

沙牌拱坝主要承受水压力、淤沙压力、坝体自重及温度荷载等。模型试验的荷载组合方式如表 6.2.1 所示。方案二、三、四试验时未加自重，其自重产生的应力由方案一叠加；温度荷载以温度当量荷载近似模拟，并且不计竖向分量，只加水平分量值。

根据拱坝荷载分布情况对上游坝面荷载分层分块，共六层分布 29 块(图 6.2.2)，每块用油压千斤顶加载，千斤顶由 WY-500/Ⅴ 型油压稳压装置提供油压。

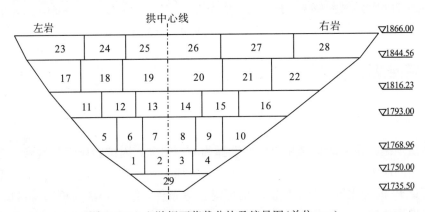

图 6.2.2　上游坝面荷载分块及编号图(单位：m)

为了合理安排试验步骤，协调两阶段试验的顺利衔接，先进行正常水沙荷载加温降组合的测试，然后进行正常荷载组合的测试，最后在正常荷载组合的基础上进行超载破坏试验，直至坝体破坏为止。

4. 模型量测系统布置

模型量测系统包括应变、位移两大系统。模型上、下游面共设 64 个应变测点，每一测点贴有三向纸基应变片，并在下游面布设 20 个位移测点，位移量测采用 SP-10A 电感式数显位移计量测，应变量测采用 UCAM-8BL 数字应变量测系统，坝体应变及位移测点布置如图 6.2.3 和图 6.2.4 所示。

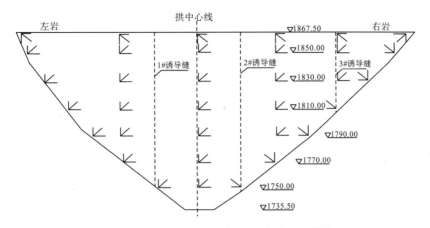

图 6.2.3　拱坝上游坝面应变布置图(方案四)(单位：m)

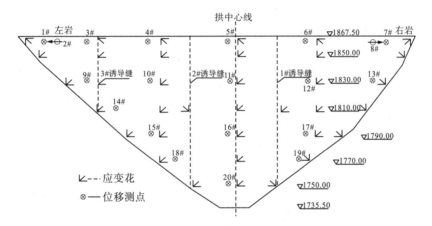

图 6.2.4　拱坝下游坝面应变及位移测点布置图(方案四)(单位：m)

6.2.3　试验成果及分析

将 4 个方案的试验结果进行综合分析，获得了坝体在两种不同荷载组合下的应力、位移成果，以及由超载法进行破坏试验获得的坝体破坏过程、破坏形态及其破坏机理。

1. 方案一坝体自重应力测试成果

由于整体结构模型坝体自重不好施加，但自重应力又是不可忽略的重要因素之一，因此，方案一采用拉斐尔(Raphael)教授提出的分层积分法(俗称逆施工法)进行坝体自重应力测试。该方法是将坝体自坝顶往坝底分为七段依次锯除，将上段的自重加在下一段的顶部，相应测试各点的应变值，最后综合各次的测值，即可算得上、下游坝面的自重应力，如图 6.2.5 所示，大坝在分段锯除前后的形态如图 6.2.6 和图 6.2.7 所示。

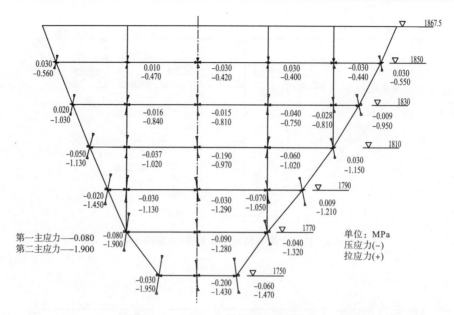

图 6.2.5　方案一上游坝面自重应力分布

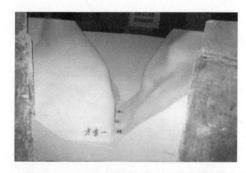

图 6.2.6　模型制作完成后下游立视全貌　　图 6.2.7　自重应力测试坝体锯至▽1810m下游立视全貌

　　由上、下游坝面自重应力分布图可看出，该应力自坝顶往坝底近乎呈 γh 的倍数增大的特点。由于坝体横截面的重心偏向上游侧[详见图 6.1.2(b)]，因此，上游坝面的自重应力水平较下游坝面高。

　　将方案一测试得到的自重应力叠加到方案二、三、四后，便得出各方案不同荷载组合下的主应力分布成果。

2. 其他方案线弹性阶段模型坝体位移与应力

　　沙牌拱坝坝体为等厚度三心圆单曲率不对称拱坝，右半拱弧长大于左半拱，尤以▽1810m以上为甚。由于结构不对称，形成坝体荷载分布的不对称，加之两拱端与 S_c 软岩带接触的部位及分布上的差异，导致试验所得的应力及位移分布的不对称，而位移分布最明显。

　　1)坝体位移分布特性

　　各个方案坝体位移总的分布规律符合常规：拱冠位移大于拱端位移，坝体上部位移大于下部位移。因左右半拱不对称，右半拱位移大于左半拱位移。此外，由于右岸 S_c 软岩带在右拱端上部坝基面的分布范围较大，而左岸 S_c 软岩带主要分布在左拱端上游侧，这就形成坝肩岩体左、右岸及上、下部位的刚度大小不一，加之坝体结构及荷载分布不对称，从而形成了右半拱位移大于左半拱的位移，而且出现因 S_c 压缩变形，左拱端出现有向上游方向的位移，致使坝体在向下游变位的同时，还在平面上伴随有逆时针方向的转动变位。

从各方案坝体的最大位移值对比看，如表 6.2.3 所示，典型坝面径向位移分布图如图 6.2.8 所示。无论荷载组合情况如何，均是方案三拱冠部的径向位移值最大，方案四次之，方案二最小。这是因为方案一坝体无缝，刚度较大，自然位移值相对较小；方案四设有三条诱导缝，梁向刚度虽未变，但拱向刚度却有所削弱，所以位移较无缝坝的位移大，方案三设了周边应力释放缝，在坝体中部还设有两条诱导缝，同时在 1840m 高程设有水平施工缝，拱向及梁向刚度均有所削弱，特别是在两拱端上游侧及垫座顶设了周边应力释放缝后，虽然对应力状态有所改善，但因边界约束能力减弱，位移自然增大，且大于方案二、四。

表 6.2.3　各方案最大径向位移值表　　　　　　　　　　　单位：mm

荷载组合 ＼ 方案	二	三	四
组合Ⅰ（正常＋温降）	36.7	38.78	37.44
组合Ⅱ（正常情况）	26.4	33.27	30.99

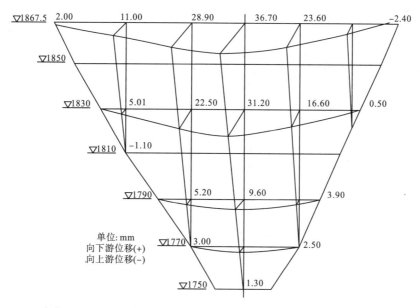

图 6.2.8　方案二（正常＋温降）下游坝面径向位移分布（高程单位为 m，位移单位为 mm）

2）坝体应力分布特性

将方案一测试所得自重应力叠加到方案二、三、四后，可得各方案在不同荷载组合下的主应力分布结果。由应力结果可知，各方案主应力分布规律基本相似，但因坝体设缝与不设缝，以及设缝的类型不同，应力水平有一定差异但不明显。各方案最大主应力分布如表 6.2.4 所示，典型主应力分布如图 6.2.9 所示。

表 6.2.4　各方案最大主应力对照表

分缝方案	荷载组合	上游坝面最大主压应力				下游坝面			
		最大主压应力		最大主拉应力		最大主压应力		最大主拉应力	
		出现部位	数值/MPa	出现部位	数值/MPa	出现部位	数值/MPa	出现部位	数值/MPa
一	坝体自重	▽1750m 左拱端	−1.95	▽1810m 右拱端	0.03	▽1750m 右拱端	−1.38	▽1850m 右拱端	0.63
二	荷载组合Ⅰ	▽1830m 拱冠	−3.338	▽1770m 右拱端	0.936	▽1790m 左拱端	−5.841	▽1770m 拱冠	1.277
	荷载组合Ⅱ		−3.144		0.768		−5.355		1.094
三	荷载组合Ⅰ	▽1790m 拱冠	−3.507	▽1790m 右拱端	0.712	▽1790m 左拱端	−5.310	▽1790m 拱冠	1.311
	荷载组合Ⅱ		−3.437		0.480		−4.922		1.121
四	荷载组合Ⅰ	▽1830m 拱冠	−3.483	▽1790m 左拱端	1.113	▽1790m 左拱端	−6.191	▽1770m 拱冠	1.494
	荷载组合Ⅱ		−3.269		1.096		−5.501		1.218

注：(1)荷载组合Ⅰ：正常水位+淤沙+自重+温降；荷载组合Ⅱ：正常水位+淤沙+自重。
(2)压应力(−)；拉应力(+)。

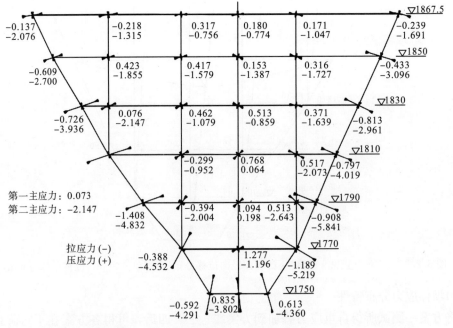

图 6.2.9　方案二(正常+自重+温降)下游坝面主应力分布(单位：MPa)

上游坝面的主应力分布特点：

(1)上游坝面的最大主压应力出现在拱冠，且各方案的大主压应力区均出现在坝体中部，即▽1790～1830m 拱冠附近。同一方案中，荷载组合Ⅰ的主压应力大于荷载组合Ⅱ的主压应力，各方案最大主压应力由大到小依次排序为方案三、方案四及方案二，其值分别为－3.507MPa、－3.483MPa 和－3.338MPa。方案二和方案四出现在▽1830m 拱冠，方案三出现在▽1790m 拱冠。

(2)上游坝面的主拉应力主要出现在拱端，由于各方案坝体结构特性有所不同，坝体应力也有所调整变化。就各方案荷载组合Ⅰ的情况进行比较，方案二最大主拉应力出现在▽1770m 右拱端，其值为 0.936MPa；方案四设有三条竖向诱导缝，最大主拉应力出现在▽1790m 左拱端，其值为 1.113MPa；方案三设有周边应力释放缝、两条竖向诱导缝和水平施工缝，坝体中下部拱端主拉应力明显减小，最大主拉应力出现在▽1790m 右拱端附近，其值为 0.712MPa。

(3)主应力分布的不对称性，右半拱的主压应力大于左半拱的主压应力，这主要是由于坝体几何形状不对称引起的，加之片岩挤压带 S_c 出现于两坝肩上部，使得该部岩体总体刚度较下部弱，导致坝体变位增大，因此，拱冠主压应力较大。总体来说，应力分布的不对称程度较位移分布的不对称程度小得多。

(4)各方案在上游坝面▽1790m 处均存在变坡，导致该高程拱冠的主压应力及拱端的主拉应力均较大，形成应力集中。

下游坝面的主应力分布特点：

(1)最大主压应力出现在拱端，且各方案的大压应力区均出现在坝体中下部，即▽1750～1810m 拱端处。同一方案中，荷载组合Ⅰ的主压应力大于荷载组合Ⅱ的主压应力，各方案最大主压应力由大到小依次排序为方案四、方案二及方案三，且均出现在▽1790m 左拱端。

(2)下游坝面的最大主拉应力出现在拱冠梁下部，其中以方案四的主拉应力最大，其次是方案三和方案二。在荷载组合Ⅰ的情况下，方案四和方案二的最大主拉应力出现在▽1770m 拱冠，方案三的最大主拉应力出现在▽1790m 拱冠。由此可见，设缝后下游坝面的最大主拉应力有所增大，并且底拱圈的主拉应力也大于无缝情况的主拉应力。

(3)下游坝面主拉应力的分布规律仍然有不对称性的特性。

在正常运行的情况下无论坝体是否设缝，以及缝的形式如何，在缝未开裂前，坝体的应力水平无明显变化，一旦超载后缝开裂，则坝体的应力会出现较大的改变。

3. 破坏试验阶段试验成果

在完成坝体正常运行期各种荷载组合下的应力及变形测试后，用超载法进行破坏试验，获得坝体的破坏过程及破坏形态，进一步分析论证坝体结构设计的合理性及可靠性。三种方案的破坏形态如图 6.2.10～图 6.2.12 所示。

从三种方案的坝体最终破坏形态，可以看出：▽1810m 以下坝体破坏严重，上部破坏较轻；右半拱破坏较左半拱重；将几个方案坝体破坏形态概化后，均有一条垂直于▽1770m 附近右拱端基面并弯曲向上至坝顶的裂缝，2♯诱导缝较 1♯诱导缝破坏严重。

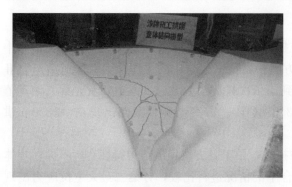

图 6.2.10　方案二坝体无诱导缝破坏形态

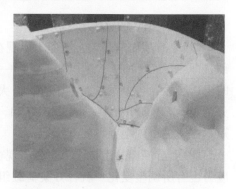

图 6.2.11　方案三坝体两条诱导缝加
周边缝破坏形态

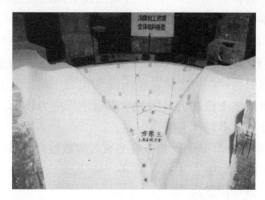

图 6.2.12　方案四坝体三条诱导缝破坏形态

由三个方案的破坏形态对比分析得出：不同分缝形式对坝体的开裂破坏控制程度不同，方案二坝体无缝，整体性好，能充分发挥拱坝的承载能力，但破坏随机性强，开裂部位难以预测(图 6.2.13)；方案三坝体上游面设有周边应力释放缝，降低了一部分坝体

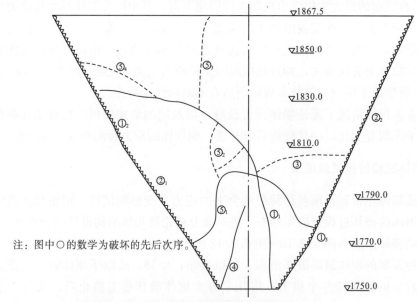

注：图中○的数学为破坏的先后次序。

图 6.2.13　方案二下游坝面破坏形态(高程单位：m)

拉应力，但在接缝处有局部压应力集中现象发生，同时还降低坝体刚度，对坝体稳定性不利；中部设有两条诱导缝，促使温度裂缝在预计部位发生开裂，阻止温度裂缝的进一步开裂。加之▽1810m 水平施工缝的存在，将坝体分成结构特点、荷载分布及地基特性综合影响程度不同的上、下两区。尽管坝体下部破坏较重，但裂缝仍然自基面向坝体上部发展，不过由于水平施工缝的存在，下部裂缝无法向坝体上部发展（图 6.2.14）。方案四坝体设三条诱导缝，削弱了拱的刚度，增强了梁的作用，坝体下部裂缝自基面向中部发展后，由于诱导缝的存在，随着超载倍数 K_P 值的增大，裂缝主要往坝顶方向扩展。

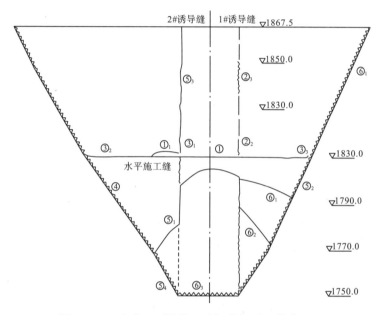

图 6.2.14　方案三下游坝面破坏形态（高程单位：m）

破坏试验还表明，无论坝体在▽1810m 处设或不设水平施工缝，因该部是下游坝坡变坡交汇处，加之坝体结构不对称，在拱梁相互扭转作用下，导致缝与该高程相接处局部应力集中，特别是诱导缝与水平施工缝交汇处应力集中尤为明显。

4. 坝体不同分缝方式试验成果的分析

从三个方案的整体结构模型试验成果可以看出：

（1）在正常运行期，不管坝体是否设缝，以及设缝的类型和组合情况如何，只要缝未开裂，坝体的应力及位移分布规律，基本上是相似的，应力和位移水平也相差不大，均可满足设计要求。一旦缝开裂，则坝体的应力、位移分布规律及水平将发生明显的变化。

（2）坝体设置周边应力释放缝加两条诱导缝后，只要缝未开裂，则既可降低拱端上游侧的拉应力水平，甚至可能变为压应力，又可改善全坝的总体应力状态。因此，在 RCC 拱坝中，设置周边应力释放缝是有好处的，但应力释放缝设多深合适则需要进一步研究。

（3）由于 S_c 软岩层的压缩变形影响，致使坝体在向下游变位的同时，在平面上伴随有逆时针方向的转动变位，为改善坝体的应力及变形状态，对 S_c 软岩带的加固处理是十分必要的。

（4）无论是三条诱导缝方案还是两条诱导缝加一条周边缝方案均表明，中部两条诱导缝底部与拱端基面形成一个狭小三角区，在拱梁扭转作用下，导致该区应力集中，且破坏也从该部开始。因此，建议 1♯、2♯ 诱导缝底高程提高至▽1760m。

（5）由方案四的破坏试验看出，2♯诱导缝剪切破坏较重，3♯诱导缝次之，1♯诱导缝破坏较小或未被剪坏，这为诱导缝灌浆的先后次序提供了参考依据。

（6）破坏试验表明，无论坝体在▽1810m 处设或不设水平施工缝，该高程局部应力较为集中，特别是诱导缝与水平施工缝交汇处应力集中尤为明显。因为坝体在▽1810m 设有廊道，存在水平施工缝是不可避免的，因此建议施工期严格控制水平缝，以及与诱导缝相邻部位坝体的施工质量；在进行诱导缝灌浆时，对▽1810m 上、下部位缝位的灌浆质量要特别注意控制。

6.3　拱坝开裂与破坏机制模型试验研究

6.3.1　试验研究内容

由于碾压混凝土坝采用通仓浇筑、连续上升的施工方法，坝体主要依靠自然冷却，混凝土水化热散发速度缓慢，因而施工期坝体内的水化热温升将影响到最终的坝体应力，可能导致坝体开裂。因此要做好坝体分缝设计，尽可能降低温度作用对坝体的不利影响，坝体结构设计中设置诱导缝是防止坝体开裂的一个有效途径，其主要目的是防止坝体产生无规律裂缝，诱导温度应力所产生的裂缝在预定部位发生，然后再进行灌浆处理，确保大坝的整体性和安全性。

沙牌 RCC 混凝土拱坝，通过第一阶段多种分缝形式的研究后，最终采用了两条诱导缝与两条横缝相配合的联合布置方案（详见图 6.1.3）。为进行含诱导缝拱坝的开裂和破坏机制研究，采用结构模型试验方法，对"二横二诱"拱坝进行应力、变形及开裂破坏特性分析。

由于坝体诱导缝的存在，在荷载作用下缝端将产生应力集中，并可能发生脆性开裂，因而诱导缝成为坝体中的人工弱面，坝体的开裂条件发生了变化。要在模型上真实地反映这一客观现象，仅用常规的相似模拟方法是不够的，必须考虑原型与模型诱导缝的开裂相似条件，这是含诱导缝拱坝在试验模拟方面需要解决的新问题。诱导缝是坝体中潜在的构造缝，其力学特性表现为断裂力学特征，因此正确了解碾压混凝土的断裂特性就成为了碾压混凝土诱导缝研究的一个前提，它可以为诱导缝的相似模拟提供依据。

采用拱坝结构模型破坏试验方法，重点研究诱导缝的开裂相似模拟，通过引入断裂力学理论，建立诱导缝相似模拟关系式，研制满足诱导缝开裂相似的拱坝结构模型，通过破坏试验获得含诱导缝拱坝的开裂破坏机制。

6.3.2　基于断裂力学的诱导缝原、模型开裂相似关系式

沙牌碾压混凝土拱坝的诱导缝形式采用多孔混凝土诱导成缝板，呈双向间断、缝长

与间距不等布置，即沿水平径向缝长 1.0m、间距 0.5m，沿高程方向缝长 0.3m、间距 0.6m（即两个碾压层）（详见图 6.3.1）。这种未完全切断坝体的缝形成以后，其间的人工预留缝在坝体混凝土中将形成方向一定的一组宏观裂缝，在荷载作用下，缝端将产生应力集中。研究混凝土中宏观裂缝的稳定性，需要运用断裂力学的分析方法。根据线弹性断裂力学理论，应力强度因子能反映裂缝尖端附近应力场的强弱程度，可以用来作为判断裂缝是否将进入失稳状态的一个指标，当应力强度因子的临界值达到了材料的断裂韧度时，裂缝就处于失稳状态。

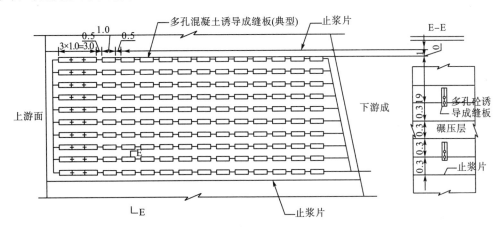

图 6.3.1　沙牌碾压混凝土拱坝诱导缝结构形式布置图

根据加载的方式裂缝可分为三类，即Ⅰ型（张开型）、Ⅱ型（错动型）、Ⅲ型（撕开型）。如果裂缝同时存在两种或两种以上开裂形式，则称为复合型断裂问题。由于拱坝中温度场和应力场的复杂性，诱导缝的开裂可能为复合型断裂，但对于Ⅱ型、Ⅲ型及Ⅰ-Ⅱ-Ⅲ复合型断裂理论研究尚未成熟，因此目前对于碾压混凝土拱坝，常将诱导缝简化为Ⅰ型断裂问题解决。

Ⅰ型裂纹在拉伸条件下开裂条件为

$$K_{\mathrm{I}} = K_{\mathrm{IC}} \tag{6.3.1}$$

式中，K_{I} 为Ⅰ型应力强度因子；K_{IC} 为断裂韧度。

在含诱导缝拱坝结构模型试验中，必须考虑原型与模型诱导缝的开裂条件相似，也就是要满足原型和模型的应力强度因子比和断裂韧度比相似，即

$$C_{K_{\mathrm{I}}} = \frac{K_{\mathrm{Ip}}}{K_{\mathrm{Im}}} = \frac{K_{\mathrm{ICp}}}{K_{\mathrm{ICm}}} \tag{6.3.2}$$

式中，$C_{K_{\mathrm{I}}}$ 为应力强度因子（或断裂韧度）相似比；K_{Ip}、K_{ICp}、K_{Im}、K_{ICm} 分别为原型的应力强度因子、断裂韧度，以及模型的应力强度因子、断裂韧度。

应力强度因子和材料的断裂韧度的量纲均为 $[力] \times [长度]^{-3/2}$，因而应力强度因子是与外荷载的性质、裂缝的几何尺寸、裂缝的分布等有关的一个量，根据原型诱导缝的构造形式，诱导缝由许多较小的预留缝相间排列形成，并按等缝长、等间距布置，在垂直于诱导缝的平面上作用了拱向正应力 σ，每条预留缝的长度为 $2a$，相邻两预留缝中心线的距离为 $2b$，因而立面上可近似概化为一组等缝长、等间距裂纹，受正应力 σ 作用下的分析模式，如图 6.3.2 所示。

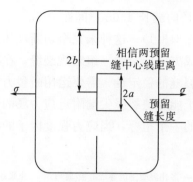

图 6.3.2　诱导缝开裂相似分析简图

由应力强度因子手册可知，I 型应力强度因子为

$$K_{\mathrm{I}} = \sqrt{\frac{2b}{\pi a}\mathrm{tg}\left(\frac{\pi a}{2b}\right)}\sigma\sqrt{\pi a} \qquad (6.3.3)$$

式中，$2a$ 为裂纹长度；$2b$ 为相邻裂纹中心线的距离。

设 $2a_{\mathrm{p}}$、$2b_{\mathrm{p}}$ 分别为原型的裂纹长度和相邻裂纹中心线距离，$2a_{\mathrm{m}}$、$2b_{\mathrm{m}}$ 分别为模型的裂纹长度和相邻裂纹中心线距离，则原型的应力强度因子为

$$K_{\mathrm{Ip}} = \sqrt{\frac{2b_{\mathrm{p}}}{\pi a_{\mathrm{p}}}\mathrm{tg}\left(\frac{\pi a_{\mathrm{p}}}{2b_{\mathrm{p}}}\right)}\sigma_{\mathrm{p}}\sqrt{\pi a_{\mathrm{p}}} = F_{\mathrm{p}}\sigma_{\mathrm{p}}\sqrt{\pi a_{\mathrm{p}}} \qquad (6.3.4)$$

模型的应力强度因子为

$$K_{\mathrm{Im}} = \sqrt{\frac{2b_{\mathrm{m}}}{\pi a_{\mathrm{m}}}\mathrm{tg}\left(\frac{\pi a_{\mathrm{m}}}{2b_{\mathrm{m}}}\right)}\sigma_{\mathrm{m}}\sqrt{\pi a_{\mathrm{m}}} = F_{\mathrm{m}}\sigma_{\mathrm{m}}\sqrt{\pi a_{\mathrm{m}}} \qquad (6.3.5)$$

式中，$F_{\mathrm{p}} = \sqrt{\frac{2b_{\mathrm{p}}}{\pi a_{\mathrm{p}}}\mathrm{tg}\left(\frac{\pi a_{\mathrm{p}}}{2b_{\mathrm{p}}}\right)}$；$F_{\mathrm{m}} = \sqrt{\frac{2b_{\mathrm{m}}}{\pi a_{\mathrm{m}}}\mathrm{tg}\left(\frac{\pi a_{\mathrm{m}}}{2b_{\mathrm{m}}}\right)}$。

由相似条件式(6.4.1)和式(6.4.2)可知，原型与模型诱导缝开裂相似条件为

$$\left.\begin{array}{c} C_{K_{\mathrm{I}}} = \dfrac{K_{\mathrm{Ip}}}{K_{\mathrm{Im}}} = \dfrac{K_{\mathrm{ICp}}}{K_{\mathrm{ICm}}} = \dfrac{F_{\mathrm{p}}\sigma_{\mathrm{p}}\sqrt{\pi a_{\mathrm{p}}}}{F_{\mathrm{m}}\sigma_{\mathrm{m}}\sqrt{\pi a_{\mathrm{m}}}} = C_{F}C_{\sigma}C_{a}^{1/2} \\[2mm] K_{\mathrm{Ip}} = K_{\mathrm{ICp}}, \quad K_{\mathrm{Im}} = K_{\mathrm{ICm}} \end{array}\right\} \qquad (6.3.6)$$

式中，C_{a} 为原模型裂纹长度之比，即 $C_{a} = a_{\mathrm{p}}/a_{\mathrm{m}}$；$C_{F}$ 为原模型有限宽度修正系数之比，$C_{F} = F_{\mathrm{p}}/F_{\mathrm{m}}$ 与裂纹的长度和间距有关。

式(6.3.6)就是原型和模型诱导缝开裂相似应满足的条件。

6.3.3　断裂特性试验研究

1. 试验研究内容

由开裂条件可知，应力强度因子的临界值等于材料的断裂韧度时，裂缝失稳，因此必须先了解原型和模型材料的断裂韧度，根据相似条件式(6.3.6)和沙牌原型诱导缝的结构形式即可推求模型诱导缝的结构形式。

1)原型碾压混凝土材料断裂特性试验

根据沙牌拱坝三级配碾压混凝土材料特点，浇筑一组 8 个试件，对碾压混凝土块体用三点弯曲试验进行断裂特性研究，测定 I 型断裂韧度 K_{IC} 和断裂能 G_F，量测荷载－加载点位移曲线（即 $P\text{-}\Delta$ 曲线），荷载－缝端开口位移曲线（即 $P\text{-}COD$ 曲线）。

2）模型坝体材料断裂特性试验

模型坝体采用石膏材料制作而成，根据不同水膏比浇筑四组 12 个试件，对石膏块体用三点弯曲试验进行断裂特性研究，测定 I 型断裂韧度 K_{IC} 和断裂能 G_F，量测荷载－加载点位移曲线（即 $P\text{-}\Delta$ 曲线），荷载－缝端开口位移曲线（即 $P\text{-}COD$ 曲线）。

2. 原型碾压混凝土材料断裂特性试验

1）沙牌拱坝碾压混凝土配合比

原材料的基本情况：①采用白花水泥厂的中热普硅 425♯ 水泥；②成都热电厂二级粉煤灰；③人工砂，细度模数为 2.6～2.8，石粉含量为 16％～20％；④花岗石人工骨料，三级配(40～80)mm∶(20～40)mm∶(5～20)mm＝30∶40∶30。沙牌碾压混凝土配合比如表 6.3.1 所示。

表 6.3.1　沙牌碾压混凝土配合比

设计标号	水胶比	砂率/％	胶材用量/(kg/m³)	粉煤灰掺量/％	外加剂掺量/％	每方混凝土材料用量/(kg/m³)					
						水	水泥	粉煤灰	砂	石	外加剂
R₉₀20.0MPa 三级配	0.506	34	178	50	0.7	90	89	89	767	1495	1.25

2）试件制作及测试

根据沙牌拱坝的碾压混凝土配合比进行试件的制作，采用钢模浇筑成型，并按标准方法要求在养护室养护，为期 90 天。混凝土的碾压模拟，采用附着式混凝土振动器，型号为 ZW30-5，振动频率为 2850 次/min，功率为 0.5kW，激动力为 500kg。

按照试验内容要求，制作一组带切口的三点弯曲梁试件 8 个：编号 I-1～I-8。试件尺寸为 10cm×10cm×51.5cm，跨(L)高(W)比：$L/W=4$。裂纹用置于试件浇筑侧面且顶角为 30° 的钢三角形楔模制成，裂纹长度 $a=5$cm，其裂纹长度与试件高度之比 $a/W=0.5$。三点弯曲梁试验简图如图 6.3.3 所示，混凝土试件试验情况见图 6.3.4。

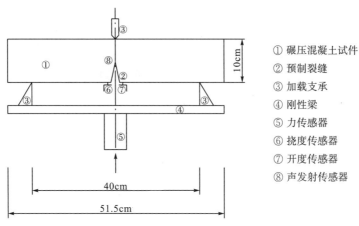

① 碾压混凝土试件
② 预制裂缝
③ 加载支承
④ 刚性梁
⑤ 力传感器
⑥ 挠度传感器
⑦ 开度传感器
⑧ 声发射传感器

图 6.3.3　碾压混凝土三点弯曲梁试验简图

图 6.3.4　原型碾压混凝土材料三点弯曲试验

试验采用的主要仪器设备有：

(1)美国 MTS815Teststar 程控伺服岩石力学试验系统。该系统可测试岩石和混凝土的断裂力学特性，并能实时记录荷载与加载点位移及荷载与缝端开度关系全过程曲线。试验加载控制采用等位移模式加载，速率为 0.01mm/min。

(2)日本动态应变仪。采用日本 KYOWA DPM-600 系列动态应变仪，可用 8 个测试通道精确地测试应变。

3)试验成果

根据试验内容及要求，获得如下成果：

(1)带切口的三点弯曲梁试验荷载－加载点位移曲线(即 P-Δ 曲线)和荷载－缝端开口位移曲线(即 P-COD 曲线)，典型曲线见图 6.3.5 和图 6.3.6。

(2)试件的破坏形态如图 6.3.7 所示。

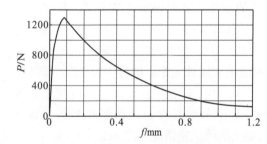

图 6.3.5　混凝土试件 I-2 荷载与挠度曲线
（P-Δ 曲线）

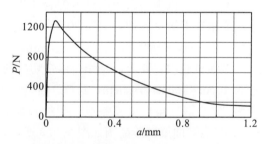

图 6.3.6　混凝土试件 I-2 荷载与开度曲线
（P-COD 曲线）

图 6.3.7　三点弯曲试验破坏形态

4)断裂韧度及断裂能

(1)K_{IC} 的计算公式。

以实测最大荷载为裂纹失稳扩展的临界荷载,按线弹性断裂力学计算临界应力强度因子:

$$K_{IC} = \frac{P_{max}L}{BW^{3/2}} f\left(\frac{a}{W}\right) \tag{6.3.7}$$

$$f\left(\frac{a}{W}\right) = 2.9\left(\frac{a}{W}\right)^{1/2} - 4.6\left(\frac{a}{W}\right)^{3/2} + 21.8\left(\frac{a}{W}\right)^{5/2} - 37.6\left(\frac{a}{W}\right)^{7/2} + 38.7\left(\frac{a}{W}\right)^{9/2}$$
$$\tag{6.3.8}$$

式中,P_{max} 为临界荷载,N;L 为梁的跨度,$L=40\text{cm}$;B 为梁的宽度,$B=10\text{cm}$;W 为梁的高度,$W=10\text{cm}$;a 为裂纹深度,$a=5\text{cm}$。

(2)断裂能 G_F 的计算。

根据三点弯曲梁实测荷载挠度曲线和梁断裂时的最大变形,可计算梁的断裂能 G_F:

$$G_F = \frac{W_0 + mg\delta_0}{A} \tag{6.3.9}$$

式中,W_0 为荷载—挠度关系曲线下的面积;mg 为支点间梁的重量和加荷部件的重量;δ_0 为梁断裂时的最大变形;A 为韧带断面的面积。

由试验结果得到断裂韧度及断裂能如表 6.3.2 所示。

通过表 6.3.2 可以得出,沙牌拱坝碾压混凝土试件的断裂韧度 K_{IC} 为 0.442～0.579kN/cm$^{3/2}$,平均值为 0.487kN/cm$^{3/2}$;断裂能 G_F 为 106.26～149.07N/m,平均值为 129.00N/m。试件破坏时沿缝面开裂,即开裂扩展角度为 0°。

表 6.3.2　碾压混凝土三点弯曲梁断裂试验结果

试件编号	抗压强度/MPa	劈裂抗拉强度/MPa	P_{max}/N	断裂韧度 K_{IC}/(kN/cm$^{3/2}$)	断裂能 G_F/(N/m)
I—1	22.6	1.87	1440.0	0.501	124.53
I—2	20.8	1.64	1289.5	0.456	138.08
I—3	20.6	1.78	1340.0	0.474	141.92
I—4	17.2	1.68	1250.0	0.442	112.68
I—5	19.6	1.59	1259.0	0.445	106.26
I—6	19.3	1.75	1323.0	0.468	120.72
I—7	24.6	2.01	1640.0	0.579	149.07
I—8	21.1	1.80	1500.0	0.530	138.73
平均值				0.487	129.00

混凝土的断裂韧度 K_{IC} 和断裂能 G_F 都具有明显的尺寸效应。大量的试验证明,试件的平面尺寸越大,求得的 K_{IC} 值越大,G_F 值也越大。一般认为当试件尺寸为 2.0m×2.0m×0.2m 时,混凝土 K_{IC} 已趋于稳定值。因而,表 6.3.2 中的 K_{IC} 值不能直接引用,必须考虑试件尺寸的影响。经过大量试验分析得出,考虑尺寸效应后,可得高度 $d=2\text{m}$、缝深 $a=1\text{m}$ 的 K_{IC} 值为 $d=10\text{cm}$、$a=5\text{cm}$ 的试件 K_{IC} 值的 1.9 倍。由此分析,若考虑试件尺寸效应影响,可得沙牌拱坝大体积混凝土的断裂韧度为 K_{IC} 为 0.84～1.1kN/cm$^{3/2}$,平

均值为 $0.97\mathrm{kN/cm^{3/2}}$。

3. 模型坝体材料断裂特性试验

为得到坝体材料的断裂韧度，浇筑了水膏比分别为 1.1、1.3、1.6、1.9 四组 12 个试件(试件尺寸为 $10\mathrm{cm}\times10\mathrm{cm}\times51.5\mathrm{cm}$，切口裂缝长度为 5cm)，进行了三点弯曲试验，试验也在 MTS815Teststar 程控伺服岩石刚性压力机上进行，试验情况如图 6.3.8 和图 6.3.9 所示，得到典型的荷载与挠度关系曲线和荷载与开度关系曲线如图 6.3.10 和图 6.3.11 所示。通过四组 12 个试件的试验，得到断裂韧度与水膏比关系曲线如图 6.3.12 所示。由试验得出：坝体材料的断裂韧度随着水膏比的增大而降低，水膏比越大 K_{IC} 值越小。模型材料断裂韧度 K_{IC} 要根据坝体材料的水膏比来确定。

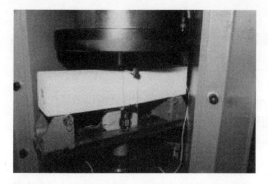 

图 6.3.8　模型石膏材料试件三点弯曲试验　　　　图 6.3.9　三点弯曲试验破坏形态

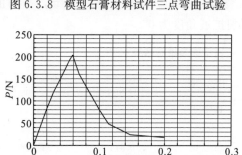 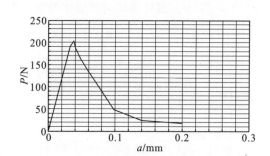

图 6.3.10　石膏材料三点弯曲试验荷载与　　　图 6.3.11　石膏材料三点弯曲试验荷载
　　　　　　挠度关系曲线　　　　　　　　　　　　　　　与开度关系曲线

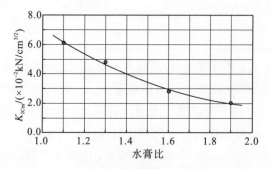

图 6.3.12　石膏材料断裂韧度与水膏比关系曲线

6.3.4 模型材料力学参数的确定及诱导缝的相似模拟

1. 原型和模型材料力学参数的确定

根据相似关系式(6.3.6)，只需确定 C_L、C_E 这两个独立的物理量，其他所有物理量就可以根据这两个推导出。C_L、C_E 可以根据试验的场地、仪器的量测精度，以及所采用的模型材料的特性等方面而选定。

(1)模型几何比 $C_L=150$。根据沙牌拱坝的体型参数，计算出整体结构模型最大坝高 88cm(包括垫座)，顶拱厚度 6.33cm，底拱厚度 18.67cm，顶拱上游弧长 171.94cm。

(2)模型材料采用四川省眉山市生产的 180 目模型石膏粉，按不同的水膏比浇筑试件，测试每组变形模量，得出变形模量与水膏比的关系曲线。根据原型坝体及坝基、坝肩变形模量的变幅及相应的模型材料试验等条件综合分析，选用水膏比为 1.1，模型坝体变形模量为 2.95GPa，则原型和模型材料的变形模量比 $C_E=18/2.95=6.10$。相应原型和模型材料的变形模量取值详见表 6.3.3 所示。

表 6.3.3 原模型材料力学参数表

各类材料		原型材料		模型材料		
		变形模量 E_p/GPa	μ_p	设计变形模量 E_m/GPa	实际采用值 E_m'/GPa	μ_m
	坝体混凝土	18.0	0.18	2.95	2.85	0.20
基岩	闪长花岗岩 $\gamma^4_{(02)}$	11.0	0.20	1.80	1.72	0.20
	S_c 软岩带	3.5	0.31	0.59	0.62	/

2. 满足开裂相似条件的模型诱导缝结构形式

由式(6.3.5)和式(6.3.6)看出，C_a、C_F 均与原型和模型的预留缝长度和间距有关。沙牌碾压混凝土拱坝的诱导缝呈双向间断、缝长与间距不等布置，即沿水平径向缝长 1.0m，间距 0.5m，沿高程方向缝长 0.3m、间距 0.6m(即两个碾压层)，由此可知，原型诱导缝结构预留缝长度和相邻两缝中心线距离分别为 $2a_p=30\text{cm}$ 和 $2b_p=90\text{cm}$，模型诱导缝的相应值要满足开裂相似关系式(6.3.6)。

由断裂特性试验得到了模型坝体材料断裂韧度与水膏比的关系曲线，根据坝体材料水膏比为 1.1，查图 6.3.12 得模型石膏材料的断裂韧度 $K_{ICm}=0.061\text{kN/cm}^{3/2}$。将原型和模型材料的断裂韧度及原型的裂缝长度和间距等代入开裂相似关系式(6.3.6)中，并考虑原型和模型诱导缝削弱的面积比相近，即

将 $2a_p=30\text{cm}$，$2b_p=90\text{cm}$，$C_\sigma=C_E=6.1$，$K_{ICp}=0.97\text{kN/cm}^{3/2}$，$K_{ICm}=0.061\text{kN/cm}^{3/2}$ 代入式(6.3.6)，可得 $2a_p=4\text{cm}$，$2b_p=12\text{cm}$，即模型预留缝长为 4cm，相邻两缝中心线距离为 12cm。满足开裂相似条件的模型诱导缝结构形式如图 6.3.13 所示。

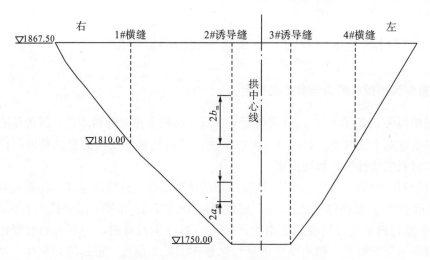

图 6.3.13 模型坝体诱导缝结构形式简图(高程单位:m)

3. 诱导缝抗剪断强度模拟

模型预留缝的尺寸选定之后,需要确定采用什么样的材料,同时选用的裂缝材料埋入模型诱导缝中时,应使得原型与模型诱导缝的抗剪性能相似。原型诱导缝的抗剪断强度参数为 $f'_p=0.84$,$c'_p=0.48$MPa,根据模型相似要求,相应的模型值应为 $f'_m=0.84$,$c'_m=0.08$MPa。通过多种方案的材料试验,选定了厚度为 0.2mm 的铜片,包上聚酯薄膜,作为模型预留缝的材料。同时考虑预留缝沿水平径向贯通,以满足模型诱导缝抗剪断强度相似要求和模型施工的方便。通过材料试验测得模型诱导缝的抗剪断强度参数为 $f'_m=0.75$,$c'_m=0.4$MPa。由此可见,模型诱导缝的抗剪断强度 f'_m 值偏低,而 c'_m 值又偏高,不能完全满足原型和模型相似的需求。基于此,采用 f'_m 和 c'_m 两者的综合效应,求得抗剪断强度 τ'_m 满足原型和模型抗剪断强度的相似要求。由此得原型和模型的抗剪断强度:

原型诱导缝抗剪断强度

$$\tau = 0.84\sigma_p + 0.48$$

按相似要求模型诱导缝抗剪断强度

$$\tau_m = 0.84\sigma_m + 0.08$$

模型诱导缝实际抗剪断强度

$$\tau_m = 0.75\sigma_m + 0.4$$

诱导缝抗剪断强度的相似性如图 6.3.14 所示。

4. 横缝抗剪断强度模拟

对于横缝的抗剪断强度模拟,根据原型横缝的抗剪断强度指标即 $f'_p=0.96$,$c'_p=0.84$MPa,相应的模型值应为 $f'_m=0.96$,$c'_m=0.138$MPa。通过材料的抗剪断强度试验,采用一种惰性材料和特制胶水的黏结缝面,以达到横缝抗剪断强度相似要求。

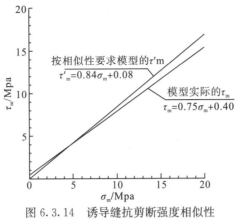

图 6.3.14　诱导缝抗剪断强度相似性

6.3.5　拱坝结构模型破坏试验

针对沙牌碾压混凝土拱坝选定的"二横二诱"方案进行整体结构模型破坏试验研究。根据坝肩坝基开挖后的工程地质条件及 S_c 片岩带的分布和处理情况进行模拟，垫座底部高程按开挖后的基础高程▽1735.5m，垫座高度为 14.5m。主要研究坝体在正常工况组合下的应力及变形特性，并进行超载破坏试验研究拱坝的破坏形态及开裂破坏过程。

1．拱坝结构模型设计

1）模型模拟范围确定

模型几何比 C_L 选定为 150。根据开挖后坝址区的地质和地形条件、枢纽布置特点及研究的重点要求确定模型模拟范围：纵向下游边界以河流流向自 NEE 拐弯至 SE 向后的河心为界；上游边界以加载设备安装方便为限；横向边界以保证试验过程中不致因边界约束影响坝体及坝肩的破坏形态为限。因此横河向边界两岸均取在该拱端以外 3～5 倍拱厚以上，则模型模拟的平面范围相当于原型的 300m×400m(纵向×横向)。模型底部高程▽1660m，即模型基底至垫座底部 54cm(原型 80m)，已超过 2/3 倍坝高。拱坝结构模型毛坯及制作完成后见图 6.3.15 和 6.3.16 所示。

图 6.3.15　含诱导缝拱坝模型毛坯

图 6.3.16　拱坝整体模型制作完成后

2）模型荷载及加载系统

模型荷载包括正常工况下的水压力、淤沙压力及温度当量荷载，由于在石膏材料制作的拱坝模型上施加竖向荷载难度较大,因而没有施加坝体自重(坝体自重的影响在同一课题的有限元计算中进行分析,本章主要分析模型试验成果,对有限元计算成果不做分析)。坝体正常高水位为▽1866.0m,淤沙高程为▽1796.0m,浮容重为5.0kN/m³,内摩擦角为0°,温度当量荷载按照表6.1.6计算。

在结构模型试验中,温度荷载按照温度当量荷载近似考虑。因试验中没有考虑竖向荷载,则温度当量荷载的竖向分量亦没有被计入,因而试验中温度当量荷载仅加水平分量值。

模型采用油压千斤顶加载,根据荷载分布情况进行上游坝面荷载分层分块,共分为6层31块,千斤顶总数为31个。

3)模型量测系统

模型量测系统包括应变、位移和光纤传感监测三部分。在拱坝模型上、下游面共设有64个应变测量点,每一测点贴有三向纸基应变片,全坝共贴有192片,详见图6.3.17和图6.3.18所示。拱坝模型下游面设有32个位移测点,分别监测拱坝的径向变位和切向变位,如图6.3.18所示。为捕捉模型开裂破坏的随机裂缝,在下游坝面布置了光纤传感监测网络,如图6.3.19所示。

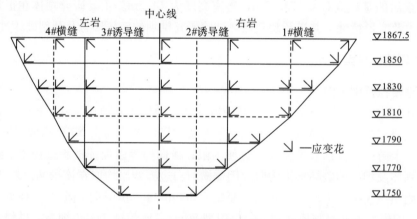

图6.3.17　整体模型试验上游面应变测点布置(高程单位:m)

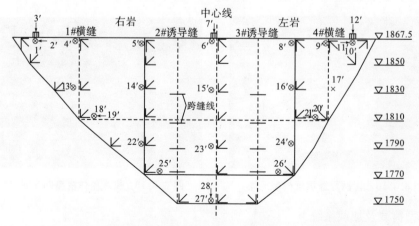

图6.3.18　整体模型试验下游面应变测点及位移测点布置(高程单位:m)

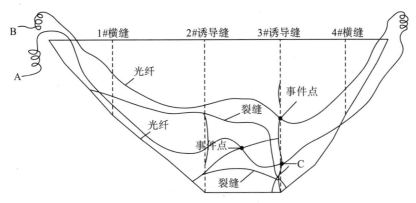

图 6.3.19　拱坝模型光纤传感监测裂纹布置图

2. 试验成果分析

1)坝体位移分布特性

坝体在正常荷载与超载情况下的位移分布典型曲线如图 6.3.20 和图 6.3.21 所示。坝体位移分布总的规律是：坝体上部的位移大于下部的位移，拱冠的位移大于拱端的位

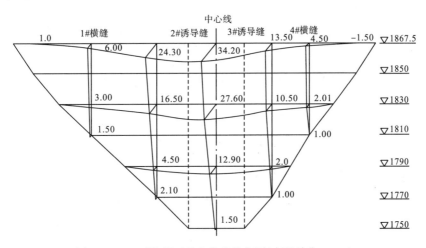

图 6.3.20　下游坝面径向位移分布图(高程单位：mm)

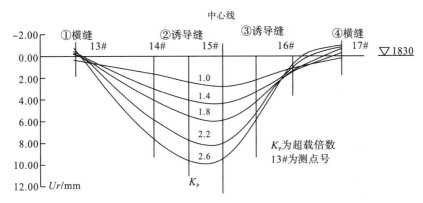

图 6.3.21　▽1830m 拱圈径向位移分布图(高程单位：m)

移,径向位移大于切向位移,最大径向位移出现在坝顶拱冠处,正常荷载时位移值为34.2mm。同时由于拱坝左右半拱体形不对称,特别是在▽1810m 以上,右半拱弧长大于左半拱弧长,右半拱的荷载大于左半拱的荷载,同时两岸地形、地质条件不对称带来了岩体刚度的差异,因而出现了上部左右半拱位移不对称,说明坝体在向下游变位的同时,在平面上伴随有逆时针向的转动。

2)坝体的应力分布特征

图 6.3.22~图 6.3.25 给出了坝面的拱向正应力分布和坝面测点的主应力分布。由上游坝面的拱向应力 σ_x 分布图看出,拱冠压应力较大,并逐渐向拱端减小,由于水荷载的作用,拱冠中、下部出现了较大的压应力区。从下游坝面的 σ_x 分布图来看,则是拱端压应力较大,拱冠拉应力较大,最大的拉应力出现在▽1770m 拱冠,其值为 -1.72 MPa,其次是▽1790m 拱冠,其值为 -1.25 MPa,可见下游面中、下部▽1790m 以下,形成了拱向受拉的高应力区。

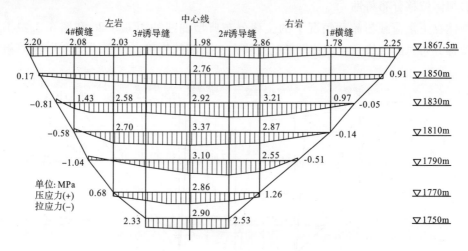

图 6.3.22　上游坝面拱向应力 σ_x 分布图

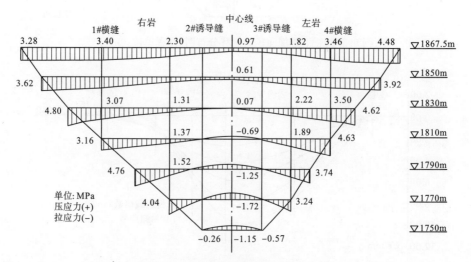

图 6.3.23　下游坝面拱向应力 σ_x 分布图

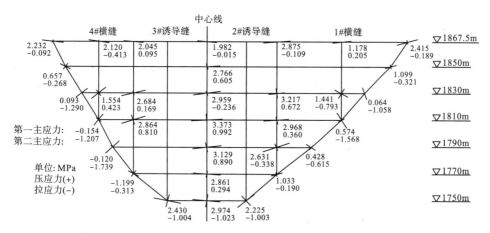

图 6.3.24　上游坝面主应力分布图

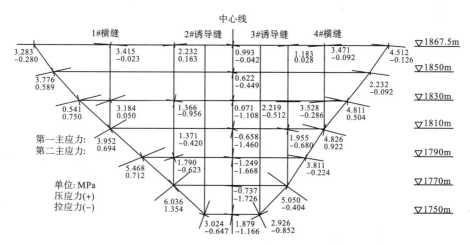

图 6.3.25　下游坝面主应力分布图

上游坝面的主应力分布特点是，主压应力主要出现在拱冠，主拉应力主要出现在拱端，而右半拱的主应力略大于左半拱的主应力，这说明应力的不对称性较位移的不对称性小。最大主压应力出现在▽1810m 拱冠，其值为 3.37MPa；其次是▽1790m 拱冠，其值为 3.13MPa。最大主拉应力出现在▽1790m 左拱端，其值为−1.74MPa；次大主拉应力在▽1810m 右拱端，其值为−1.57MPa。由此可见，上游坝面▽1790m，拱冠的主压应力及拱端的主拉应力均较大。此外，4 条缝在坝踵处也出现了应力集中现象。

下游坝面的主应力分布规律是，主压应力出现在拱端，主拉应力出现在拱冠，而左、右半拱的应力近似呈对称分布。最大主压应力出现在▽1770m 右拱端，其值为 6.04MPa；其次是▽1790m 右拱端较大，其值为 5.47MPa。在拱冠的中、下部出现了受拉高应力区，最大主拉应力出现在▽1770m 拱冠，其值为−1.73MPa；次大是▽1790m 拱冠，其值为−1.67MPa。此外，在诱导缝底部，有应力集中现象。

3) 坝体的开裂过程及破坏形态

对拱坝开裂过程的监测，除了采用坝面典型测点的应变和位移之外，还在下游坝面 2♯和 3♯诱导缝中、下部布置了跨缝片。跨缝片布置在预留缝的端部。坝体开裂破坏过程的典型测点超载系数与应变关系曲线如图 6.3.26 所示。

　　模型首先进行 $0.5P_0$(P_0 为正常水压+沙压+温降)、$0.8P_0$ 和 $1.0P_0$ 的反复加载和卸载,此时坝体变位及应变发展正常,未出现任何异常现象。接着按每级 $0.2P_0$(只考虑 P_0 中的水荷载)的增幅进行超载破坏试验。当荷载增加至 $(1.6\sim1.8)P_0$ 时,下游坝面 2♯和 3♯诱导缝▽1790m 的跨缝片的拉应变值出现反向突变,同时▽1790m 拱冠测点的应变值由拉到压出现应力释放,拱冠位移测点的位移值也出现有转折,这说明▽1790m 的诱导缝出现局部开裂,对该部位的拉应力释放起到了一定的作用。

　　当荷载增加至 $2.6P_0$ 时,坝体下游面中、下部开裂。裂缝自 3♯诱导缝下部▽1760m左右向上弯曲延伸裂至右拱端 1♯横缝▽1820m 附近,右拱端坝基面▽1750~1790m 出现局部剪切破坏。当荷载增加至 $2.8P_0$ 时,3♯诱导缝开裂至坝基,1♯横缝中、下部出现剪切错动,特别是 1♯横缝下部与▽1810~1830m 拱端基面之间形成的狭窄三角区出现压剪破坏,原有的裂缝开度增大。

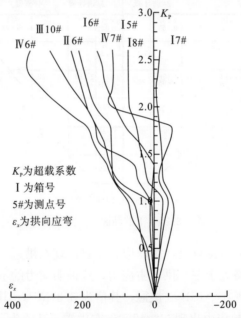

图 6.3.26　上游面典型测点超载系数与拱向应变关系曲线

　　当荷载增加至 $3.2P_0$ 时,下游坝面 3♯诱导缝往上部破坏扩展至▽1850m,坝体中下部▽1790m 斜向开裂至左拱端 4♯横缝底部▽1810m,右半拱 1♯缝与 2♯缝之间中部出现竖向裂缝,裂缝距右拱端弧长 46.5cm,上部裂至坝顶,下部与原缝相交。坝体下部 2♯和 3♯缝之间又出现了两条裂缝。再继续施加一点微小荷载,裂缝开度增大,坝基面全部剪通,坝体破坏。坝体最后破坏形态如图 6.3.27。

　　根据坝体开裂破坏过程的超载系数与应变关系曲线,以及超载系数与位移关系曲线,光纤监测情况和试验现场的破坏记录等,可得出坝体开裂破坏有以下特点:

　　(1)坝体中、下部最先开裂,裂缝自下向上发展,▽1810m 以下破坏较严重,这是因为坝体中、下部属大应力区,其破坏形态与应力分布相协调。

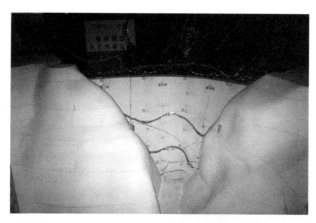

图 6.3.27　拱坝整体模型破坏形态

(2)坝体破坏形态不对称，右半拱破坏形态较左半拱严重，这是因为坝体体型左右半拱不对称，在▽1810m 以上，右半拱弧长大于左半拱弧长，尤其是 1♯和 2♯缝之间的弧长比 3♯和 4♯之间的弧长约 20m，即 1♯和 2♯缝之间的跨度较大，因而在 1♯和 2♯缝之间出现了裂缝。

(3)4 条缝的破坏情况是，2♯和 3♯诱导缝在▽1790m 首先出现局部初裂，开裂后，对该部位的拉应力有明显的释放作用，但裂缝逐步趋于稳定未继续扩展；当荷载增大后，3♯诱导缝往下部开裂扩展至▽1750m，往上部扩展至▽1850m，从而限制了中、下部裂缝往左半拱扩展，2♯诱导缝只是中、下部有局部开裂；1♯横缝出现剪切破坏，在下部较为严重，4♯横缝底部出现剪切破坏。

(4)坝体的初裂超载安全系数为 1.6~1.8，最终破坏超载系数为 3.2。

坝体破坏形态的获取，为重复灌浆系统的埋设提供了可靠依据。

6.4　沙牌拱坝的建设及运行现状

沙牌电站分两期建设：一期工程采用引水式开发，建低闸临时取水，于 1995 年 11 月开始施工，1997 年 5 月发电；二期工程为高拱坝建设，形成具有季调节性能的水库。拱坝采用"二横二诱"的分缝形式，工程于 1997 年 6 月 16 日开工建设，后因建设资金短缺，大坝建设时断时续。1999 年 9 月 4 日~9 日，坝体从 1754 m 高程碾压至 1758m 后停歇，1999 年 10 月 17 日坝体 3♯诱导缝开裂，开裂方向与诱导缝的部位完全一致；1999 年 11 月 2 日，坝体碾压至 1768m 高程后停歇，至 1999 年 12 月下旬，2♯、3♯诱导缝均开裂，开裂方向与设缝位置完全吻合。实践证明，沙牌碾压混凝土拱坝的结构分缝布置是合理的，可满足碾压混凝土实现全断面通仓碾压、连续上升的快速施工要求，裂缝产生的部位与设缝位置完全吻合，达到了人工控制开裂的目的。诱导缝在高程 1750~1810m 的 20 个灌区自 2001 年 4 月开始至 12 月底完成首次灌浆，首次灌浆后，因多种原因水库未及时蓄水，随着坝体混凝土温度降低，到 2003 年 4 月坝体混凝土温度基本达到稳定温度，坝体混凝土收缩使已灌浆的诱导缝被拉开，最宽达 116cm，故再次对缝面进行了灌浆。拱坝于 2003 年 6 月全面竣工，水库于 2003 年 1 月开始蓄水。沙牌拱坝现场施工情况和最终完工蓄水时的照片如图 6.4.1 和图 6.4.2 所示。投运以来，坝体结构与基础防渗等各项监测指标均在设计控制范围内。

图 6.4.1　沙牌大坝施工现场照片　　　　　图 6.4.2　沙牌大坝完工蓄水照片

　　根据沙牌拱坝整体结构模型试验研究成果，对两岸 S_c 软岩带采用槽挖置换混凝土处理，置换深度为软弱岩带宽度的 1.5～2 倍，并铺设一层 $\phi25$@$25mm\times25mm$ 的钢筋网。沙牌工程为了研究工程的整体稳定性，还进行了坝肩稳定地质力学模型试验的研究，根据地质力学模型试验结果，为提高坝肩抗滑稳定安全度，在左、右岸岸坡布置预应力锚索，共 200t 锚索 99 根，造孔直径为 165mm，共计造孔长度为 3793m，总锚索工作吨位为 19800t。左岸预应力锚索设置在紧靠下游拱端的下游开挖坡上，布置在▽1815.00～1850.00m 间，共 8 排，每排 8 根，高程和水平间距均为 5.0m，锚索孔向与水平方向夹角为 15°，单根长度采用 50.10m 和 44.00m 两种，均为 32 根，共计 64 根。右岸预应力锚索设置在紧靠下游拱端的下游开挖坡上，布置在▽1820.00～1840.00m 间，共 5 排，每排 7 根，高程和水平间距均为 5.00m，锚索孔向与水平方向夹角为 15°，单根长度采用 25.00m 和 19.00m 两种，相应根数为 20 和 15 根，共计 35 根。

　　2008 年 5 月 12 日，在四川省汶川县附近发生了 8.0 级的特大地震，震中烈度达 11 度，这是新中国成立以来发生的破坏性最强、波及范围最广、救灾难度最大的一次地震，其伤亡之重、损失之大，震惊世界。沙牌拱坝距离汶川大地震震中约 36km，遭遇烈度达 9 度。汶川地震前，水库在正常蓄水位▽1866.0m 附近满库运行(图 6.4.3)，二条泄洪洞闸门关闭，电站两台机组正常运行。

图 6.4.3　汶川地震后沙牌 RCC 拱坝航拍

震后挡水建筑物如大坝等，震损轻微，除右岸横缝上部发现有张开迹象，坝体结构和坝体表面完好无损，被称为汶川地震中最"牛"的大坝；两岸坝肩抗力体基本完好，坝基未发现渗漏，坝与基础连接完整。沙牌拱坝满库运行时遭遇超强地震作用，大坝岿然不动，表现出了拱坝较强的超载能力和抗震能力；另外一个重要原因是两岸坝肩抗力体基本完好，有效保证了大坝的安全，这与工程建设中对两岸坝肩抗力体的加固处理是密不可分的。

沙牌拱坝经受汶川特大地震考验，大坝没有遭受破坏，这说明高坝工程是具有较好的抗震性能的。但是一定要满足规范要求、认真设计、精心施工、管理到位，同时对关键问题要开展广泛而深入的科学研究。

第7章 锦屏一级拱坝地质力学模型试验研究

7.1 工程概况及试验研究内容

7.1.1 工程枢纽概况

锦屏一级水电站位于四川省凉山彝族自治州盐源县和木里县境内，是雅砻江干流 21 个水库梯级中的"控制性"梯级，在雅砻江梯级滚动开发中具有"承上启下"重要作用。锦屏一级水电站工程规模巨大，开发任务主要是发电，结合汛期蓄水兼有分担长江中、下游地区防洪的作用。枢纽工程主要由混凝土双曲拱坝、泄洪消能建筑物和地下引水发电系统组成，枢纽平面布置如图 7.1.1 所示。锦屏一级混凝土双曲拱坝是目前在建世界第一高拱坝，最大坝高 305m，坝顶高程▽1885m，坝顶宽度 16m；水库正常蓄水位▽1880m，相应库容 77.6 亿 m³；死水位▽1800m，相应库容 28.5 亿 m³；调节库容47.1 亿 m³，属年调节水库，电站装机容量 3600MW。水库淤沙高程为▽1644.1m，淤沙浮容重 5kN/m³，淤沙内摩擦角 0°。工程于 2004 年开始前期筹建工作，2006 年 12 月 4 日实现大江截流，于 2009 年 10 月开始混凝土浇筑。根据工程建设不同阶段的要求，分别在可行性研究阶段与工程施工阶段，先后进行了两个三维地质力学模型综合法试验，研究了锦屏一级拱坝在天然地基条件和加固地基条件下坝与地基的整体稳定性。

7.1.2 地形地貌

锦屏一级水电站枢纽区位于普斯罗沟与手爬沟间长约 1.5km 的河段上，该段河道顺直而狭窄，河流流向 N25°E，枯期江水位▽1635m 处，水面宽 80～100m，水深 6～8m；正常蓄水位▽1880m 处，谷宽约 410m。

枢纽区为典型的深切"V"形峡谷，山体雄厚，谷坡陡峻，基岩裸露，相对高差 1500～1700m，岩层走向与河流流向基本一致，左岸为反向坡，▽1820～1900m 以下为大理岩，地形完整，坡度为 55°～70°；以上为砂板岩，坡度为 40°～50°，地形完整性较差，呈山梁与浅沟相间的微地貌特征，少量可见平缓台地及凹形浅槽。右岸为顺向坡，全为大理岩，地貌上呈陡缓相间的台阶状，陡坡段坡度为 70°～90°（局部倒悬），缓坡段约为 40°。

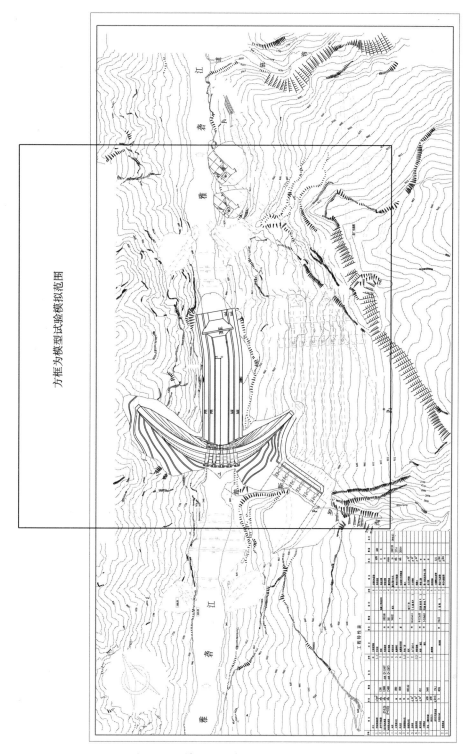

图 7.1.1　锦屏一级水电站枢纽平面布置图

7.1.3 岩层特性

枢纽区河床及两岸基岩主要由中、上三叠统杂谷脑组（T_{2-3z}）变质岩组成，另外还可见少量后期侵入的煌斑岩脉（X）。第四系（Q）松散堆积层主要为河流冲积物，分布于现代河床谷底。杂谷脑组变质岩按岩石建造特征可分为三段：第一段（T_{2-3z}^{1}）绿片岩，在枢纽区地表未出露；第二段（T_{2-3z}^{2}）大理岩，分布于右岸谷坡、河床及左岸谷坡▽1820～1900m以下；第三段（T_{2-3z}^{3}）砂板岩，出露于左岸▽1820～2300m之间，左岸坝基中、高高程涉及该段岩体。煌斑岩脉（X）在枢纽区两岸均有出露，呈平直延伸的脉状产出，一般宽2～3m，局部脉宽可达7m。总体产状N60°～80°E，SE∠70°～80°，延伸长多在1000m以上，部分地段可见细小分支、尖灭现象；与围岩界线清楚，有时可见较明显的烘烤蚀变边，界面平直，后期构造运动使煌斑岩脉（X）与围岩接触面多发育成小断层。枢纽区岩体风化微弱，具有典型的裂隙式和夹层式风化特征。两岸岩体除沿构造破碎带和绿片岩夹层局部有强风化外，岩体一般无强风化。

7.1.4 影响坝肩稳定的主要地质构造

由于坝址区位于变质岩地区，地质构造复杂（图7.1.2），加之区域地壳强烈抬升，河谷下切速度快造成两岸谷坡陡峻，受高地应力作用影响，区域应力场不断变化调整，致使坝址区断层、层间挤压带、节理裂隙及深部裂缝等各类结构面发育，对拱坝坝肩稳定造成极为不利的影响。

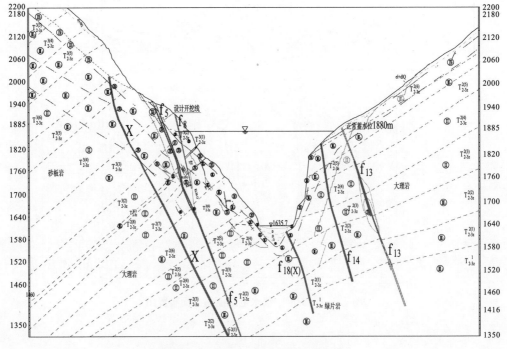

图7.1.2 坝址区地形及地质剖面图

影响右坝肩稳定的主要地质构造有：断层 f_{13}、f_{14}、f_{18}，$T_{2-3z}^{2(4)}$ 含大理岩中的绿片岩透镜体夹层、近 SN 向的陡倾裂隙等，其中又以 f_{13} 断层及倾向山外偏下游中等倾角的顺层绿片岩透镜体夹层，是右坝肩抗滑稳定的重要边界条件，近 SN 向的陡倾裂隙与断层 f_{13} 亦可组成侧滑面，也是重要的不利因素。

影响左坝肩稳定的主要地质构造有：断层 f_2、f_8、f_5、f_{42-9}、F_1、煌斑岩脉（X）、$T_{2-3z}^{2(6)}$ 大理岩层中层间挤压带、深部裂缝和顺坡向节理裂隙等，构成了坝肩抗滑稳定的边界条件。坝址区地形及地质剖面图如图 7.1.2 所示。

7.1.5　坝肩坝基加固处理方案

由于锦屏一级拱坝左岸坝肩及抗力体内发育有断层 f_5、f_8、f_2，以及煌斑岩脉（X）、深部裂缝、顺坡向裂隙、绿片岩层面、层间挤压带等地质缺陷，使得左岸坝肩特别是 ▽1730m 以上岩体质量较差。岩体普遍松弛张开，变形模量低，存在大量 $Ⅳ_2$ 类，甚至是 Ⅴ 类岩体，抗变形能力较低。右岸为顺坡岩层，岩体内发育有断层 f_{13}、f_{14}，同时发育顺坡绿片岩透镜体夹层、NWW 向优势裂隙和近 SN 向陡倾裂隙等对拱坝与地基的整体稳定产生不利影响。因此，必须对坝肩存在的重大地质缺陷进行有效的加固处理。

针对锦屏一级拱坝坝肩坝基岩体稳定特点，为使坝体达到良好的受力状态、满足拱座的抗滑稳定与变形稳定等要求，工程上采取了大量的加固措施，主要加固措施为：左坝肩采取以混凝土垫座、软弱结构岩带混凝土置换网格、抗剪传力洞、刻槽置换及固结灌浆等为主的加固方案。如根据断层 f_2 及挤压带（g）的发育情况，在建基面集中出露的 1670m 高程附近，采用刻槽置换；断层 f_5 采用 2 层平洞和 4 条斜井进行混凝土置换；X 煌斑岩脉采用 3 层置换洞和 7 条斜井进行混凝土置换；左岸坝肩 1730～1885m 高程采用混凝土垫座置换；断层 f_{42-9} 分别在 1883m、1860m、1834m 高程各设置一条抗剪洞；另外还在 1829m、1785m、1730m 三个高程共设置了 5 条传力洞。右坝肩采取以建基面刻槽置换、软弱结构岩带混凝土置换网格及固结灌浆等为主的加固措施。如断层 f_{13} 从 1601m

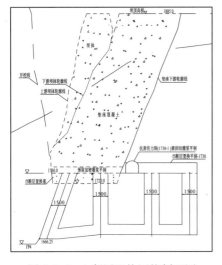

图 7.1.3　f_5 断层置换网格剖面图

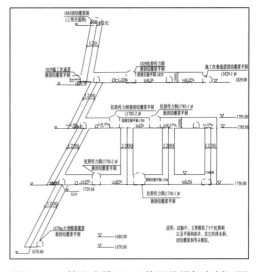

图 7.1.4　煌斑岩脉（X）置换网格沿倾向剖面图

高程至出露处采用 5 条混凝土斜井置换；断层 f_{14} 采用 3 层置换平洞和 5 条斜井进行混凝土置换；根据断层 f_{18} 及伴生的煌斑岩脉 X 的发育情况，在建基面集中出露的 1580m 高程附近，采取开槽置换处理。典型的加固措施图如图 7.1.3 和图 7.1.4 所示。

7.1.6　试验研究内容

锦屏一级水电站工程规模巨大，坝址区地质构造复杂，工程技术难度大，高拱坝与地基的整体稳定问题是工程建设中的关键技术问题之一，需要开展系统而深入的研究。试验研究分别建立锦屏一级拱坝天然地基条件下（可研阶段）和加固地基条件下（实施方案）的两个三维地质力学模型，采用三维地质力学模型综合法进行破坏试验。试验中，对大坝和地基，包括坝址区地形、地质条件，岩体、断层、蚀变岩带、节理裂隙等主要地质缺陷和坝肩坝基加固处理措施进行模拟，通过试验主要研究大坝与地基变形分布特性、坝肩、坝基失稳的破坏过程、破坏形态和破坏机理，确定坝肩的稳定安全度，评价了锦屏一级拱坝的整体稳定性和坝肩加固处理效果。具体研究内容如下：

（1）开展模型设计建立两个三维地质力学模型。分别收集整理工程在可研阶段和施工阶段的大坝体型资料、地勘资料、地形资料、地质资料、地基加固处理方案等，并根据坝址的地形、地质特点与加固处理方案、模型试验精度等要求，合理概化试验模型，建立天然地基条件和加固地基条件下的两个三维地质力学模型。其中天然地基条件下的模型于 2003 年完成，加固地基条件下的模型于 2012 年完成。在模型中充分反映拱坝的地基条件及加固措施，合理模拟各个不同的岩类分区、主要的断层、煌斑岩脉、对坝肩稳定起主要作用的节理裂隙，全面反映坝肩坝基的复杂地质结构。

（2）研究拱坝与地基的变形失稳过程。开展降强与超载相结合的地质力学模型综合法破坏试验，通过试验，获得正常工况下拱坝与地基的工作性态，以及在降强与超载条件下的变形失稳发展过程。

（3）分析坝与地基的破坏形态和破坏机理。根据模型破坏试验过程，研究其破坏特征，分析坝与地基的破坏形态和破坏机理，揭示可能存在的薄弱部位。

（4）提出综合法试验安全系数。通过试验与模型试验理论确定超载安全系数、强度储备系数和综合法试验安全系数。

（5）评价加固处理效果。对比分析天然地基方案与加固地基方案的试验成果，评价加固处理效果，并提出相应建议。

7.2　拱坝三维地质力学模型试验设计

7.2.1　模型模拟范围

根据工程规模及试验精度要求，选定模型几何比 $C_L = 300$，容重比 $C_\gamma = 1$，变形模量比 $C_E = 300$，应变比 $C_\varepsilon = 1$。综合考虑坝址区的地形、地质构造特性、枢纽布置特点等因素，模型横河向（横向）边界应在满足试验过程中不致因边界约束影响坝肩及抗力体破坏失真的同时，将两岸断层、煌斑岩脉（X）及深部裂缝与破碎带等控制坝肩稳定的主控因素包括在内。左右岸各在坝顶（▽1885m）拱端以外取大于一倍坝高的范围为边界，由此确定横河向拱坝中心线往左岸 650m，往右岸 550m，则横河向模拟总宽度为 1200m；顺河向（纵向）边界，坝上游边界以便于安装加压及传压系统为限，下游边界离拱端距离大于 800m，由此确定上游边界离拱冠上游面的距离为 232m，下游边界离拱冠上游面的距离为 968m，则顺河向模拟总长度为 1200m；模型基底高程确定为▽1350m，坝底高程为▽1580m，坝基模拟深度为 230m，大于三分之二坝高。两岸山体顶部模拟至▽2200m，高出坝顶高程 315m，模拟原型高度达 850m，相应模型高度为 2.83m。综上所述，定出模型尺寸为 4m×4m×2.83m（纵向×横向×高度），相当于原型工程 1200m×1200m×850m 范围，模型模拟范围如图 7.1.1 中方框所示。

7.2.2　模型的制作与加工

1. 河谷地形和地质构造控制

模型采用横河向、顺河向及沿高程方向三维立体交叉控制。模型砌筑前，先在模型槽左、右边墙及上、下游端墙上确定控制断面位置，如横河向在左、右两边墙上定出横Ⅱ、横Ⅱ₁、横Ⅴ、横Ⅰ、横Ⅵ、横Ⅳ、横Ⅲ等横剖面位置。顺河向在上、下游端墙上定出拱坝中心线位置。同时把与边墙相交的软弱结构面和岩层分界线也在模型槽的四周和底面进行定位。坝肩坝基的地质构造主要由地质平切图定位，再辅以纵横地质剖面图确定其走向和倾角。

2. 模型坝体的制作与加工

由原型坝体混凝土、建基面置换混凝土、垫座和其他置换混凝土、传力洞的混凝土物理力学参数，根据相似关系，即原模型容重比 $C_\gamma=1$、应力比 $C_\sigma=300$、弹模比 $C_E=300$、泊松比 $C_\mu=1$，可得模型坝体混凝土、建基面置换混凝土、垫座和其他置换混凝土、传力洞的混凝土物理力学参数，见表 7.2.1。

表 7.2.1　混凝土物理力学参数值

项目	容重/(g/cm³)		抗压强度		弹性模量		泊松比	
	原型	模型	原型/MPa	模型/kPa	原型/GPa	模型/MPa	原型	模型
坝体混凝土（天然地基方案）	2.4	2.4	20	66.67	24	80		
坝体混凝土（加固地基方案）	2.475	2.475	35	116.67	34	113.33	0.17	0.17
建基面置换混凝土、垫座（加固地基方案）	2.475	2.475	30	100	31	103.33		
其他置换混凝土、传力洞（加固地基方案）	2.475	2.475	25	83.33	28	93.33		

锦屏一级高拱坝为 305m 高混凝土双曲拱坝，按设计院提供的体型，根据相似关系换算得到模型的尺寸和参数，用重晶石粉为主要原料，加石膏粉和水等原材料按特定配比进行浇制而成。由于模型坝体的材料为高容重、低变形模量及低强度材料，为制模坯及加工安装方便，将其沿高程分为两部分浇制。当模型砌筑至坝底▽1580m 后，首先将下部坝坯按设计要求与坝基面黏结好。待两岸山体制作升高到一定高程后，再将上部坝坯按设计要求与下部坝坯黏结牢。当坝体安装完后，再精加工至设计体型。

3. 模型坝基、坝肩及抗力体制作与加工

锦屏一级坝址区岩体按岩体质量分级主要有 Ⅱ、Ⅲ₁、Ⅲ₂、Ⅳ₁、Ⅳ₂、Ⅴ₁、Ⅴ₂等 7 类岩级，按相似关系要求，取原模型的摩擦系数比 $C_f=1$、黏聚力比 $C_c=300$、变形模量比 $C_E=300$、泊松比之比 $C_\mu=1$，换算得到相应的模型材料力学参数，详见表 7.2.2。

表 7.2.2　锦屏一级水电站坝区各级岩体变形模量和强度参数值

岩级	变形模量 E_0		f'		c'		泊松比	
	原型/GPa	模型/MPa	原型	模型	原型/MPa	模型/kPa	原型	模型
Ⅱ	21～32	88.33	1.35	1.35	2	6.67	0.2～0.25	0.2～0.25
Ⅲ₁	10～14	40	1.07	1.07	1.5	5	0.25	0.25
Ⅲ₂	8	26.67	1.02	1.02	0.9	3	0.25～0.3	0.25～0.3
Ⅳ₁	3～4	11.67	0.7	0.7	0.6	2	0.3	0.3
Ⅳ₂	2～3	8.33	0.6	0.6	0.4	1.33		
Ⅴ₁	0.3～0.6	1.5	0.3	0.3	0.02	0.07	>0.3	>0.3
Ⅴ₂	<0.3	1						

在地质力学模型制作过程中，为保证模型试验结果的真实可靠性，需做到岩体模型材料与原型材料在力学性能上保持相似。按表 7.2.2 中的模型岩体材料参数，配置不同配比的相似材料，制成不同类型岩体试块，在 MTS-815 材料特性试验机上进行测试，测得模型材料的强度参数 f'_m、c'_m值和变形模量值 E_m，并根据试验结果调整材料配合比，以达到岩体设计力学指标。根据岩体材料相似模拟研究成果，配制出满足不同类型岩体力学参数相似关系的各材料配比，各类岩体均以重晶石粉为主，高标号机油为胶结剂，不同岩类掺入不同量的添加剂等，按不同配合比制成混合料，再用 BY-100 半自动压模机及 Y32-50 型四柱式压力机压制成不同尺寸块体备用。

表 7.2.3　坝址区主要结构面力学参数值

位置	编号	产状	变形模量		泊松比	f'	c'	
			原型/GPa	模型/MPa	原/模型	原/模型	原型/MPa	模型/kPa
左岸	f₂(g)	N20°～30°E，NW∠30°～45°;	0.4	1.33	0.38	0.3	0.02	0.07
		N20°～60°E，NW∠40°～70°	0.4	1.33	0.38	0.3	0.02	0.07
	f₅	N37°E，SE∠75～85°	0.4	1.33	0.38	0.3	0.02	0.07

续表

位置	编号	产状	变形模量		泊松比	f'	c'	
			原型/GPa	模型/MPa	原/模型	原/模型	原型/MPa	模型/kPa
左岸	f_{42-9}	近 EW，S∠40°～60°	0.4	1.33	0.38	0.3	0.02	0.07
	f_9	N40～60°E，SE∠50～60°	0.4	1.33	0.38	0.3	0.02	0.07
	F_1	N65～75°E，SE∠70～80°	6.5	21.67	0.28	0.9	0.64	2.1
	新鲜 X（Ⅲ₂类）	N50～70°E，SE∠50～80°	3	10	0.3	0.4	0.065	0.22
	弱强风化 X（Ⅳ₂类）							
右岸	f_{13}	N50°E，SE∠72°	0.8	2.67	0.38	0.3	0.02	0.07
	f_{14}	N52°E，SE∠66°	0.5	1.67	0.38	0.3	0.02	0.07
	f_{18}	N75°E，SE∠75°	0.5	1.67	0.38	0.3	0.02	0.07
	f_7	近 EW，N∠60～80°	0.4	1.33	0.38	0.3	0.02	0.07
	绿片岩	N40～50°E，NW∠30～35°	3	10	0.3	0.6	0.15	0.5

　　各类断层、煌斑岩脉（X）、$T_{2-3z}^{2(4)}$ 层中的绿片岩透镜体及 $T_{2-3z}^{2(6)}$ 层中的层间挤压带是影响左、右坝肩稳定的重要控制因素，其原型材料力学参数根据相似关系换算可得到相应的模型材料力学参数，详见表 7.2.3。对坝肩稳定影响较大的结构面，如左岸断层 f_2、断层 f_5、煌斑岩脉（X）、挤压带 g，右岸断层 f_{13}、f_{14}、f_{18} 等，为了反映其抗剪断强度参数弱化的力学行为，在地质力学模型综合法试验中，采用变温相似材料对上述结构面进行模拟。从表 7.2.3 可以看出，断层及挤压带力学参数相近，故采用同一种配比变温相似材料进行模拟，煌斑岩脉（X）力学参数较高，则采用另一种配比的变温相似材料进行模拟。由材料试验可得到断层及挤压带变温相似材料和煌斑岩脉（X）变温相似材料抗剪断强度 τ_m 与温度 T 之间的变化关系曲线分别如图 7.2.1 和图 7.2.2 所示。

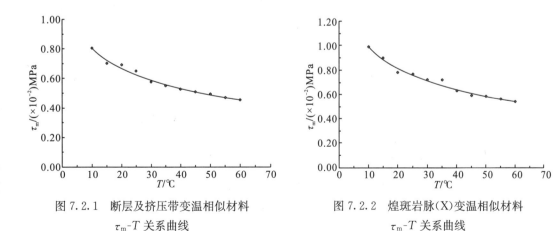

图 7.2.1　断层及挤压带变温相似材料　　　　图 7.2.2　煌斑岩脉（X）变温相似材料
τ_m-T 关系曲线　　　　　　　　　　　　τ_m-T 关系曲线

　　针对锦屏一级拱坝坝肩（坝基）的地形地貌及地质构造特点，在模型中模拟了两岸地形、地质的不对称性。左岸岩块按最发育的一组近 N50～70°E 向优势裂隙，连通率为

30%~60%；右岸岩块按最发育的两组裂隙：一组为近 SN 向陡倾裂隙，连通率为 15%~20%，另一组为近 NWW 向陡倾裂隙，连通率为 50%~70%。模型按岩体各岩层、结构面的范围、走向、倾向、倾角等，以及对坝肩稳定起控制作用的陡倾角节理裂隙面的产状和连通率等进行砌筑，采用不同配比的 10cm×10cm×(5~7)cm(长×宽×高)的块体材料，深部裂隙采用 5cm×5cm×5cm 的块体材料。

在坝基制作前，首先应按平切图定出起始高程▽1350m 基面各岩层、断层等主要地质构造的分布范围及产状，再结合制模要求定出制模先后次序，特别是左岸，其岩层为反向坡，但断层 f_5、f_8、F_1，以及煌斑岩脉(X)等结构面的倾向却倾向河槽，而断层 f_2 又与岩层倾向一致，多条结构面的相互交错增大了制模的难度，必须拟订好制模的先后次序；右岸岩层为顺河向坡，而断层 f_{13}、f_{14}、f_{18} 为反向坡，故制模次序也需有计划进行。两岸坝肩及抗力体内对稳定起控制作用的陡倾角节理裂隙面，要严格按要求制模。此外，对主要断层、煌斑岩脉(X)、层间挤压带及绿片岩透镜体等，选用不同配合比的变温相似材料，按各自不同的厚度采用敷填或铺填压实方法制作，并按设计要求布置相对变位监测系统、升温降强系统、温度监测控制系统等三大系统。由于模型制模次序复杂，三大系统的引出线布置要相互协调好。模型制作过程如图 7.2.3 和图 7.2.4 所示。

图 7.2.3　模型砌筑至建基面情况(天然地基方案)　　　图 7.2.4　模型砌筑至河谷高程情况(加固地基方案)

4. 坝肩坝基加固措施的模拟

模型试验模拟的加固措施有：左岸▽1730~1885m 的混凝土大垫座；断层 f_{18}(X)、f_2 的建基面刻槽置换；断层 f_5、f_{13}、f_{14}，以及左岸煌斑岩脉(X)混凝土置换网格(平硐加斜井)；断层 f_{42-9} 及断层 f_5 和左岸煌斑岩脉(X)之间的抗剪传力洞、下游贴角等主要的加固措施。首先由各自的混凝土参数，根据相似关系换算得到模型加固措施的混凝土参数(表 7.1.1)，采用重晶石粉为主，配以石膏粉和水，并掺适量的添加剂，选定合适的配合比后浇筑成长方体模坯，待模坯干燥后，再按各自的模型尺寸进行加工，最后在模型上定位安装，按抗剪断强度参数进行粘接。模型加固措施的定位安装如图 7.2.5 和图 7.2.6 所示。

图 7.2.5　左岸混凝土垫座的模拟　　　　　图 7.2.6　断层 f_{14} 置换网格的模拟

天然地基方案模型和加固地基方案模型制作完成后的全貌如图 7.2.7 和图 7.2.8 所示。

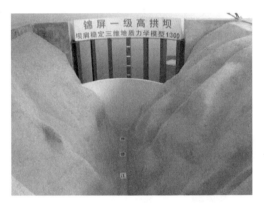

图 7.2.7　天然地基模型制作完成后的全貌　　　图 7.2.8　加固地基模型制作完成后的全貌

7.2.3　模型加载与量测系统

结合锦屏一级高拱坝工程特点，试验主要考虑水压力、淤沙压力、自重及温度荷载。其中，水压力以上游正常蓄水位▽1880m、下游水位▽1640m 计；淤沙压力按淤沙高程▽1644.1m 计；自重以坝体材料与原型材料容重相等实现；温度荷载考虑对坝肩稳定最不利的温升工况，按当量水荷载进行近似模拟。上述荷载在上游坝面采用油压千斤顶进行加载，根据锦屏拱坝坝体荷载分布形态、荷载大小、坝高及千斤顶数量与出力等因素，将荷载沿坝高方向分为 5 层，每层又分为 3~6 块，上游坝面共分为 24 块，分别由不同吨位的 24 支千斤顶控制，同时计算出各荷载块等效集中力（油压千斤顶）的作用点，安设千斤顶并由 WY30-IVA 型 8 通道高精度油压稳压装置供压。

地质力学模型试验主要有三大量测系统，即外部位移 δ_m 量测系统、坝体应变量测系统、内部相对位移 $\Delta\delta_m$ 量测系统。此外，在综合法模型试验中，为监测降强试验阶段温度升高变化情况，还设升温降强系统和温度监测控制系统。为了观测坝体在正常工况、降强阶段和超载阶段的位移和应变情况，试验中分别在坝体下游面布置电感式位移计和应变片，布置图如图 7.2.9 和图 7.2.10 所示，坝体下游面外测位移共布置 13 个测点，安装表面位移计 23 支（加固地基安装 28 支），主要监测坝的径向位移及切向位移，用 SP-10A 型数字显示仪监测位移。在拱坝下游面▽1880m、▽1830m、▽1750m、▽1670m、▽1620m 等 5 个典型高程的拱冠及拱端布置 15 个应变测点，每个测点在水平向、竖向及 45°向贴上三张电阻应变片，用 UCAM−8BL 型万能数字测试装置进行应变量测。为了获得坝肩抗力体的位移场及其变化过程，在两坝肩抗力体表面不同高程与不同剖面，以及断层出露部位上、下盘位置对称布置电感式位移计，采用 SP-10A 型数字显示仪带电感式位移计量测。天然地基方案在两坝肩及抗力体共设表面位移测点 63 个，加固地基方案共设表面位移测点 56 个。特别着重在断层及煌斑岩脉（X）的坝肩出露处布点，以便监测其表面错动情况。表面位移大部分测点布置两支位移计，按顺河向与横河向布置。天然地基模型共安装表面位移计 116 支，加固地基模型安装 112 支。

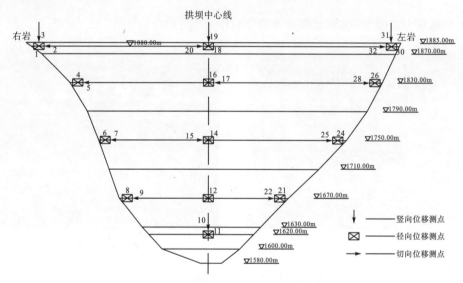

图 7.2.9　坝体下游面变位测点布置图

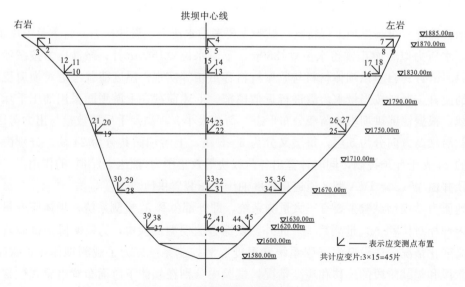

图 7.2.10　坝体下游面变应变布置图

相对位移 $\Delta\delta_m$ 量测采用 UCAM-70A 型万能数字测试装置带电阻应变式相对位移计进行监测。天然地基模型中共布置 100 个相对位移测点，加固地基模型中共布设 88 个测点。根据坝址区断层及煌斑岩脉(X)倾角较大的特点，每个测点按单向即沿结构面的走向布置相对位移计。右岸 $T_{2-3z}^{2(4)}$ 层中的绿片岩透镜体中的相对位移测点，仍以单向布置位移计，即按 SN 向陡倾节理走向布置位移计，以监测该层大理岩向河槽的错动。

升温降强系统采用多台调压器分别调节电压高低、控制各结构面上电热丝的升温快慢及高低。温度监测控制系统采用 XJ-100 型巡回检测仪带热电偶分别监控各断层、煌斑岩脉(X)、绿片岩透镜体控制面等在不同部位的升温值及温度变化状态。

7.2.4　综合法试验降强幅度的确定

锦屏一级高拱坝在坝肩、坝基岩体中发育了 f_2、f_5、f_{13}、f_{14}、f_{18} 等主要断层、煌斑岩脉(X)及其两侧影响带的 IV_2 类软弱岩体，这些地质构造对坝肩坝基的稳定性影响较大。水库蓄水后，由于库水的浸泡和渗漏的影响，这些结构面和软弱岩体的力学性质会发生一定的变化，其强度参数和变形参数会在拱推力及渗水作用下出现一定程度的降低。当拱坝遭遇突发洪水，同时坝肩坝基软弱结构面强度参数又发生降低时，拱坝与地基的稳定问题更加突出。因此，采用综合法地质力学模型破坏试验进行拱坝与地基整体稳定研究，试验中既考虑上游水荷载的超载(超载阶段试验)，同时又考虑坝肩坝基软弱结构面强度降低的力学行为(降强阶段试验)。在降强阶段试验中，软弱结构面降强幅度的合理取值是一个关键问题。在以往的试验中，往往根据经验取结构面强度的降低幅度为 20%～30%，但这缺乏试验依据或理论支撑。结合锦屏拱坝工程的实际情况，开展了应力场、渗流场耦合作用下坝肩坝基软弱岩体和结构面的弱化试验专题研究，试验情况详见 5.3 节的内容。弱化试验成果表明，断层和软弱岩体的抗剪断强度 τ 表现出明显的水压弱化效应，以天然状态最高，随水压的升高而逐步减小，且在不同的正应力水平、不同的水压条件下，降强幅度不同。因此，需要以结构面和软岩的弱化试验为依据，并充分考虑锦屏一级拱坝运行后工程荷载(拱推力)、库水的渗透压力、坝肩坝基岩体和结构面的地应力三者的耦合情况，综合确定合理的降强幅度。根据锦屏一级工程地应力实测资料、渗流分析成果、拱推力水平等综合分析可知：锦屏一级工程中，坝肩结构面围压按 5～10Mpa、软弱岩体围压按 5～30MPa 考虑，帷幕以下坝肩抗力体内的渗透压力综合按 1MPa 考虑，拱推力综合按 5MPa 考虑比较合适。在这一工况下，综合考虑结构面的破碎带(主错带)和影响带(IV_2 类软弱岩体)弱化效应，对两者的降强幅度按宽度进行加权平均，则其抗剪断强度降强幅度约为 20.5%。

考虑到如果防渗帷幕及排水孔幕发生失效，则下游坝肩抗力体内的渗透压力将大于 1MPa，使弱化程度加大。在 5MPa 正应力条件下，当渗透压力由 1MPa 升高到 2MPa，则结构面及影响带的平均降强幅度将由 20.5% 增大为 31.7%，如果渗透压力升高越大则降强幅度也增大越多。因此，为了保证足够的工程安全储备，需要适当提高降强幅度。

综合考虑以上因素，并与工程地质人员、设计人员反复研讨，确定锦屏一级拱坝三维地质力学模型综合法试验中，对影响坝肩稳定的主要结构面的抗剪断强度降低幅度为 30%。

7.2.5　试验方法与试验程序

坝基加固前后两次模型试验均采用三维地质力学模型综合法试验进行破坏试验，研究坝与地基的整体稳定性，提出综合稳定安全系数，揭示坝肩坝基中影响稳定的薄弱环节，并通过对比分析评价加固措施的处理效果。

天然地基与加固地基条件下，三维地质力学模型综合法试验的试验程序是：首先对模型进行预压，然后将荷载加至一倍正常荷载，在此基础上进行降强阶段试验，即升温降低坝肩坝基岩体内的断层 f_5、断层 f_2、左岸煌斑岩脉(X)、断层 f_{13}、断层 f_{14}、断层 f_{18}(X)等主要结构面的抗剪断强度，升温过程分级进行，直至上述主要结构面的抗剪断强度降低约 30%。在保持降低后的强度参数条件下，再进行超载阶段试验，对上游水荷载分级进行超载，每级荷载以 $0.2\,P_0 \sim 3.0\,P_0$（P_0 为正常工况下的水荷载）的步长进行增加，直至拱坝与地基出现整体失稳的趋势为止。

7.3　天然地基条件下试验研究成果

对天然地基条件下的锦屏一级高拱坝进行三维地质力学模型综合法破坏试验，在试验过程中观测各级荷载下坝体、坝肩岩体和抗力体内部软弱结构面的变位，以及岩体的破坏情况，最终获得了坝体变位和应变、坝肩抗力体表面变位、坝肩软弱结构面内部相对变位的分布与变化发展过程、坝与地基的破坏过程和破坏形态，以及坝与地基整体稳定综合法试验安全系数。

7.3.1　应变及变位分布特征

1.　坝体应变分布特征

通过分析应变曲线的波动、拐点、增长幅度、反向等特征，可得到不同超载阶段的破坏过程和安全系数。根据应变与超载系数的 μ_ε-K_P 关系曲线（典型曲线见图 7.3.1）可以看出：在正常工况下，即 K_P=1.0 时，坝体应变小；在降强阶段，坝体应变有所调整，部分测点开始出现较小的拉应变，说明坝体应变对结构面的降强较敏感；在超载阶段，坝体应变随超载系数的增加而逐渐增大，在 K_P 为 1.2~1.4 时，应变曲线发生一定波动，大部分测点出现反向或转折，形成拐点，表明此时上游坝踵发生开裂；当 K_P>3.0 之后，大部分应变曲线出现明显波动、转折，坝体开始出现拉剪或者压剪开裂破坏，当 K_P 为 5.0~5.5 时，大部分应变测点的应变值有减小的趋势，出现应力释放，坝体发生开裂破坏，逐渐失去承载能力。

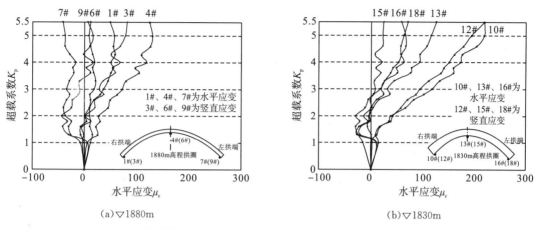

(a)▽1880m　　　　　　　　(b)▽1830m

图 7.3.1　典型拱圈下游面应变 μ_ε-K_P 关系曲线（应变以压为正、拉为负）

2. 坝体变位分布特征

通过试验获得了坝体下游面各测点的位移值 δ 与超载系数 K_P 关系曲线，典型曲线如图 7.3.2～图 7.3.3 所示。

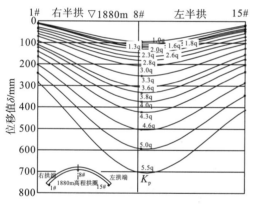

图 7.3.2　▽1880m 拱圈下游测点径向变位
δ_r-K_P 关系曲线

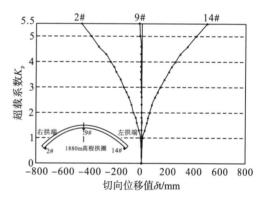

图 7.3.3　▽1880m 拱圈下游测点切向变位
δ_t-K_P 关系曲线

坝体各典型高程的变位分布规律如下：坝体总体向下游变位，上部变位大于下部变位，拱冠变位大于拱端变位，径向变位大于切向变位，符合常规。在正常工况下，坝体变位总体较小，对称性较好，最大径向变位发生在坝顶拱冠处，变位值为 96mm（原型值）；坝体切向变位小于径向变位，拱端切向变位大于拱冠切向变位，切向变位总体向两岸山体内变位，其最大切向变位在坝顶高程拱端处，左右拱端最大切向变位值均为 9mm（原型值）；竖向变位向上，其变位值小于径向变位和切向变位。在降强阶段，坝体位移曲线有微小波动，但变化幅度较小；在超载阶段，坝体变位随超载系数的增加而逐渐增大，在 K_P 为 1.2～1.4 时，变位曲线出现微小波动；在 $K_P \geqslant 3.0$ 之后，变位曲线斜率变小，位移值的变化幅度明显增大、增长速度加快；在 K_P 为 5.0～5.5 时，坝体产生较大变形，呈现出整体失稳的趋势。

从图 7.3.2 可以看出，当 $K_P < 3.0$ 时，坝体径向变位基本对称，在 $K_P \geqslant 3.0$ 之后，

左、右半拱的径向变位逐渐呈现出不对称的特征,各高程都是左拱端变位明显大于右拱端,而左、右拱端的切向变位大体相当。这说明坝体在向下游变位的同时,伴随有顺时针向的转动变位,与左、右坝肩变位程度及破坏范围差异大的特点相适应,这种变位特征与坝肩左、右岸地形及地质构造的差异有关。

3. 坝肩表面变位分布特征

两坝肩及抗力体表面变位测点主要在勘Ⅴ-Ⅴ、Ⅰ-Ⅰ、Ⅵ-Ⅵ、Ⅳ-Ⅳ、A-A、勘Ⅰ与勘Ⅵ之间的 6 个横剖面上的 5 个典型高程附近进行布置,即▽1885m、▽1830m、▽1770m、▽1710m、▽1650m,每个测点双向量测,获得各测点的顺河向及横河向的变位情况。同时,在断层 f_5、f_{13}、f_{14} 出露处的上、下盘对称布置测点,以及在左坝肩煌斑岩脉(X)出露处沿其走向单向布置 10 个测点,以获得结构面的表面变位情况。坝肩典型测点变位曲线如图 7.3.4 所示。

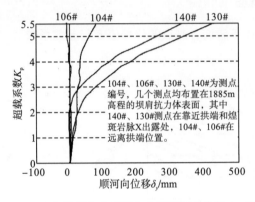

图 7.3.4   ▽1885m 左岸坝肩典型测点表面顺河向位移 δ_y-K_p 关系曲线

左、右坝肩变位以靠近拱端的横Ⅴ-Ⅴ较大,左坝肩在Ⅰ-Ⅰ剖面由于有煌斑岩脉(X)临河出露,该剖面的变位也较大,其他剖面均较小。这种变位特征在超载到 $K_P \geqslant 3.0$ 之后更为明显。左岸变位受断层 f_5、断层 f_2、挤压带 g、临河侧的煌斑岩脉(X)影响明显。其他结构面断层 f_1、深部裂隙松弛带 SL_{15} 等对其影响较小。右岸变位主要受 $T_{2-3z}^{2(4)}$ 层大理岩中绿片岩透镜体、近 SN 向陡倾裂隙和断层 f_{14}、f_{13} 的影响。右岸抗力体变位较大范围在右拱端下游 150m 内,断层 f_{13}、断层 f_{14}、SN 向陡倾裂隙、岩层面裂隙、绿片岩透镜体的相互交错、切割,形成三角区域位移值较大;左岸在拱端下游 250～300m 范围,断层 f_2 为底,临河侧煌斑岩脉(X)为侧面的范围内变位较大。从高程上看,左坝肩在上部变位较大,右坝肩在中、上部变位较大。

对比两坝肩变位,左坝肩顺河向变位大于右坝肩,横河向变位在Ⅴ-Ⅴ剖面右岸大于左岸,在Ⅰ-Ⅰ剖面左岸又明显大于右岸。左、右岸变位在一倍正常荷载时均较小,左、右岸基本对称,左岸略大;在降强阶段,变位变幅较小;在超载阶段,随着超载倍数的增加,左、右岸变位逐渐增长,但当 $K_P<3.0$ 时,变位均较小;当 K_P 为 3.6～3.8 时,大部分变位曲线出现波动、反向形成拐点;此后变位曲线波动频繁,大部分曲线斜率减少,变位快速增长;当 K_P 为 5.0～5.6 时,坝与地基出现整体失稳的趋势,试验终止。

4. 主要结构面相对变位分布特征

根据各结构面相对变位与超载系数的 $\Delta\delta$-K_P 关系曲线（典型曲线如图 7.3.5 所示），在正常工况下，即 $K_P=1.0$ 时，各结构面的相对变位较小；在降强阶段，对断层 f_5、f_2、f_{13}、f_{14}，以及煌斑岩脉(X)等结构面的抗剪断强度降低约 30%，这些结构面的相对变位曲线有一定幅度的波动，但坝肩工作正常。在超载试验阶段，当 K_P 为 $1.2\sim1.4$ 时，大部分测点曲线发生一定的波动、反向或拐点，但其 $\Delta\delta$ 量值较小，且无陡增现象，坝肩工作正常。当超载系数 $K_P\leqslant3.0$ 时，相对变位值逐步增长；当 K_P 为 $3.6\sim3.8$ 时，大部分曲线出现较大的波动、拐点，这与坝体和坝肩表面开始出现大变形相对应。当 $K_P>4.0$ 时，位移曲线波动较大且频繁波动，增长速度加快。当 K_P 为 $5.0\sim5.5$ 时，坝与地基出现失稳的趋势。

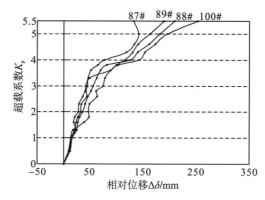

图 7.3.5　▽1770m 煌斑岩脉(X)各测点相对变位 $\Delta\delta$-K_P 关系曲线

7.3.2　破坏过程、破坏形态及综合稳定安全系数

1. 模型破坏过程

(1)在正常工况下，即 $K_P=1.0$ 时，大坝变位与应变、坝肩岩体表面变位及结构面相对变位正常，表明拱坝与坝肩工作正常，无异常现象。

(2)在正常荷载作用下进行降强试验，即降强系数 K_S 为 $1.0\sim1.3$ 时，测试数据有一定波动，特别是各结构面的相对变位及坝体应变的波动较为明显，但大坝及坝肩岩体表面变位的变幅小，拱坝与坝肩处于正常工作状态。

(3)保持 30% 的降强幅度，进行超载试验，当超载系数 K_P 为 $1.2\sim1.4$ 时，坝体应变与变位关系曲线大部分测点出现一定波动，表明上游坝踵发生开裂现象。

(4)当超载系数 K_P 为 $2.6\sim2.8$ 时，左、右坝肩相继在坝顶高程坝踵附近开始起裂，左岸沿优势节理开裂，右岸上游坝踵沿断层 f_{13} 开始开裂。

(5)当超载系数 $K_P=3.3$ 时，左岸断层 f_5 开始起裂，在 V-V 剖面附近的上部高程出现了裂缝；右坝肩由于受到陡倾裂隙的影响，在下游抗力体的上部高程也开始出现沿陡倾裂隙的裂缝。

(6)当超载系数 K_P 为 3.6～3.8 时，开裂部位增加，裂缝条数增多，裂缝扩展较快。左岸的煌斑岩脉(X)、断层 f_2 和挤压带 g 开始开裂并扩展；右岸的断层 f_{13}、f_{14} 开始出现裂缝，SN 向陡倾裂隙的裂缝增多，长度增长，下部存在绿片岩透镜体的部位也开始出现裂缝。此时坝体和两坝肩的表面位移开始显著增大，出现较大转折或拐点，结构面内部的相对位移也开始出现较大波动。

(7)当超载系数 K_P 为 5.0～5.5 时，坝体表面位移和应变较大，左、右坝肩岩体表面裂缝相互交汇、贯通，拱坝、坝肩抗力体及软弱结构面出现变形不稳定状态，坝体下游面从左拱端▽1750m 处开始开裂，延伸至坝顶大约 1/2 左半弧附近，且上、下游贯穿，拱坝与地基呈现出整体失稳的趋势。最终破坏形态如图 7.3.5 和图 7.3.6 所示。

图 7.3.5　当 K_P=5.5 时的左坝肩破坏形态　　　图 7.3.6　当 K_P=5.5 时的右坝肩破坏形态

2. 破坏形态和破坏机理

左坝肩破坏形态及特征：左坝肩破坏范围较右坝肩大，破坏程度较右坝肩严重，其裂缝从拱端沿断层 f_5 顺河向延伸至横Ⅵ-Ⅵ剖面附近，原型上长度达 330m 左右，临河侧的煌斑岩脉(X)也开裂严重，裂缝沿该结构面走向扩展，一直延伸至断层 f_2 和层间挤压带 g 附近。断层 f_2 和层间挤压带 g 中下部及▽1650～1750m 拱端附近岩体破坏严重。而▽1750～1885m 高程由于天然地基方案模拟了可研阶段的混凝土垫座，坝肩岩体破坏轻微。左坝肩的开裂破坏主要是受断层 f_5、煌斑岩脉(X)、断层 f_2 和层间挤压带 g，以及岩体的节理裂隙等影响，其上游坝踵从左岸岩体的陡倾节理裂隙开始起裂，下游坝肩主要是沿结构面发生开裂，裂缝起裂后，逐渐沿结构面、岩体节理裂隙扩展，最后使左坝肩出现失稳趋势。

右坝肩破坏形态及特征：右坝肩破坏范围在顺河向方向延伸相对较小，破坏程度相对较轻，其破坏区域主要在靠近拱端的Ⅴ-Ⅴ剖面附近，沿断层 f_{13}、f_{14} 开裂破坏，开裂长约 150m，以及沿 SN 向陡倾节理及沿层面的节理开裂，裂缝不断扩展贯通，形成向下游的剪切滑移破坏趋势。因此，右坝肩在以断层 f_{13}、断层 f_{14} 和 SN 向节理裂隙切割形成的三角区域开裂破坏最为严重。

拱坝破坏形态及特征：坝体从下游面左拱端▽1750m 开裂至坝顶大约 1/2 左弧长附近，裂缝贯通至上游面。从坝体下游面应变来看，当超载系数 K_P 为 3.6～3.8 时，左坝肩 1670m 高程处的应变测点 24♯、36♯ 的应变值较大，明显大于其他的测点，表明坝体开始出现拉剪或者压剪开裂破坏，说明在▽1670～1750m 之间，应力集中较为明显，最终坝体在▽1750m处起裂，出现破坏失稳。

3. 综合稳定安全度评价

天然地基情况下的综合法试验，采用先强降后超载的试验程序，根据坝体变位和应变、坝肩及抗力体的表面变位、软弱结构的相对变位，以及坝肩坝基的破坏过程和破坏形态等成果，分析得到锦屏一级拱坝强度储备系数 $K'_S = 1.3$，超载安全系数 K'_P 为 3.6～3.8，可知锦屏一级拱坝与地基整体稳定综合安全系数为

$$K_{SC} = K'_S \times K'_P = 1.3 \times (3.6 \sim 3.8) = 4.7 \sim 5.0$$

7.4　加固地基条件下试验研究成果

根据坝基及坝肩抗力体的加固处理设计方案，对加固处理后的锦屏一级拱坝进行三维地质力学模型综合法破坏试验，主要获得了以下几方面的试验成果。

7.4.1　应变及变位分布特征

1. 坝体应变分布特征

根据应变与超载系数的 μ_ε-K_P 关系曲线（典型曲线如图 7.4.1 所示）可以看出：在正常工况下，即 $K_P = 1.0$ 时，坝体应变小，坝体下游面主要受压。在降强阶段，坝体应变有所调整，说明坝体应变对坝肩抗力体内的结构面降强较敏感。在超载阶段，坝体应变随超载系数的增加而逐渐发生变化，当 K_P 为 1.4～1.6 时，应变曲线发生一定波动，大部分应变值出现反向或转折、形成拐点，表明此时上游坝踵发生初裂；当 K_P 为 4.0～4.6 时，应变曲线出现明显波动、转折，坝体中、下部高程的部分应变测点出现拉应变，这主要是受超载阶段坝体的受力特征影响所致；当 $K_P > 4.6$ 之后，应变曲线波动频繁、变化明显；至 K_P 为 7.0～7.6 时，大部分应变曲线发生反向，表明坝体发生应力释放现象，逐渐失去承载能力。

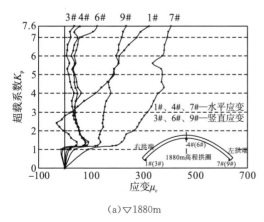

(a) ▽1880m

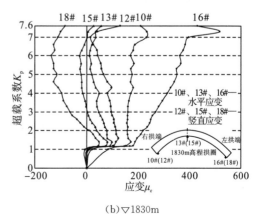

(b) ▽1830m

图 7.4.1　典型拱圈下游面应变 μ_ε-K_P 关系曲线（应变以压为正、拉为负）

2. 坝体变位分布特征

通过试验获得了坝体下游面各测点的位移值 δ 与超载系数 K_P 的关系曲线，典型曲线如图 7.4.2 和图 7.4.3 所示。

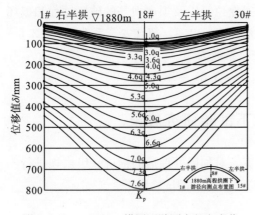
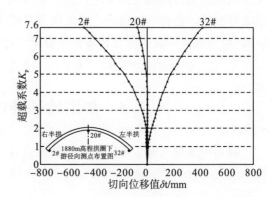

图 7.4.2 　▽1880m 拱圈下游测点径向变位 δ_r-K_P 关系曲线　　　图 7.4.3 　▽1880m 拱圈下游测点切向变位 δ_t-K_P 关系曲线

坝体各典型高程的变位分布规律如下。

坝体变位总体特征：坝体总体向下游变位，坝体上部变位大于下部变位，拱冠变位大于拱端变位，径向变位大于切向变位，符合常规。在正常工况下，坝体变位值较小，左、右对称性较好。径向变位总体向下游变位，最大径向变位在▽1880m 高程拱冠处，变位值为 80mm(原型值)；切向变位总体向两岸山体内变位，其最大切向变位在▽1880m 高程拱端处，左拱端最大切向变位值为 7.5mm(原型值)，右拱端最大切向变位值为 8 mm(原型值)；竖向变位向上，其变位值小于径向变位和切向变位。在降强和超载阶段，坝体变位逐步增长，坝体变位在超载系数 $K_P < 4.0$ 时基本对称，在 $K_P \geqslant 4.0$ 以后，右拱端径向变位逐步大于左拱端径向变位，切向变位保持基本对称，使坝体变位总体呈现出右拱端变位略大于左拱端变位的不对称特征。尤其是在超载后期，▽1830m 高程左右拱端的径向变位表现出较明显的不对称性。这种变位不对称的特征主要是由于右坝肩在▽1830m 高程附近发育有断层 f_{13}、f_{14}，以及右岸 SN 陡倾裂隙、层面裂隙、断层 f_{18}、绿片岩透镜体的相互切割，并且右岸在该部位的处理范围、加固程度小于左岸的加固处理。

坝体变位与超载过程曲线主要特征：根据坝体变位 δ 随超载系数 K_P 的变化发展过程图，在正常工况下，即 $K_P = 1.0$ 时，坝体变位总体较小，对称性较好；在降强阶段，坝体变位曲线有微小波动，但变化幅度较小；在超载阶段，坝体变位随超载系数的增加而逐渐增大，当 K_P 为 1.4~1.6 时，变位曲线出现微小波动；当 K_P 为 4.0~4.6 之后，曲线斜率变小、位移值的变化幅度明显增大、增长速度加快，左右对称性减弱；当 K_P 为 7.0~7.6 时，坝体产生较大变形，呈现出整体失稳的趋势。

3. 坝肩表面变位分布特征

两坝肩及抗力体表面变位测点主要在勘Ⅴ-Ⅴ、Ⅰ-Ⅰ、Ⅵ-Ⅵ、Ⅳ-Ⅳ、勘Ⅱ₁与勘Ⅴ

之间、勘Ⅴ与勘Ⅰ之间、勘Ⅰ与勘Ⅵ之间的 7 个横剖面上的 7 个典型高程附近进行布置，即▽1940m、▽1885m、▽1820m、▽1760m、▽1730m、▽1700m、▽1640m，对每个测点进行双向量测，获得各测点的顺河向及横河向的变位情况。同时，在左、右岸的坝顶平台▽1885m 高程处各布置一个三向测点，即顺河向、横河向和竖直向，在勘Ⅱ₁-Ⅱ₁ 的河床部位▽1600m 高程处布置一个竖向测点，获得坝顶拱端和河床的竖向变位情况。此外，在结构面近拱端出露处的上、下盘部位布置测点，以获得结构面在坝肩岩体表面出露处的变位情况。

根据超载试验获得的表面变位与超载系数的 δ-K_P 关系曲线，其主要变形特征如下：在正常工况下，即当 $K_P=1.0$ 时，坝肩变位较小，对称性好，两坝肩工作正常，无异常现象；在强降过程中，部分测点发生一定波动；在超载初期，坝肩变位不大，随着超载系数的增大，变位逐步增大；当超载系数 $K_P<4.0$ 时，左右坝肩变位基本对称，变位增长稳定，发展规律较好；当超载系数 $K_P\geqslant4.0$ 时，变位曲线出现明显的转折和拐点，部分测点出现反向，曲线斜率变小，变位增长幅度加大，尤其是左岸断层 f_{42-9}、断层 f_2、断层 f_5、煌斑岩脉(X)、层间挤压带，右岸断层 f_{13}、f_{14}、f_{18} 等主要结构面在近拱端出露处附近的测点变位增长较明显；当超载系数 $K_P>7.0$ 之后，近拱端区域及断层出露处附近的测点变位增长较大，且岩体表面裂缝不断扩展、相互贯通，呈现出整体失稳的趋势。坝肩典型测点变位曲线如图 7.4.4 所示。

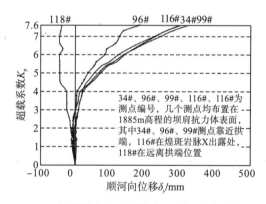

图 7.4.4 ▽1885m 左岸坝肩典型测点表面顺河向位移 δ_y-K_p 关系曲线

4. 主要结构面相对变位分布特征

根据各结构面相对变位与超载系数的 $\Delta\delta$-K_P 关系曲线（典型曲线如图 7.4.5 所示），相对位移 $\Delta\delta$ 以近拱端横Ⅱ-Ⅱ与Ⅱ₁-Ⅱ₁剖面之间的 $\Delta\delta$ 测值最大，横Ⅴ-Ⅴ附近、Ⅰ-Ⅰ剖面次之，其他剖面均较小。在正常工况下，即当 $K_P=1.0$ 时，各结构面内部测点的相对变位较小。在降强阶段，大部分测点发生一定的波动，特别是升温降强的结构面波动较大，说明降强对结构面内部相对位移有一定影响，当 K_P 为 1.4~1.6 时，变位曲线出现微小波动、反向或拐点，但其 $\Delta\delta$ 量值较小，且无陡增现象，坝肩工作正常。当 $K_P\leqslant4.0$ 时，相对变位逐步增长；当 $K_P>4.0$ 时，相对变位曲线波动较大且频繁波动；当 K_P 为 7.0~7.6 时，坝与地基出现整体失稳趋势。

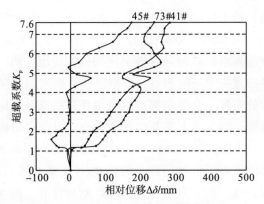

图 7.4.5　左岸▽1670m 煌斑岩脉（X）各测点相对变位 $\Delta\delta$-K_P关系曲线

7.4.2　破坏过程、破坏形态及综合稳定安全系数

1. 模型破坏过程

（1）在正常工况下，即超载系数 $K_P=1.0$ 时，大坝变位与应变、坝肩岩体表面变位及结构面相对变位正常，表明拱坝与坝肩工作正常，无异常现象。

（2）在正常荷载作用下进行降强试验，即当降强系数 K_S 为 1.0～1.3 时，测试数据有一定波动。受降强的影响，各结构面的相对变位及坝体应变的变化较为敏感，但大坝及坝肩岩体表面变位的变幅小，拱坝与坝肩仍处于正常工作状态，无开裂迹象。

（3）保持 30% 的降强幅度进行超载试验，当超载系数 K_P 为 1.4～1.6 时，坝体应变与变位曲线大部分测点出现一定波动，表明上游坝踵发生初裂。

（4）当超载系数 K_P 为 2.6～2.8 时，左、右坝肩相继在坝顶高程的坝踵附近开始起裂，断层 f_{42-9} 在左坝肩坝顶垫座上游侧向下起裂，断层 f_{13} 在右坝肩坝顶高程坝踵处起裂后扩展至坝顶以上高程，断层 f_{18} 在右坝肩▽1640 m 附近坝趾处开始起裂。

（5）当超载系数 $K_P=3.6$ 时，断层 f_{42-9}、f_{13}、f_{18} 上的裂缝沿结构面逐渐扩展；右坝肩断层 f_{14} 在下游▽1820m 的坝趾附近开始出现微裂缝。

（6）当超载系数 $K_P=4.0$ 时，上游坝踵附近岩体表面产生多条拉裂缝；左坝肩坝顶处的裂缝沿 f_{42-9} 向上游扩展至▽1870m，向下游扩展至▽1940m，煌斑岩脉（X）在垫座下游侧的平台上起裂，产生一条水平裂缝；左坝肩下游中部▽1700m 坝趾附近，断层 f_2、层间挤压错动带 g 出露处及附近岩体表面开始出现裂缝；右坝肩断层 f_{13} 上的裂缝向顶部扩展至▽1920m；断层 f_{14}、f_{18} 上的裂缝沿结构面向下游扩展；右坝肩岩体在坝顶下游侧发生开裂，自拱端沿节理裂隙向下游逐渐扩展；右坝肩位于断层 f_{14} 下部的岩体表面开始出现裂缝。

（7）当超载系数 $K_P=4.6$ 时，大坝表面位移明显增大，应变曲线发生波动、出现转折，坝踵裂缝开裂明显、左右贯通，坝肩岩体及结构面上的裂缝不断扩展、明显增多；左拱端顶部▽1900m 处的岩体表面产生两条竖向裂缝，并与断层 f_{42-9} 上的裂缝相交，煌斑岩脉（X）上的裂缝沿结构面向下游扩展至▽1920m，断层 f_5 在▽1940m 附近发生开裂；

右坝肩断层 f_{13} 上的裂缝向顶部扩展至▽1940m，断层 f_{14} 上的裂缝沿结构面向顶部扩展至▽1860m，向下沿坝趾扩展至▽1760m，断层 f_{18} 上的裂缝沿结构面向下游扩展至▽1670m；两坝肩中部岩体及右岸坝顶下游侧岩体开裂范围明显增大，右岸岩体裂缝自拱端向下游扩展了约90m(原型值，下同)。

(8)当超载系数 $K_P=5.0$ 时，两坝肩岩体及结构面上的裂缝继续增多，两坝肩中部岩体及右岸坝顶下游侧岩体开裂范围向下游扩展，右岸坝顶裂缝自拱端向下游扩展了约150m，煌斑岩脉(X)，以及断层 f_5、f_{42-9}、f_{18} 上的裂缝不断延伸，其中煌斑岩脉(X)上的裂缝向下游扩展至▽1885m，断层 f_5 上的裂缝向顶部及下游不断扩展，断层 f_{42-9} 在顶部▽1940～1970m 区间的岩体表面产生一条顺河向裂缝。

(9)当超载系数 $K_P=6.0$ 时，两坝肩岩体及结构面上的裂缝继续向下游扩展，右岸坝顶裂缝距拱端约210m，煌斑岩脉(X)上的裂缝继续向下游扩展至▽1820m；断层 f_5 上的裂缝向下游扩展至▽1930m，向顶部扩展至▽1960m 后转而向下游产生一条水平裂缝；断层 f_{18} 上的裂缝扩展至▽1700m；坝体应变较大，部分应变曲线发生反向。

(10)当超载系数 K_P 为 7.0～7.6 时，坝体表面位移和应变较大，左、右坝肩岩体表面裂缝相互交汇、贯通，拱坝、坝肩抗力体及软弱结构面出现变形不稳定状态，拱坝与地基呈现出整体失稳的趋势，最终破坏形态如图 7.4.6 和图 7.4.7 所示。

图 7.4.6　当 $K_P=7.6$ 时的左坝肩破坏形态　　　　图 7.4.7　当 $K_P=7.6$ 时的右坝肩破坏形态

2. 破坏形态和破坏机理

坝踵与坝趾破坏形态：①在上游坝踵附近，裂缝从左岸到右岸、从坝顶至河床完全开裂贯通。其中，断层 f_{42-9} 自坝顶垫座处沿结构面向下开裂至▽1870m；断层 f_5 在左岸上游▽1750～1810m 之间的区域发生局部开裂，裂缝长约75m(原型值，下同)；断层 f_{18} 在河床坝踵处发生局部开裂，裂缝长约30m；断层 f_{14} 在右岸上游▽1690m 附近发生局部开裂，从坝踵沿结构面延伸长约60m；断层 f_{13} 在右岸自上游▽1840m 处开裂，向上扩展至坝顶上部▽1910m，裂缝长约75m。②拱坝下游由于有贴角的加固，沿坝趾没有发生开裂贯通，仅在右岸拱肩槽▽1640m 及▽1760～1840m 附近，在贴角附近有少量裂缝出现。

左坝肩破坏形态：①坝顶自垫座上游侧倾斜向上开裂至▽1970m，开裂范围长约150m，其中断层 f_{42-9} 自上游坝踵附近▽1870m 处沿结构面向下游开裂至▽1940m，裂缝长约120m。②煌斑岩脉(X)在坝顶左拱端垫座下游侧边缘处起裂，沿结构面向下游开裂至▽1680m 与断层 f_2 相交。③断层 f_5 沿结构面自▽1900m 开裂至▽1950m，且其附近岩体从▽1910m 开裂破坏至▽1970m，该区域破坏范围从勘 I-I 线向下游延伸约 120m。④左坝肩下游抗力体▽1640～1760m 区域，在断层 f_2 和层间挤压带出露处附近，沿结构面和岩体开裂形成顺河向长 120m、高 120m 的破裂区。

右坝肩破坏形态：①坝顶自拱端上游边缘沿断层 f_{13} 倾斜向上开裂至▽1940m，裂缝长约 75m。②断层 f_{14} 在▽1800m，从坝趾处沿结构面向上延伸至▽1860m，裂缝长约 75m。③断层 f_{18} 在▽1640m，从坝趾处沿结构面向下游延伸至▽1730m，裂缝长约 240m。④坝肩岩体自坝顶倾斜向下游开裂至▽1800m 的 f_{18} 处，开裂范围长约 255m、宽约 60m。⑤右坝肩下游▽1760～1820m 之间的岩体，沿顺河向从拱端向下游开裂扩展约 90m。

3. 综合稳定安全度评价

综合稳定安全度的评价方法和天然地基方案一致。根据试验获得的资料及成果，综合分析得出，试验的降强系数为 $K'_S=1.3$；拱坝与地基发生大变形时的超载安全系数 K'_P 为 4.0～4.6，则加固后锦屏一级拱坝与地基的整体稳定综合法试验安全系数为

$$K_{SC} = K'_S \times K'_P = 1.3 \times (4.0 \sim 4.6) = 5.2 \sim 6.0$$

7.5　加固前后试验成果对比分析及加固效果评价

7.5.1　两次试验的异同点

1. 天然地基方案与加固地基方案两次试验的相同点

(1)模拟的范围一致：两次试验都模拟了相当于原型工程 1200m×1200m×850m 范围，模型基底高程都为▽1350m，两岸山体顶部模拟至▽2200m。

(2)试验方法与试验程序相同：两次试验均采用超载与降强相结合的地质力学模型综合法试验，采用的荷载组合均为水压力+淤沙压力+自重+温升，降强幅度均为 30%。两次试验程序相同，先加载至一倍正常荷载，然后升温降低主要结构面的强度约 30%后，再进行超载试验，直至破坏。

2. 天然地基方案与加固地基方案两次试验的不同点

1)模拟的地质构造有差异

由于在不同设计阶段所揭示的地质构造有所不同，两次试验模拟的地质构造有一些差异。天然地基方案的左坝肩主要模拟了断层 f_5、f_8、f_2、F_1，以及煌斑岩脉(X)、深部裂缝 SL_{15}、松弛破碎带、顺坡向裂隙及 $T_{2-3z}^{2(6)}$ 岩层中的层间挤压带等，右坝肩重点模拟断层 f_{13}、断层 f_{14}、$T_{2-3z}^{2(4)}$ 层内的绿片岩透镜体及 SN 向的陡倾裂隙等；加固地基方案根据开挖等情况，在以上地质构造的基础上，左岸增加模拟了断层 f_9(SL_{24})、f_{42-9}，右岸增加模拟了断层 f_{18}、f_7，以及由左岸贯穿过来的煌斑岩脉(X)。

2)坝体体型及混凝土力学参数有差异

　　加固地基方案的拱坝体型在可研阶段推荐并审查通过的抛物线双曲拱坝基础上，进行了一定的优化设计，前后两次模型的拱坝体型有所不同，其对比如表 7.5.1 所示。

表 7.5.1　两次试验拱坝体型参数特征值对比表

项目	天然地基方案	加固地基方案
坝高/m	305.00	305.00
拱冠顶厚/m	13.00	16.00
拱冠底厚/m	58.00	63.00
拱端最大厚度/m	62.00	66.00
拱坝中心线弧长/m	568.62	552.23
最大中心角/(°)	95.71	93.12
厚高比	0.19	0.207
弧高比	1.864	1.811
柔度系数	7.326	8.498
坝体混凝土体积/万 m³	435.59	473.66

　　坝体混凝土参数也根据设计优化做了适当调整，天然地基方案与加固地基方案采用的混凝土参数见表 7.5.2 所示。试验中天然地基方案采用的参数为混凝土容重 2.4t/m³，弹性模量为 24GPa；加固地基中坝体混凝土采用的参数为混凝土容重 2.475t/m³，弹性模量为 34GPa。

表 7.5.2　两次模型试验中采用的混凝土参数

部位	容重/(g/cm³)	抗压强度/MPa	弹性模量/GPa	泊松比
坝体混凝土与垫座(天然地基方案)	2.4	20	24	0.17
坝体混凝土(加固地基方案)		35	34	
建基面置换混凝土、垫座	2.475	30	31	0.17
其他置换混凝土、传力洞		25	28	

3)岩体和结构面的力学参数有一定差异

　　天然地基方案采用的岩体和结构面的参数是可研阶段现场和室内试验提出的建议值，在工程进行开挖后，地质结构进一步地揭露，岩体和结构面的力学参数建议值有一定的变化，主要是抗剪断强度参数有一定的变化，具体见表 7.5.3 和表 7.5.4 所示。

表 7.5.3　两次试验坝址区岩体力学参数比较表

岩级	变形模量建议值				抗剪断强度参数建议值			
	天然地基方案		加固地基方案		天然地基方案		加固地基方案	
	$E_0(H)$/GPa	$E_0(V)$/GPa	$E_0(H)$/GPa	$E_0(V)$/GPa	f'	c'/MPa	f'	c'/MPa
II	21.2~32.6	20.2~30.8	21~32	21~30	1.34	2	1.35	2
III₁	10.9~17.8	7.5~10.0	10~14	9~13	1.1	1.5	1.07	1.5

| 岩级 | 变形模量建议值 | | | | 抗剪断强度参数建议值 | | | |
| | 天然地基方案 | | 加固地基方案 | | 天然地基方案 | | 加固地基方案 | |
	$E_0(H)$/GPa	$E_0(V)$/GPa	$E_0(H)$/GPa	$E_0(V)$/GPa	f'	c'/MPa	f'	c'/MPa
III$_2$	5.7~8.7	3.6~6.5	6~10	3~7	0.95	1	1.02	0.9
IV$_1$	/	2~4	3~4	2~3	0.65~0.8	0.5~0.8	0.7	0.6
IV$_2$	/	1.4~2.2	2~3	1~2	0.55~0.65	0.3~0.5	0.6	0.4
V$_1$	0.4~0.8	0.2~0.6	0.3~0.6	0.2~0.4	0.34	0.02	0.3	0.02

4)两次试验模拟的垫座有差异

加固地基增加了坝肩主要加固处理措施的模拟

天然地基方案中模拟了可研阶段的左岸大垫座加固措施，垫座设置在▽1750m～坝顶▽1885m 高程，垫座范围较小，未模拟其他的加固措施。

加固地基方案中，模拟了断层 f_5、f_{13}、f_{14}、f_{18}、f_2，以及煌斑岩脉（X）等主要结构面的混凝土网格置换洞塞、刻槽置换等主要加固措施，另外还扩大了左岸的垫座加固范围，垫座设置高程从▽1730m 到坝顶▽1885m。

表 7.5.4　两次试验坝址区主要结构面力学参数比较表

| 位置 | 编号 | 变形模量/GPa | 泊松比 | 天然地基方案抗剪断强度 | | 加固地基方案抗剪断强度 | |
				f'	c'/MPa	f'	c'/MPa
左岸	f_2	0.4	0.38	0.34	0.02	0.3	0.02
	f_5	0.4	0.38	0.34	0.02	0.3	0.02
	f_{42-9}	0.4	0.38	未模拟		0.3	0.02
	f_9	0.4	0.38	未模拟		0.3	0.02
	F_1	0.4	0.38	0.34	0.02	0.3	0.02
	弱强风化 X（IV$_2$类）	3	0.3	0.55~0.65	0.45	0.4	0.065
	层间挤压带 g	0.3	0.4	0.34	0.02	0.3	0.02
右岸	f_{13}	0.8	0.38	0.34	0.02	0.3	0.02
	f_{14}	0.5	0.38	0.34	0.02	0.3	0.02
	f_{18}	—	0.38	未模拟		0.3	0.02
	f_7	—	0.38	未模拟		0.3	0.02
	绿片岩	—	—	0.6	0.15	0.6	0.15
	煌斑岩脉（X）	3	0.3	未模拟		0.4	0.065

7.5.2　坝体变位和应变成果对比分析

坝肩坝基加固处理后，坝体变位明显减小，其左右变位对称性得到改善，左拱端变位的减小幅度比右拱端显著，且随着超载倍数的增加，变位的减少幅度逐步增大。此外，上游坝踵发生初裂、拱坝与地基发生大变形和出现整体失稳趋势的超载系数增大,拱坝的承载能力得到有效提高。

(1)坝体变位对称性明显改善。加固前后,坝体▽1750m拱圈下游面径向变位的对比曲线如图 7.5.1 所示。由对比分析可知,地基加固处理前左半拱变位明显大于右半拱变位,坝体变位在平面上有顺时针方向转动的趋势,加固后左、右半拱的对称性较好,仅在超载后期出现右半拱变位略大于左半拱变位的现象,左、右半拱变位的对称性得到明显改善。

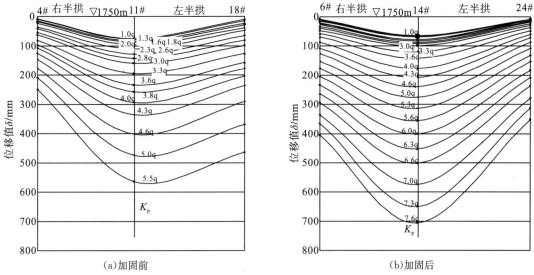

图 7.5.1　▽1750m 拱圈下游面径向位移 δ_r 变化过程曲线

(2)坝体径向变位减少,左岸变位减小幅度大于右岸。加固前后,坝体下游面拱冠和两拱端典型测点径向变位的对比曲线如图 7.5.2 和图 7.5.3 所示。对比分析可知,加固后坝体径向变位值减少明显,在 1.0 倍正常荷载下,坝体拱冠梁径向变位平均减少约15.8%,左拱端径向变位平均减少约 20.6%,右拱端径向变位平均减少约 7.6%,随着超载倍数的增加,坝体变位的减小效果更为明显,其中左拱端变位的减少幅度明显大于右拱端变位的减小幅度。

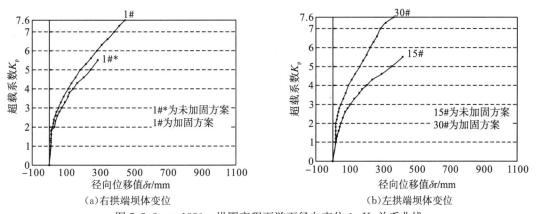

图 7.5.2　▽1880m 拱圈高程下游面径向变位 δ_r-K_P 关系曲线

注:加固前模型的最大超载系数为 $K_P=5.5$,加固后模型的最大超载系数为 $K_P=7.6$,下同。

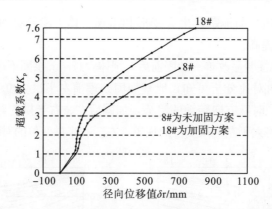

图 7.5.3　▽1880m 高程拱冠处下游面径向变位 δ_r-K_P 关系曲线

（3）坝体切向变位减小，左岸变位减少幅度大于右岸。加固前后，坝体典型拱圈下游面切向变位的对比曲线如图 7.5.4 所示。由对比分析可知，两次试验坝体切向变位均较对称，加固后，坝体切向变位量值有所减少，左拱端变位减少的效果略强于右拱端，1.0 倍正常荷载下，左拱端切向变位平均减少约 14.4%，右拱端切向变位平均减少约 7.4%，随着超载倍数的增加，两拱端变位减少的效果更为明显。

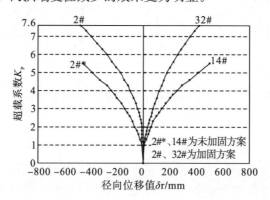

图 7.5.4　▽1880m 高程拱圈下游面切向变位 δ_t-K_P 关系曲线

（4）坝体发生大变形和出现整体失稳的超载能力提高。地基加固前，坝体在 K_P 为 3.6～3.8 时发生大变形，在 K_P 为 5.0～5.5 时出现最终失稳破坏；地基加固后，坝体在 K_P 为 4.0～4.6 时变位曲线斜率变小，位移值的变化幅度明显增大，发生大变形，最终在 K_P 为 7.0～7.6 时大坝出现整体失稳的趋势。加固后，坝体出现大变形及整体失稳的超载倍数增大，坝体承载能力得到提高。

（5）坝踵的初裂荷载得到提高。对比坝体下游面应变与超载倍数的关系曲线可知，在天然地基条件下，当 K_P 为 1.2～1.4 时，应变曲线就发生一定波动，表明此时上游坝踵发生初裂；在加固地基条件下，应变曲线在 K_P 为 1.4～1.6 时开始发生波动，坝踵发生开裂，坝踵初裂荷载略有提高。

7.5.3　坝肩及抗力体表面变位对比分析

坝基、坝肩加固处理后，左、右岸坝肩变位的对称性得到明显改善。在正常荷载工况下，左、右岸的顺河向、横河向变位均有所减少，顺河向变位的减小幅度比横河向明显，随着超载倍数的增加，变位的减小幅度逐渐增大，其中左坝肩变位的减小幅度较右坝肩大；坝肩抗力体出现大变形和最终出现破坏失稳时的超载倍数得到增大，改善了坝肩的稳定性。

（1）加固后，左、右坝肩变位明显减少。加固前后，左、右坝肩典型测点的顺河向变位对比曲线如图 7.5.5 所示。

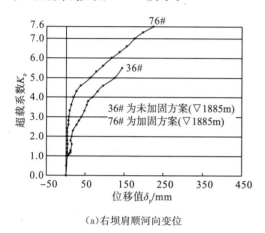
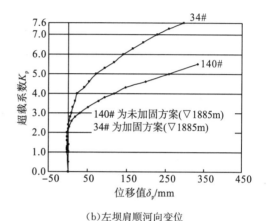

（a）右坝肩顺河向变位　　　　　　　　　　　　（b）左坝肩顺河向变位

图 7.5.5　▽1885m 高程拱端附近顺河向变位 δ_y-K_P 关系曲线

对比分析可知，在正常荷载工况下，左、右坝肩变位有一定减小，随着超载倍数的增加变位的减小幅度逐渐增大，其中左坝肩变位的减少幅度比右坝肩大，而顺河向变位的减小比横河向的明显。此外，由于在加固地基模型中新增模拟了右坝肩的断层 f_{18}，受右岸 SN 向陡倾裂隙、绿片岩透镜体，以及断层 f_{18}、f_{14}、f_{13} 相互交错切割的影响，在右坝肩坝顶以下、断层 f_{18} 以上的区域，测点变位总体较大。

（2）加固后，左、右坝肩变位对称性有较大的改善。天然地基条件下，右岸中上部位移大，左岸上部位移大，且总体上左岸变位明显大于右岸变位。加固后，当 $K_P \leq 4.0$ 时，左、右岸位移测点的位移值均较加固前小，且比较对称；当 $K_P > 4.0$ 之后，变位曲线斜率减少，变幅增大，右坝肩部分测点的位移值略大于左坝肩相应测点的位移值。

（3）加固后，坝肩的超载能力明显增大。坝肩抗力体在出现大变形和出现破坏失稳趋势时的超载倍数得到增大，其超载倍数 K_P 由加固前的 3.6~3.8、5.0~5.5 分别增大为 4.0~4.6、7.0~7.6，坝肩稳定性得到有效提高。

7.5.4　主要结构面相对变位对比分析

坝基、坝肩加固处理后，左、右坝肩结构面出露处附近测点的变位值均减小，并随着超载倍数的增加，变位的减小幅度逐渐增大，各结构面内部测点的相对变位值也得到不同程度的减少，尤其是加固部位附近的测点变位减小明显，结构面内、外部变位发展过程曲线出现大的波动，以及破坏失稳时的超载倍数得到提高。

（2）加固后，结构面出露处的表面变位减小，超载能力得到提高。加固前后，左、右坝肩结构面出露处典型测点的表面变位对比曲线如图 7.5.6 所示。

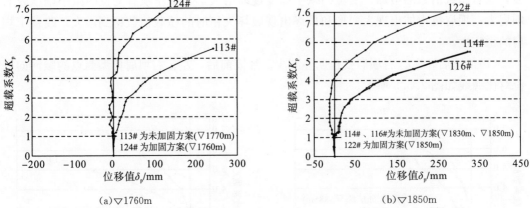

(a)▽1760m　　　　　　　　　　　　　　(b)▽1850m

图 7.5.6　沿煌斑岩脉(X)走向顺河向变位 δ_y-K_P关系曲线

由对比分析可知:在正常荷载工况下,左、右岸沿结构面布置测点的顺河向、横河向位移均有一定的减小,并随着超载倍数的增加变位的减小幅度越来越大,尤其是沿左岸煌斑岩脉(X)布置的测点变位的减小最为明显;加固后结构面出现大变形和起裂的超载倍数增大,如断层 f_5 的起裂荷载从加固前的 $K_P=3.3$ 提高至 $K_P=4.6$,煌斑岩脉(X)的起裂荷载从 $K_P=3.6$ 提高至 $K_P=4.0$。

(2)加固后,沿结构面的相对变位减小,结构面抗剪能力提高。加固前后,左、右坝肩结构面内部典型测点的相对变位对比曲线如图 7.5.7 所示。

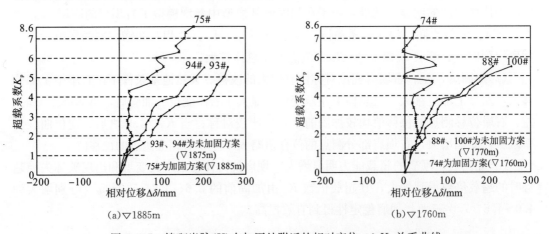

(a)▽1885m　　　　　　　　　　　　　　(b)▽1760m

图 7.5.7　煌斑岩脉(X)在加固处附近的相对变位 $\Delta\delta$-K_P关系曲线

由对比分析可知:加固处理后,煌斑岩脉(X)、绿片岩透镜体,以及断层 f_5、f_2、f_{13}、f_{14} 的相对变位均有不同程度的减小,尤其是加固部位附近的测点变位得到明显减少,加固措施效果明显;加固后各结构面相对变位发展过程线出现大的波动的超载倍数增大。加固前当 K_P 为 3.6~3.8 时曲线发生波动,加固后 K_P 增大为 4.0~4.6,最终破坏失稳时的超载倍数由 $K_P=5.0$~5.5 增大至 $K_P=7.0$~7.6,表明加固后结构面出现大变形和破坏失稳的超载倍数也相应的得到提高。

7.5.5   破坏过程与破坏形态对比分析

坝肩坝基加固处理后：坝踵起裂荷载略为增大；坝肩起裂荷载相当，但加固地基模拟的结构面相对较多，加固后的坝肩起裂主要受断层 f_{42-9}、f_{18} 等结构面的影响；相同超载倍数下，加固后坝肩开裂破坏的范围减小，破坏程度减轻，坝肩发生大变形和最终破坏失稳的超载倍数均增大，拱坝与地基的承载能力得到提高。

1.   起裂荷载的比较

（1）坝踵初裂荷载。坝肩加固前，在 K_P 为 1.2~1.4 时坝踵发生初裂；坝肩加固后，在 K_P 为 1.4~1.6 时坝踵发生初裂，比加固前略为增大。

（2）坝肩起裂荷载。坝肩加固前，模型在 K_P 为 2.6~2.8 时，左、右坝肩在坝顶上游侧发生开裂；坝肩加固后，当 K_P 为 2.6~2.8 时，模型左、右坝肩相继在坝顶拱端附近的断层 f_{42-9} 与断层 f_{13}，以及右坝肩中下部的断层 f_{18} 出露处发生开裂。坝肩加固前后的起裂荷载相当，但开裂位置有区别。由于前后两次模型模拟的地质结构有些不同，加固后的模型新增模拟了断层 f_{42-9} 和断层 f_{18}，坝肩的起裂也是在这些结构面出露处发生的，这与加固前的起裂情况不同，加固前坝肩是在坝顶上游侧的岩体上发生开裂，各自起裂的位置如图 7.5.8~图 7.5.11 所示。

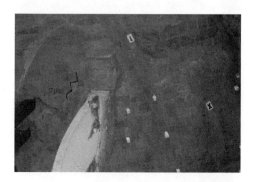

图 7.5.8   加固前左坝肩起裂时的破坏形态　　　图 7.5.9   加固后左坝肩起裂时的破坏形态

注：图中黑色线条表示裂缝，白色线条表示未开裂的断层出露处，下同

图 7.5.10   加固前右坝肩起裂时的破坏形态　　　图 7.5.11   加固后右坝肩起裂时的破坏形态

2. 大变形荷载的比较

　　坝肩加固前，模型在 K_P 为 3.6～3.8 时发生大变形，两坝肩裂缝明显增多，拱端附近裂缝延伸扩展，坝肩中部岩体也出现多条裂缝，断层 f_5、f_2、f_{13}、f_{14}，以及煌斑岩脉(X)相继发生开裂、扩展。

　　坝肩加固后，模型在 K_P 为 4.0～4.6 时发生大变形，两坝肩出现较多裂缝，坝踵裂缝开裂明显、左右贯通，断层 f_{42-9}、f_5、f_2、f_{13}、f_{14}，以及煌斑岩脉(X)等主要结构面相继发生开裂、扩展，两坝肩中部及右岸坝顶下游侧岩体表面裂缝增多。

　　坝肩加固处理后，模型出现大变形的超载倍数增大，而岩体及结构面上的开裂破坏范围也比加固前的破坏范围要小，尤其是左、右拱端附近的岩体、煌斑岩脉(X)与断层 f_5 的开裂情况比加固前明显减轻。模型出现大变形时的开裂破坏情况的比较如图 7.5.12～图 7.5.15 所示。

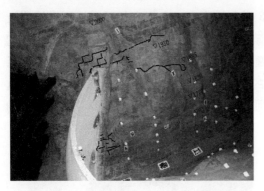

图 7.5.12　加固前大变形时的左坝肩破坏形态

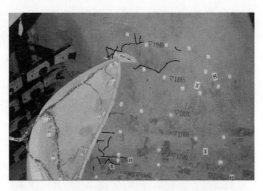

图 7.5.13　加固后大变形时的左坝肩破坏形态

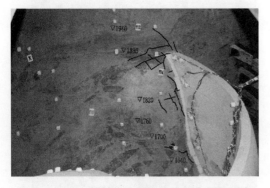

图 7.5.14　加固前大变形时的右坝肩破坏形态

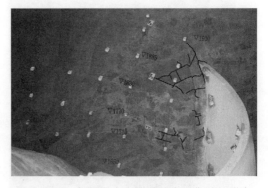

图 7.5.15　加固后大变形时的右坝肩破坏形态

3. 破坏形态的比较

　　坝肩加固前，模型在 K_P 为 5.0～5.5 时，拱坝在左半拱发生开裂，两坝肩及抗力体破坏严重，模型整体失去承载能力。

　　坝肩加固后，模型在 K_P 为 7.0～7.6 时，左、右坝肩岩体表面裂缝相互交汇、贯通，拱坝、坝肩抗力体及软弱结构面出现变形不稳定状态，模型呈现出整体失稳的趋势。

加固处理后，模型出现整体失稳趋势的超载倍数从$(5.0\sim5.5)P_0$提高到$(7.0\sim7.6)$ P_0，且坝体没有肉眼可见的开裂，加固后两坝肩在$K_P=5.6$时的破坏程度明显比加固前$K_P=5.5$时的破坏程度轻，表明加固后拱坝与地基的承载能力得到明显提高，如图7.5.16～图7.5.19所示。

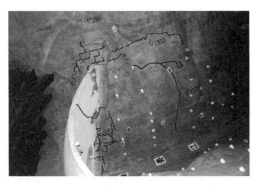

图 7.5.16　加固前$(K_P=5.5)$左坝肩的最终
破坏形态

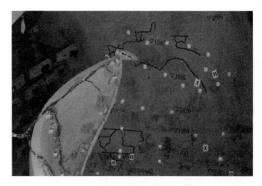

图 7.5.17　加固后左坝肩在$K_P=5.6$时的
破坏形态

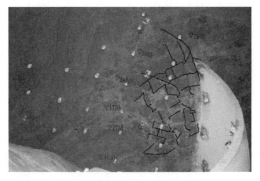

图 7.5.18　加固前$(K_P=5.5)$右坝肩的最终
破坏形态

图 7.5.19　加固后右坝肩在$K_P=5.6$时的
破坏形态

7.5.6　两次试验综合稳定安全系数的比较

坝基加固处理前后，采用了综合法地质力学模型试验对锦屏拱坝与地基的整体稳定性分别进行了试验研究。在试验中，两个模型对主要结构面均进行了30%的降强，即降强安全系数为$K_S'=1.3$。通过对试验成果的综合分析，坝基加固处理前，拱坝与地基发生大变形时的超载安全系数K_P'为3.6～3.8，则其整体稳定综合法试验安全系数为$K_{SC}=K_S'\times K_P'=1.3\times(3.6\sim3.8)=4.68\sim4.94$；坝基加固处理后，拱坝与地基发生大变形时的超载安全系数K_P'为4.0～4.6，则其整体稳定综合法试验安全系数为$K_{SC}=K_S'\times K_P'=1.3\times(4.0\sim4.6)=5.2\sim6.0$，比加固前增大了约16%，加固效果明显。

锦屏拱坝在两坝肩采用以混凝土置换为主的加固措施后，拱坝与地基的整体稳定综合法试验安全度得到明显增大，拱坝与坝肩的承载能力得到明显提高。

7.5.7 加固效果评价

通过对锦屏拱坝加固前后的坝肩稳定进行地质力学模型试验研究，综合分析实验成果，坝基加固处理后在以下几方面表现出不同的加固效果。

(1)加固后，坝体和坝肩变位对称性明显改善，变位量值减小。坝基加固处理后，坝体和坝肩左、右变位对称性得到有效改善，坝体径向变位与切向变位、坝肩顺河向与横河向变位均得到不同程度的减小，结构面内部测点变位也有所减小，特别是在加固措施附近的测点变位减小明显。由于在左坝肩设置了大垫座、对断层 f_5 和煌斑岩脉(X)进行了大范围的置换，在整个试验过程中，左岸变位的减小幅度比右岸变位的减小幅度更为显著。

(2)起裂、大变形以及最终失稳破坏时的超载倍数得到提高。坝基加固前后，坝踵初裂与坝肩起裂时的超载倍数大体相当，但由于前后两次模型模拟的地质构造有所不同，加固前坝肩是在坝顶上游侧的岩体上发生开裂，加固后坝肩主要是沿坝顶拱端附近结构面发生开裂，前后两次模型起裂的具体情况有区别。

坝肩加固处理后，模型出现大变形的超载倍数 K_P 从加固前的 3.6~3.8 提高到 4.0~4.6，并且岩体及结构面上的开裂破坏范围也比加固前的破坏范围小。

坝肩加固处理后，模型呈现出整体失稳趋势的超载倍数从 $(5.0\sim5.5)P_0$ 提高到 $(7.0\sim7.6)P_0$，最终坝体也没有出现明显开裂，并且加固后的坝肩在 $K_P=5.6$ 时的破坏情况明显比加固前 $K_P=5.5$ 时的破坏情况要轻，表明加固后拱坝与地基的承载能力得到提高。

(3)整体稳定综合法试验安全系数得到提高。坝基加固处理后，拱坝与地基整体稳定综合法试验安全系数 K_{sc} 从加固前的 4.68~4.94 提高到 5.2~6.0，比加固前提高了约 16%，加固效果明显。

综上所述，锦屏拱坝采用以坝肩垫座、混凝土网格置换洞塞、刻槽置换为主的加固方案对坝肩坝基起到了良好的加固效果，改善了拱坝与地基的受力和变形特性，尤其是变位的对称性得到明显改善，提高了拱坝与坝肩的承载能力，增大了坝与地基的整体稳定安全度。通过分析模型试验成果，综合考虑试验揭示的破坏过程、破坏形态与破坏机理，拱端附近发育的结构面，如左岸断层 f_{42-9}，以及右岸断层 f_{13}、f_{18} 等仍然是影响坝肩稳定的薄弱部位，建议在后期运行管理中加强监测。

7.6 锦屏一级拱坝建设与运行现状

锦屏一级水电站于 2005 年 9 月获国家核准并于同年 11 月 12 日正式开工，2006 年 12 月 4 日提前两年成功实现大江截流，2009 年 10 月 23 日开始大坝浇筑，全面展开主体工程建设。

2012 年 11 月 30 日 9 时 26 分，随着两道巨大的闸门缓缓放下，拥有世界最高拱坝的雅砻江锦屏一级水电站正式开始蓄水。这标志着大坝开始挡水，并为发电运行奠定基础。

锦屏一级水电站作为雅砻江干流下游河段的控制性"龙头"梯级电站,电站下闸蓄水将对雅砻江下游锦屏二级、官地、二滩和桐子林水电站产生显著的补偿效益,使"一个主体开发一条江"的优势进一步凸现。

2013 年 8 月 30 日,锦屏一级水电站首批两台 60 万 kW 的机组投产发电。

2014 年 7 月 12 日,锦屏一级水电站最后一台机组结束 72h 试运行,正式投产运行。至此,这个"西电东送"标志性工程的 6 台 60 万 kW 机组全部投产。

2014 年 8 月 24 日,水库蓄水至正常蓄水位 1880m 高程,并成功地启动了深孔和表孔的联合泄水。锦屏一级电站蓄水运行至今,监测数据表明坝肩处于稳定运行状态,模型试验的相关研究结论得到初步验证。锦屏一级水电站工程将于 2015 年竣工。

锦屏一级拱坝现场照片如图 7.6.1 和图 7.6.2 所示。

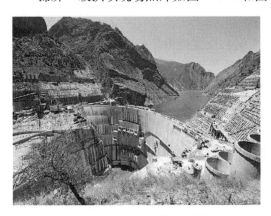

图 7.6.1　锦屏一级拱坝全貌图　　　　　　　图 7.6.2　锦屏一级拱坝泄洪照片

第8章 小湾拱坝地质力学模型试验研究

8.1 工程概况及试验研究内容

8.1.1 工程概况

小湾水电站位于云南西部大理白族自治州南涧县及临沧市凤庆县境内，澜沧江与其支流黑惠江交汇口以下约3.85km处的河段上，为澜沧江干流第二个梯级电站。小湾水电站主要开发任务以发电为主，兼有防洪、灌溉、拦沙等综合利用效益。电站总装机4200MW，水库正常蓄水位▽1240.00m，校核洪水位▽1243.00m，总库容151.32亿m³。工程枢纽建筑物由拦河大坝、左岸泄洪洞、坝后水垫塘和二道坝、右岸引水发电系统组成。其中拦河大坝为混凝土抛物线变厚度双曲拱坝，建基面高程▽950.50m，坝顶高程▽1245.00m，最大坝高294.5m。枢纽布置如图8.1.1所示。

小湾电站建成运行后，不仅可缓解我国西南地区和广东省的电力紧张状况，而且对电站周围地区的灌溉、防洪、航运开发都具有重要意义。

8.1.2 坝址区工程地质条件

枢纽区位于澜沧江与黑惠江汇合处下游高山峡谷段，河流总体流向为由北向南，并略呈向西凸出的弧形。河谷总体呈"V"字形，两岸岸坡上缓下陡。

坝址区基岩呈单斜构造横河分布，总体产状为 N75°～80°W/NE∠75°～80°。该套变质岩系的主要岩石类型为：黑云花岗片麻岩、角闪斜长片麻岩、花岗片麻岩、黑云片麻岩、二云斜长片麻岩及各种片岩类岩石。

两岸坝肩抗力体边坡中还发育5条规模较大的蚀变岩带，其中右岸4条，从西向东依次为 E_5、E_4、E_1 和 E_9；左岸1条为 E_8。此外，河床近左岸部位有一条规模不大的 E_{10}。蚀变岩带主体延伸方向为近SN向，局部有近EW向分支，近直立。蚀变岩带集中分布于黑云花岗片麻岩中。

本区地质构造主要受古老东西向构造体系控制，构造线方向近EW。枢纽区分布的变质岩层呈单斜构造，其走向为 N75°W～EW，与河流近于正交，倾向上游，下游段岩层倾角约45°，向上游逐渐变陡至85°，主要水工建筑物布置地段的岩层倾角为 70°～85°。

图 8.1.1　小湾水电站工程枢纽平面布置图及模型模拟范围平面图

枢纽区断裂构造比较发育，主要构造形迹为不同规模的断层、挤压带、节理(组)。断层、挤压面以近 EW 走向陡倾角为主。它们多顺层或微切层发育，规模差异较大。其中，属Ⅱ级结构面的断层仅有 F_7，在坝前沿大椿树沟、饮水沟展布；属Ⅲ级结构面的断层有 F_{11}、F_{10}、F_5、F_{19} 等 19 条；属Ⅳ级结构面的小断层有 f_{11}、f_{10}、f_{14}、f_{17}、f_{19}、f_{12} 等，挤压面虽规模较小，但极为发育，总体产状为 N70°～85°W/NE∠75°～90°，多属顺层错动带，大部分顺片岩类夹层发育。坝址区 SN 走向(顺河向)陡倾断层及中缓倾角断层不发育，规模较大的仅有左岸的 F_{20}(属Ⅲ级)，规模较小的有 f_{29}、f_{30}、f_{34} 等(属Ⅳ级)，其总体产状为 N10°W～N10°E/SW(SE)∠80°～90°。属Ⅴ级构造结构面的节理发育，按产状主要可分为"两陡一缓"三组：近 SN 向陡倾角节理组；近 EW 向陡倾角节理组；顺坡中缓倾角节理组。坝址区右岸坝肩地质结构图如图 8.1.2 所示。

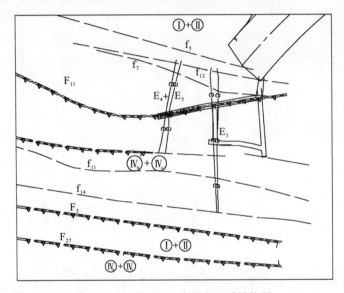

图 8.1.2　坝址区右岸坝肩地质结构图

8.1.3　坝肩加固措施

针对小湾坝肩存在的大量软弱结构面，采用了以混凝土洞塞置换为主的加固处理方案。

1. 左岸坝肩混凝土洞塞置换方案

(1)顺断层 f_{34} 设置 4m×5m 混凝土置换洞，置换洞洞底高程▽1214.50m，洞深 20m。

(2)对蚀变带 E_8 从▽1210.00m 到地面采用固结灌浆，▽1210.00m 以下，则以纵向置换洞加横向置换洞的方式处理。置换洞布置 3 层，洞底高程分别为▽1213.00m、▽1190.00m 和▽1170.00m，断面为 4m×5m。横向置换洞分别在▽1190.00m 和▽1170.00m 各布置三条，断面为 6m×5m，每层横向置换洞均有一条沿断层 f_{12} 布置，以便同时兼顾对断层 f_{12} 的处理。

(3)对断层 F_{11}，▽1210.00m 以下结合蚀变带 E_8 加固处理设置的三层置换洞，洞底高程分别为▽1213.00m、▽1190.00m 和▽1170.00m，断面为 5m×8m。断层 F_{11} 混凝土置换洞与相同高程的蚀变带 E_8 置换洞相连形成整体。

2. 右岸坝肩混凝土洞塞置换方案

(1)采用混凝土洞加井塞置换的方式对断层 F_{11} 进行处理，平洞从▽1210.00～1030.00m 共布置 9 层，其中▽1110.00m 以上的 6 层断面为 5m×8m，高差为 20～30m，平洞间以竖井相连形成框架结构，竖井断面为 5m×5m，水平净距 15m 左右。

(2)在▽1210.00m 以上，从地面对蚀变带 E_4、E_5 进行固结灌浆；▽1210.00m 以下，则以纵向置换洞加横向置换洞的方式处理。置换洞与相同高程的断层 F_{11} 置换洞、井塞相连形成整体框架结构。针对蚀变带 E_4、E_5 的置换洞共布置 5 层，洞底高程分别为▽1210.00m、▽1190.00m、▽1170.00m、▽1150.00m 和▽1127.00m，针对蚀变带 E_1 的置换洞共布置两层，洞底高程分别为▽1150.00m 和▽1127.00m，断面均为 4m×5m。每条纵向置换洞布置数目不等的横向置换洞，其中▽1210.00m、▽1190.00m、▽1170.00m 三层最下游的横向置换洞沿断层 F_{10} 布置。

8.1.4　试验研究内容

根据小湾拱坝坝址区工程地质条件与加固处理措施，分别采用平面与三维地质力学模型试验对坝肩稳定及破坏失稳机理进行研究。获得了坝体和坝肩的变形及分布特征、内部断层典型测点的相对位移，揭示了拱坝坝体和坝基失稳前后裂缝发展的全过程及其破坏机制，根据试验成果的综合分析评价得到了综合稳定安全度。

8.2　拱坝平面地质力学模型试验

8.2.1　试验内容及要求

针对小湾拱坝坝肩▽1210m 平面的地质条件，进行未加固处理和加固处理两种方案的试验研究。采用地质力学模型试验方法，较真实地模拟各种地质构造及其力学特性，即模拟出岩体中的断层、蚀变带、左右坝肩软弱岩带及主要节理组等，抓住影响坝肩稳定的主要因素，采用超载法进行破坏试验研究，分析坝体及坝肩变形分布特征，探讨坝肩失稳的破坏过程、破坏形态和破坏机理，确定坝肩超载稳定安全度，对工程的加固处理措施提出建议，为工程的设计和施工提供重要依据。

8.2.2　模型设计与制作

1. 模型几何比尺及模拟范围

根据小湾工程▽1210m 平面的地质特点及本次试验任务和要求，综合考虑试验精度及试验场地等因素，确定模型几何比 $C_L=350$，模拟范围为：顺河向约 1200m，横河向约 1400m，即拱坝中心线以左约 700m，拱坝中心线以右约 700m。平面模型槽采用钢架制作，模型钢架平面尺寸为 4.5m×3.8m。

2. 坝肩岩体地质构造模拟

针对小湾拱坝坝肩▽1210m 平面的地质构造特点，在模型模拟中，对右坝肩及抗力体，按照力学相似的要求，重点模拟断层 F_{11}、F_{10}、F_5、F_{27}、F_{19}，蚀变带 E_4、E_5 及软弱岩带和 SN 向、EW 向节理等主要控制坝肩稳定的因素。对左坝肩而言，重点模拟断层 F_{11} 和 F_5、蚀变带 E_8 和 E、坝肩 SN 向和 EW 向节理等控制坝肩稳定的主要因素。在加固方案中，还要重点模拟左右坝肩的加固处理措施即明挖回填混凝土和混凝土塞置换。两种方案的地形及地质构造图如下图 8.2.1 和图 8.2.2 所示。

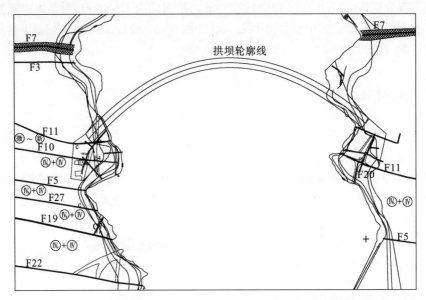

图 8.2.1　小湾拱坝坝肩地质平切图▽1210m 高程(未加固方案)

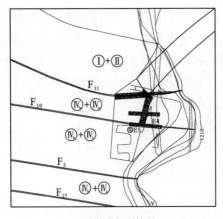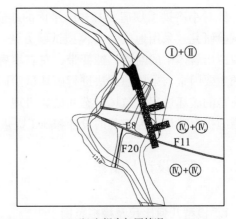

(a)右坝肩加固情况　　　　　　　　　　　　(b)左坝肩加固情况

图 8.2.2　小湾拱坝坝肩地质构造及加固情况▽1210m 高程(加固方案)

3. 坝肩岩体、断层及蚀变带的力学参数

坝址区各类天然状态岩体、断层及蚀变带的力学参数原型与模型值见表 8.2.1～表 8.2.4。

表 8.2.1　坝肩抗力岩体力学参数基本值

岩体质量类别			变形模量/GPa				抗剪断强度			
类别	密度/(g/cm³)	亚类	原型 E_0 (EW)	模型 E_0 (EW)/ ($\times 10^{-2}$)	原型 E_0 (SN)	模型 E (SN)/ ($\times 10^{-2}$)	原型 f'	模型 f'	原型 c'/MPa	模型 c'/ ($\times 10^{-2}$) MPa
I	2.8		25	7.14	25	7.14	1.48	1.48	2.2	6.29
II	2.7		19	5.43	19	5.43	1.43	1.43	1.7	4.86
III	2.6	IIIa	14	4.00	14	4.00	1.2	1.2	1.3	3.71
		IIIb1	8#	2.29	10#	2.86	1.15	1.15	1	2.86
		IIIb2	6#	1.71	8#	2.29	1.1	1.1	0.75	2.14
IV	2.5	IVa	5#	1.43	7.5#	2.14	1	1	0.6	1.71
		IVb	3#	0.86	2.25#	0.64	0.9	0.9	0.5	1.43
	0.86	IVc	1.25	0.36	1.25	0.36	0.8	0.8	0.8	0.3

表 8.2.2　左岸软弱岩带力学参数表

编号	弱风化、卸荷						微风化、未卸荷					
	原型 E_0/GPa	模型 E_0/MPa	原型 f'	模型 f'	原型 c'/MPa	模型 c'/ ($\times 10^{-3}$) MPa	原型 E_0/GPa	模型 E_0/MPa	原型 f'	模型 f'	原型 c'/MPa	模型 c'/ ($\times 10^{-3}$) MPa
F_{11}	0.6	1.71	0.4	0.4	0.04	0.11	3.5	10	0.5	0.5	0.05	0.14
F_{20}	0.6	1.71	0.4	0.4	0.04	0.11	3.5	10	0.5	0.5	0.05	0.14
E_8	1	2.86	0.5	0.5	0.1	0.29	4	11.43	0.8	0.8	0.3	0.86

表 8.2.3　右岸软弱岩带力学参数表

编号	弱风化、卸荷						微风化、未卸荷					
	原型 E_0/GPa	模型 E_0/MPa	原型 f'	模型 f'	原型 c'/MPa	模型 c'/ ($\times 10^{-3}$) MPa	原型 E_0/GPa	模型 E_0/MPa	原型 f'	模型 f'	原型 c'/MPa	模型 c'/ ($\times 10^{-3}$) MPa
F_{11}	0.60	1.71	0.4	0.4	0.04	0.11	3.50	10.00	0.4	0.4	0.05	0.14
F_{10}	0.60	1.71	0.4	0.4	0.04	0.11	3.50	10.00	0.4	0.4	0.05	0.14
E_4 E_5	1.00	2.86	0.6	0.6	0.20	0.57	4.00	11.43	0.6	0.6	0.50	1.43

表 8.2.4　小湾水电站主要断层物理力学参数表

断层编号	原型 E_0/GPa	模型 E_0/MPa	原型 f'	模型 f'	原型 c'/MPa	模型 c'/($\times 10^{-3}$)MPa
F_7	3	8.57	0.9	0.9	0.35	1
F_5	0.04	0.11	0.5	0.5	0.05	0.14
F_{19}	0.04	0.11	0.5	0.5	0.05	0.14
F_{27}	0.04	0.11	0.5	0.5	0.05	0.14
F_{23}	0.04	0.11	0.5	0.5	0.05	0.14
F_{22}	0.04	0.11	0.5	0.5	0.05	0.14
F_3	0.04	0.11	0.5	0.5	0.05	0.14

4. 模型材料与模型制作

模型坝肩各类岩体,采用小块体砌筑,块体面积为 10cm×10cm,厚度为 5.0～10.0cm 不等。块体之间按力学相似要求,采用高分子材料黏结剂黏结成整体。模型对左、右坝肩岩体的各向异性进行了模拟,模拟了两坝肩岩体的南、北向和东、西向两组节理。

各类断层和蚀变带采用满足力学相似关系的软料和聚乙烯、聚酯、聚四氟乙烯等进行组合配制,按照各自不同的厚度,采用夹层法、铺填法或敷填法制作。坝体按照设计院提供的坝体▽1210m 拱圈体型制作模坯而浇制成型。经干燥养护后,将坝坯与拱座进行黏结,最后精加工至设计体形。

模型制作完成情况如图 8.2.3 和图 8.2.4 所示。

图 8.2.3　模型制作完成时全貌(未加固方案)

图 8.2.4　模型制作完成时全貌(加固方案)

8.2.3　模型加载与量测系统

根据小湾拱坝▽1210m 高程平面荷载分布特点、荷载大小、拱弧长度及千斤顶出力进行分块,将全坝荷载共分为 8 块,分别由不同吨位的 8 支千斤顶加载,算出各分块的尺寸及油压千斤顶的作用点,采用 WY-300/Ⅴ 型五通道自控油压稳压装置进行供压和稳压。未加固方案和加固方案布置相同,加固方案的模型加载系统如图 8.2.5 所示。

图 8.2.5　模型加载系统布置图

针对小湾拱坝▽1210m 平面坝肩及抗力体的地质构造特征，左右坝肩内存在 F_{11}、F_{10}、F_5、F_{27}、F_{19} 等断层，以及蚀变带 E_4、E_5、E_8、E 及软弱岩带等控制坝肩稳定的主要因素，因此，还应着重量测它们的相对位移。此外，在拱坝▽1210m 平面拱圈上、下游面布置少量的应变测点，以进行应变量测，以此作为判断安全度的依据之一。

综上所述，该地质力学模型试验主要有两大量测系统，即位移量测、坝体应变量测系统。加固与未加固方案布置相同，未加固方案模型量测系统如图 8.2.6 所示。

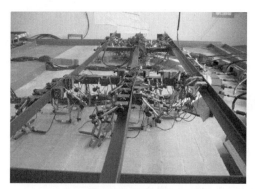

图 8.2.6　模型测试系统布置图

两坝肩及抗力体部位共设表面位移测点 108 个，其中左岸布置 45 个测点，右岸布置 63 个测点。测点布置在断层及蚀变带的上、下盘，以便监测其压缩变形和剪切变形等。坝体下游面共布置 10 个位移测点，主要监测坝体下游面的径向位移及切向位移。

在▽1210m 平面拱圈上、下游面布置 14 个应变测点，每个测点在水平向、竖向及 45°向贴上三张电阻应变片，以便监测坝体应变。

8.2.4　加固前后试验成果对比分析

本次对小湾工程▽1210m 平面模型采用超载法进行破坏试验，两方案的具体试验程序一致：首先对模型进行预压，然后加载至一倍正常荷载 P_0（P_0 为正常工况荷载），在此基础上以 $0.2P_0$ 作为步长进行超载试验，通过试验获得的主要成果如下：

（1）坝体下游面各测点的位移分布及发展过程图即 $\delta\text{-}K_P$ 关系曲线如图 8.2.7 和图 8.2.8 所示。

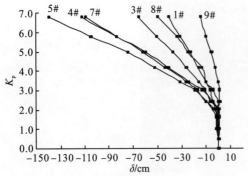

图 8.2.7　坝体下游面径向位移 δ-K_P 曲线图
（未加固方案）

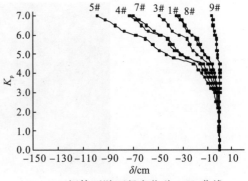

8.2.8　坝体下游面径向位移 δ-K_P 曲线
（加固方案）

注：顺河向变位以向上游为正；图中编号为变位测点号；

　　K_P 为超载系数，下同。

　　（2）坝体上、下游面各应变测点的应变变化发展过程图，即 μ_ε-K_P 关系曲线如图 8.2.9 和图 8.2.10 所示。

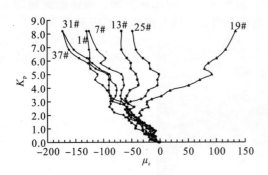

图 8.2.9　坝体下游面应变 μ_ε-K_P 曲线
（未加固方案）

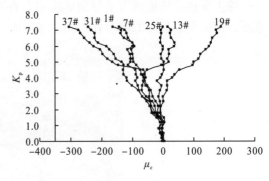

图 8.2.10　坝体下游面应变 μ_ε-K_P 曲线
（加固方案）

注：拉应变为正，压应变为负；图中编号为坝体应变

　　测点号；K_P 为超载系数，下同。

　　（3）两坝肩及抗力体表面位移测点的位移分布及发展过程图即 δ-K_P 关系曲线如图 8.2.11 和图 8.2.12 所示。

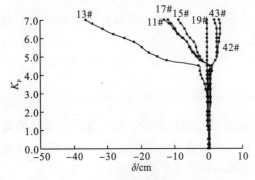

图 8.2.11　左岸顺河向各测点 δ-K_P 曲线
（未加固方案）

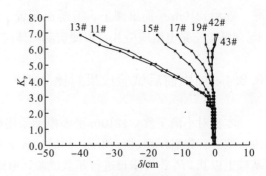

图 8.2.12 左岸顺河向各测点 δ-K_P 曲线
（加固方案）

（4）两岸断层、蚀变带表面位移测点的位移分布及发展过程图即 $\delta\text{-}K_P$ 关系曲线如图 8.2.13 和图 8.2.14 所示。

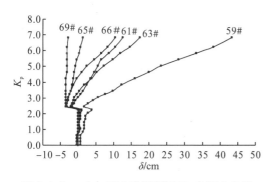

图 8.2.13　未加固方案顺断层 F_{11} 各测点位移
$\delta\text{-}K_P$ 曲线

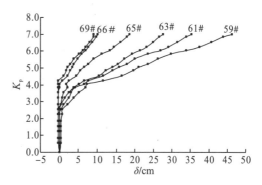

图 8.2.14　加固方案顺断层 F_{11} 各测点位移
$\delta\text{-}K_P$ 曲线

（5）模型坝肩破坏形态如图 8.2.15～图 8.2.18 所示。

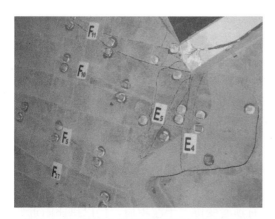

图 8.2.15　模型右坝肩破坏形态（未加固方案）

图 8.2.16　模型左坝肩破坏形态（未加固方案）

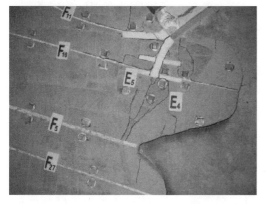

图 8.2.17　模型右坝肩破坏形态（加固方案）

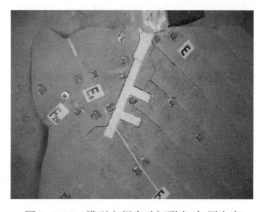

图 8.2.18　模型左坝肩破坏形态（加固方案）

注：图中黑线为裂缝，小方点为位移测点

对两方案的试验结果进行对比分析，得到如下的成果：

(1)综合分析试验结果，小湾拱坝▽1210m 平面未加固方案坝肩稳定超载安全系数 K_{SP} 为 2.2，加固方案坝肩稳定超载安全系数 K_{SP} 为 3.0～4.0。由此可见，坝肩加固处理后，超载安全系数有较大的提高，这说明坝肩加固效果明显。

(2)坝体下游面变位分布特点：两种方案坝体变位分布规律相同。在正常工况下，坝体变位基本上对称，径向变位向下游，两拱端向两岸山体内变位。在超载阶段，随着超载倍数的增加，变位逐渐增大，右半拱变位增加的幅度相对较大，左半拱相对较小，坝体变位呈现出不对称现象，最终右半拱的变位大于左半拱的变位。坝体变位之所以出现不对称的现象，其原因在于：一是左、右两岸坝肩地质构造不对称；二是左、右半拱弧长不对称，右半拱弧长大于左半拱，右半拱所受的荷载相对较大，因而右半拱变形较左半拱大。这说明坝体在向下游变位的同时，伴随有逆时针向的转动变位。坝肩加固处理后，坝体变位明显减小，变位分布规律有所改善，这表明坝肩加固处理效果明显。

(3)坝体应变分布特点。两个方案坝体应变分布规律相同，坝体上、下游面总体受压，上游面拱冠处压应变最大，下游拱冠处出现受拉区。随着超载倍数的增加，受拉区逐步扩展，对未加固方案，最终在拱圈下游面拱冠偏左部位出现裂缝，对加固处理方案，拱坝未出现开裂。

(4)左坝肩的变位特点及薄弱部位。拱座附近变位最大，其次是靠近拱座下游，处于卸荷线外侧与断层 F_{11} 交汇部位的 III_{b2} 和 IV 类岩体、断层 F_{11}、蚀变带 E_8 及蚀变带 E，对坝肩稳定影响较大，该部位的变位由于进行了加固处理，其值有一定的降低，但与其他部位相比，该部位变位值较大，仍是控制左坝肩稳定的主要因素。不同于未处理坝肩情况，进行加固后，左坝肩变位曲线没有出现方向突变的现象，说明左坝肩的位移场分布得到改善，这是由于加固措施改善了坝肩的传力方式，加固方案将拱座力较集中地传向山里的 I、II 类岩体，从而提高了左坝肩的承载能力，达到了加固的目的，也说明通过传力洞塞改善坝肩稳定是可行的。

(5)右坝肩的变位特点及薄弱部位。总体上右坝肩变位大于左坝肩，仍以拱座附近变位最大，主要是断层 F_{11} 至拱端的三角地带变位较大，其次是断层 F_{11} 及蚀变带 E_4、蚀变带 E_5 附近。顺河向变位总体上大于横河向变位，这主要是由于拱座处有 III_{b2} 软岩条带和 F_{11} 等几条断层和蚀变带，当荷载较大时，这些地质构造带压缩变形大，所以顺河向变位较大。此外断层 F_{11} 变位最大，其次是断层 F_{10}，之后是断层 F_5，进行加固处理后，坝肩变位值明显降低，变形分布规律有显著改善，承载能力有所提高，这说明加固方案是可行的。

(6)未加固方案坝肩及抗力体最终破坏形态及特征。左坝肩的主要破坏区域是坝肩拱座附近破坏严重，其最终破坏特征是下游拱端出现压剪破坏，上游出现拉剪破坏，拱座附近裂缝沿东西节理方向向山内侧延伸；另一破坏区域主要集中在靠近拱座下游，位于卸荷线外侧与断层 F_{11} 交汇部位的 IV 类岩体，其主要破坏特征是破坏裂缝沿东西和南北向节理相互交汇贯通，并且沿蚀变带方向形成一滑裂区。右坝肩破坏范围及破坏程度较左坝肩严重，右坝肩的主要破坏区域：一是坝肩拱端至断层 F_{11} 的三角形地带破坏严重，下游拱端出现压剪破坏，上游拱端出现拉剪破坏；二是断层 F_{11} 开裂破坏严重，其裂缝沿断层向山内侧延伸；另一破坏区域主要集中在靠近拱座下游侧蚀变带 E_4、E_5 部位，其主要破坏特征是裂缝沿蚀变带向下游侧贯通，并且沿蚀变带方向形成滑裂区。

（7）加固方案坝肩及抗力体最终破坏形态及特征。两坝肩加固后，破坏形态有了明显的改善。对左坝肩及抗力体，由于混凝土加固洞塞的作用，拱推力往山体深部传递，拱端下游明挖区采用混凝土置换后，也使原来开裂破坏现象有所改善，左坝肩的破坏区域主要出现在拱端附近岩体沿东西向节理开裂，沿加固混凝土洞塞与岩体接触面开裂。对于右坝肩及抗力体，拱端下游明挖区采用混凝土置换和混凝土洞塞后，使坝肩拱端至断层 F_{11} 的三角形地带和断层 F_{11} 的破坏形态有了明显的改善，破坏区域显著减小，蚀变带 E_4、E_5 的变形破坏相对未加固方案也有较大的改善。右坝肩的破坏区域主要出现在拱端下游附近加固混凝土塞与岩体的接触面、断层 F_{11} 和断层 F_{10} 部分破坏、拱端附近南北向及东西向节理开裂，蚀变带 E_4 外侧（临河侧）的部分岩体出现破坏。

（8）加固效果评价与加固措施建议。从本次试验的破坏形态来看，左坝肩的重点处理部位是坝肩拱座附近核心抗力区及东、西向结构面和靠近拱座下游位于卸荷线外侧与断层 F_{11} 交汇部位的 IV 类岩体，原加固方案采用明挖回填混凝土和洞塞混凝土置换的处理方案是可行的。根据本次试验的成果，建议左岸的明挖区向山内侧适当扩大开挖范围，对位于核心抗力区附近的 IV 类岩体进行灌浆处理，能进行锚固更好。

右岸的重点处理部位是坝肩靠近拱座的断层 F_{11}，以及断层 F_{11} 至拱端的三角形地带，另一重点处理部位是靠近拱座下游侧的蚀变带 E_4、E_5，原加固方案采用明挖回填混凝土和混凝土洞塞置换的处理方法是合理的。建议右岸断层 F_{11} 混凝土洞塞部分适当加长，蚀变带洞塞置换范围适当加大，将位于断层 F_{10} 上游侧的蚀变带 E_4 适当置换。

8.3　拱坝整体地质力学模型试验研究

8.3.1　模型设计与制作

1. 相似比尺及模拟范围

根据小湾工程特点及试验任务要求，结合试验场地规模及试验精度要求等综合分析，确定小湾工程的比尺如下：$C_\mu = 1$，$C_\varepsilon = 1$，$C_f = 1$，$C_\gamma = 1$，$C_L = 300$，$C_E = 300$，$C_\sigma = 300$，$C_F = 300$。

模型模拟范围，根据坝基及坝肩主要地质构造特性、拱坝枢纽布置特点、坝址区河谷的地形特点及试验任务要求等因素综合分析，最后确定模型模拟范围为：

（1）横河向边界左、右两岸在坝顶（EL. 1245m）拱端以外取大于一倍坝高的范围为边界，横河向拱坝中心线往左岸 720.0m，往右岸 720.0m，则横河向模拟总宽度为 1440.0m，相应模型宽度为 4.80m。

（2）顺河向边界下游以大于 3 倍坝高为界，由此定出纵向边界为：上游边界离拱冠上游面的距离为 120.0m；下游边界离拱冠上游面的距离为 963.0m，则顺河向模拟总长度为 1083.0m，相应模型长度为 3.61m。

（3）模型基底高程为 695.50m，大坝建基面高程为 950.50m，则坝基模拟深度为 255.0m。两岸山体顶部模拟至 1365m 高程，高出坝顶 120m，大于 1/3 倍坝高，则模拟原型高度达 669.5m，相应模型高度为 2.23m。综上定出模型尺寸为 3.61m×4.80m× 2.23m(纵×横×高)，相当于原型工程 1083m×1440m×669.50m 范围。

2. 模型材料制备

(1)坝体。根据地质力学模型的相似条件要求，模型坝体的容重应与原型坝体相似，原型坝体混凝土材料容重 γ_p 为 2.4g/cm³，弹性模量 E_P 为 24GPa，由相似关系 $C_\gamma=1$，$C_E=300$，可得坝体模型材料容重 γ_m 为 2.4g/cm³，坝体模型材料变形模量 E_m 为 80MPa。

(2)岩体。坝基、坝肩各类岩体，采用不同配合比的岩体相似材料，压制成不同尺寸的块体砌筑而成。由于Ⅰ类岩体结构比较完整，强度较大，故使用块体尺寸为 10cm× 10cm×10cm 的模型材料进行模拟；Ⅱ类岩体块体为菱形状，尺寸为 7cm×5cm×5cm；Ⅲ类岩体块体为菱形状，尺寸为 5cm×4cm×5cm，根据不同高程中缓倾角的不同要求，Ⅱ类、Ⅲ类岩体又分别压制成 40°、25°、7°的块体。

(3)结构面。坝肩、坝基断层及蚀变带中，右坝肩模拟的主要结构面有断层 F_{11}、F_{10}、F_5、F_{19}、F_{22} 及 f_{12}、f_{11}、f_{10}，以及蚀变带 E_1、E_4、E_5 等；左坝肩模拟的主要结构面有断层 F_{11}、F_{20}、F_5、F_{19}、f_{19}、f_{12}、f_{34}、f_{30}、f_{17}，以及蚀变带 E_8 等；拱坝上游重点模拟断层 F_7。

各类蚀变带、断层是影响小湾拱坝两岸坝肩稳定的重要因素，地质力学模型中对主要的Ⅲ级结构面(断层 F_{20}、F_{11}、F_{10}、F_5)、Ⅳ级结构面(断层 f_{19}、f_{12})作降强处理。

原型断层 F_{11}、F_{10} 平行断层面的抗剪断强度为 $f_p'=0.45$，$c_p'=0.045\text{MPa}$(模型值为 $f_m'=0.45$，$c_m'=0.00015\text{MPa}$)，配制时，首先按设计指标选择好相应的配比，然后在选定材料的基础上再做变温材料试验，得出不同温度条件下的抗剪断强度曲线，图 8.3.1 所示为断层 F_{11}、F_{10} 变温相似材料的 $\tau_m\text{-}T$ 曲线。

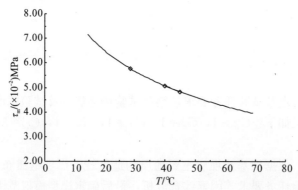

图 8.3.1　断层 F_{11}、F_{10} 变温相似材料的 $\tau_m\text{-}T$ 关系曲线

(4)加固措施。针对坝肩坝基的加固处理情况，模拟两坝肩混凝土洞塞置换和下游贴角，由于在模型上游面要模拟水沙荷载，受千斤顶加载系统的限制无法模拟上游面的贴角。

8.3.2　浅层卸荷岩体及节理裂隙模拟

由于小湾工程独特的复杂地质构造，特别是近 SN 向、近 EW 向和沿不同高程顺坡缓倾角，即"两陡—缓"Ⅴ级结构面将不同类别岩体在三维空间上沿不同高程切割成变倾角节理裂隙组，以及坝基开挖后出现的浅层卸荷松弛现象。如此复杂的地质条件在以往的结构模拟中，用常规形态的模型材料无法进行模拟，在本次模型试验研究中，首次采用了不同角度的菱形小块体，沿不同高程变倾角进行分层模拟。同时在坝基部位采用了厚度较薄的特制薄形小块体进行模拟浅层卸荷松弛岩体。根据工程坝基开挖揭露的地质情况，坝基地段两岸▽1050m 以上中缓倾角剪切裂隙倾角一般为 32°～45°，▽975～1050m 倾角渐变的为 15°～30°，▽975m 以下河床部位坝基的缓倾角节理裂隙倾角一般小于 10°至近水平。因此，根据近 SN 向、近 EW 向陡倾角结构面与不同倾角中缓倾角剪切裂隙组合考虑以下几种块体：

（1）▽1050m 以上Ⅱ类岩体及卸荷线以外按菱形块体考虑，中缓倾角剪切裂隙倾角为40°。Ⅱ类岩体菱形块体尺寸为 7cm×5cm×5cm，倾角为 40°；Ⅲ、Ⅳ类岩体菱形块体尺寸为 5cm×4cm×5cm，倾角为 40°。该高程以上顺河向陡倾角裂隙与中缓倾角裂隙走向平行，模型砌筑时左岸走向 N5°E，右岸走向 N5°W。

（2）▽975～1050mⅡ类岩体及卸荷线以外按菱形块体考虑，中缓倾角剪切裂隙倾角为25°。Ⅱ类岩体菱形块体尺寸为 7cm×5cm×5cm，倾角为 25°；Ⅲ、Ⅳ类岩体菱形块体尺寸为 5cm×4cm×5cm，倾角为 25°。该高程范围顺河向陡倾角裂隙与缓倾角裂隙的走向平行，模型砌筑时其走向由高处的 5°偏角渐变为 0°，即 SN 向。

（3）▽975～950.5mⅡ类岩体及卸荷线以外按菱形块体考虑，缓倾角裂隙倾角为 7°。Ⅱ类岩体菱形块体尺寸为 7cm×5cm×5cm，倾角为 7°；Ⅲ、Ⅳ类岩体菱形块体尺寸为5cm×4cm×5cm，倾角为 7°；模型块体特制模具如图 8.3.2 所示，模型块体如图 8.3.3所示。模型砌筑方向为 SN 向。

（4）▽950.5m 以下缓倾角裂隙倾角为 0°，按平行建基面砌筑。

（5）对于坝基开挖松弛卸荷岩体，模拟至建基面以下 20m 范围，按 0～5m、5～20m两层进行综合模拟。

图 8.3.2　菱型模型块体模具

图 8.3.3　不同角度（7°、25°、40°）的松弛卸荷及节理裂隙岩体模型块体材料

8.3.3　模型加载与量测系统

试验主要考虑水压力、淤沙压力、自重，未考虑温度荷载、渗流场、扬压力及地震荷载的影响。其中，水压力上游以正常蓄水位▽1240m计，下游以水位▽1004m计；淤沙压力按淤沙高程▽1097m计，淤沙容重9.5kN/m³，内摩擦角24°；自重通过坝体材料与原型材料容重相等实现。加载系统采用油压千斤顶加载。

模型量测系统包括拱坝与坝肩表面位移δ_m量测、断层内部相对位移$\Delta\delta_m$量测、坝体应变量测三大量测系统。此外，为监测降强试验阶段温度升高变化情况，设有温度监测系统。

表面位移δ_m采用SP-10A型数字显示仪带电感式位移计量测。两坝肩及抗力体部位共设表面位移测点50个，安装表面位移计96支。其中，左岸布置21个测点，安装表面位移计42支；右岸布置27个测点，安装表面位移计52支；河心安装表面位移计2支。大部分岩体测点布置两支位移计，以便监测其表面位移的横河向与顺河向变位情况。左右岸表面位移测点分别布置在Ⅱ-Ⅱ、Ⅳ-Ⅳ两个典型断面及断层出露的▽1010m、▽1050m、▽1110m、▽1170m、▽1245m、▽1290m六个高程上。

坝体下游面共布置19个位移测点，使用位移计37支，主要监测拱坝的径向位移与切向位移。各测点分别布置在▽981m、▽1050m、▽1110m、▽1170m及▽1240m的拱冠及拱端，在▽1240m、▽1170m高程的左、右两个边梁均布置有外部位移测点，另外在坝顶▽1245m高程拱冠及两拱端处分别布置了三支竖向位移计，以监测坝体沉降变位情况。测点布置及位移计编号如图8.3.4所示。

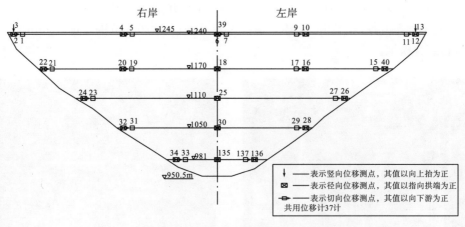

图8.3.4　下游坝面位移测点布置图

坝体应变量测，主要是在拱坝下游▽975m、▽1050m、▽1110m、▽1170m及▽1240m五个高程的拱冠及拱端布置15个应变测点，每个测点在水平向、竖直向及45°方向贴上三张电阻应变片，其测点布置及应变片编号如图8.3.4所示。应变量测采用UCAM-8BL型万能数字测试装置。

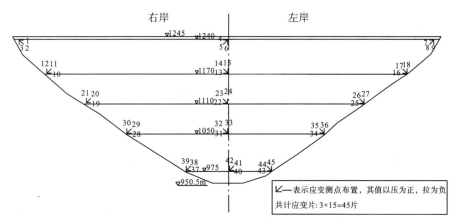

图 8.3.4　下游坝面应变测点布置图

相对位移 $\Delta\delta$ 量测采用 UCAM-70A 型万能数字测试装置。相对位移测点共布置 121 个，安装相对位移计 121 支。根据坝址区断层的特点，每个测点按单向即沿断层的走向布置相对位移计，在断层中共布置位移计 93 支；同时，为了监测不同高程缓倾角的影响程度，在▽1010m、▽1090m、▽1150m、▽1210m 高程四个平面上分别布置了横河向与顺河向的位移计，共 28 支。

本次试验主要对六条断层 F_{11}、f_{12}、f_{19}、F_{10}、F_5、F_{20} 的抗剪断强度参数进行升温降强，降低幅度为设计参数的 20%。

8.3.4　试验成果分析

试验首先对模型进行预压，然后加载至一倍正常荷载 P_0，在此基础上进行降强阶段试验，即升温降低坝肩、坝基岩体内断层 F_{11}、F_{10}、F_5、f_{12}、f_{19}、F_{20} 的抗剪断强度，升温过程分为五级，由 T_1 升至 T_5，最高温度为 45℃，此时上述六条断层的抗剪断强度降低约 20%。在保持降强后强度参数不变的情况下，再进行超载阶段试验，当超载至 $3.3P_0 \sim 3.5P_0$ 时，坝体及坝肩抗力体相继发生大变形，并出现失稳趋势，加载停止。

通过地质力学模型试验获得了坝体下游面各典型高程表面测点径向位移 δ_r 和切向位移 δ_p 分布及发展过程图，即 $\delta_r\text{-}K_P$ 和 $\delta_P\text{-}K_P$ 关系曲线；坝体下游面各典型高程应变测点应变 μ_ε 变化发展过程图，即 $\mu_\varepsilon\text{-}K_P$ 关系曲线；两坝肩及抗力体表面位移 δ_p 分布及发展过程图，即 $\delta_p\text{-}K_P$ 关系曲线；坝肩坝基各软弱结构面内部测点相对位移 $\Delta\delta$ 分布及变化发展过程图，即 $\Delta\delta\text{-}K_P$ 关系曲线；坝肩及抗力体的破坏过程、模型坝肩破坏形态。整体地质力学模型试验照片如图 8.3.5 所示。

1. 坝体位移分布规律

坝体下游表面位移 δ_p 的分布特点是：拱冠位移大于拱端位移，拱冠上部位移大于下部位移，径向位移大于切向位移，其分布规律符合常规。在正常工况下，坝体位移对称性好，径向位移向下游位移，最大径向位移出现在▽1240.00m 拱冠处；拱端切向位移向两岸山体内位移，其值较小。在降强阶段，坝体位移变化幅度小；在超载阶段，随着超载倍数的增加，右拱端位移略大于左拱端，当 $K_P>3.0$ 以后，坝体径向位移增长幅度加大，右拱端位移明显增大，最终两拱端位移呈现出不对称现象，这主要是受两岸地质条件不对称及坝肩岩体中断层和蚀变带的影响。图 8.3.6 所示为坝体下游面典型测点位移与超载倍数关系曲线。

图 8.3.5　整体地质力学模型试验照片

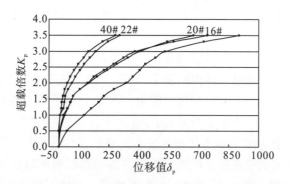

图 8.3.6　坝体下游面典型测点位移 δ_p-K_p 关系曲线图

2. 坝体应变分布规律

坝体下游面拉、压应变符合常规，坝体下游面主要受压，个别测点受拉。其次，梁向应变和剪应变较大，说明拱坝梁的作用较大，这是由于河谷为宽高比较大的"U"形河谷，使得梁向分载相对较大。根据超载阶段的应变与超载系数关系曲线可以看出 K_p 为 3.3~3.5 时，各测点应变过程线转折明显，与位移过程线变化相似。图 8.3.7 所示为坝体下游面典型测点应变与超载倍数关系曲线。

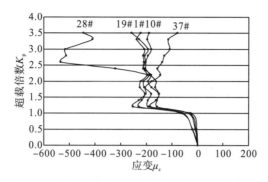

图 8.3.7 坝体下游面典型测点应变 μ_ε-K_P 关系曲线

3. 两坝肩及抗力体表面位移分布特征

试验通过两坝肩及抗力体表面位移测点获得了各测点顺河向和横河向的位移分布情况，同时在断层出露表面布置了位移测点，获得了断层出露点的表面位移情况。其中顺河向位移总体呈向下游的位移趋势，少量测点有向上游变位情况，横河向变位远小于顺河向位移，呈向河谷变位趋势，少量测点有向山里的变位情况，位移值以靠近拱端测点的最大，向下游逐步递减；坝肩中、下部高程位移值较大，中、上部高程位移值相对较小，可见中、上部高程对断层和蚀变带进行的混凝土洞塞置换起到了较好的加固效果。从超载过程来看，根据典型位移与超载系数关系曲线，不同高程的测点中，大部分位移测点其变形规律具有相似性。右坝肩顺河向典型位移曲线如图 8.3.8 所示。从图中可以看出，超载阶段，当 K_P 为 1.2~1.4 时，位移曲线出现微小的波动或拐点，与坝体应变过程曲线变化规律相似，随着超载倍数加大，位移逐步增大，当 K_P>3.0 以后，右坝肩表面位移增长迅速，曲线变化幅度加大，当 K_P 为 3.3~3.5 时，位移曲线出现波动或转折点，岩体裂缝扩展并相互贯通，坝肩岩体出现大变形。

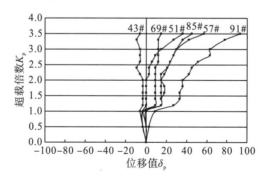

图 8.3.8 典型测点顺河向位移 δ_p-K_p 关系曲线

4. 两坝肩断层及蚀变带相对位移分布规律

由坝肩、坝基各软弱结构面内部测点相对位移的结果得出：右坝肩断层相对位移在正常工况下，各断层内部相对位移值较小；在降强阶段，位移有所波动，但增长幅度不大；在超载阶段，位移逐步增大，靠近拱端的断层相对位移增长显著。图 8.3.9 所示为典型测点相对位移随超载倍数变化曲线。

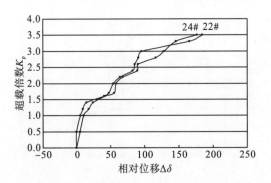

图 8.3.9　典型测点相对位移 $\Delta\delta$-K_P关系曲线

断层 F_{11} 离拱端最近，同时受降强的影响，中、下部高程相对位移大，而中、上部高程由于对断层 F_{11} 采取了加固处理措施，其相对位移较小；其次是断层 f_{11} 位移较大，尤其是在受到蚀变带 E_4、E_5、E_1 影响的部位，其相对位移较大；断层 f_{12} 在中部高程离拱端最近，因而中部高程相对位移大；断层 F_{10} 在中、上部高程虽离拱端较近，但由于采用了混凝土洞塞置换，其相对位移较小，但在▽1245.00m 以上有开裂现象；断层 F_5、F_{19}、F_{22} 离拱端较远，其相对位移较小。由此可见，影响右坝肩稳定的主要断层和蚀变带是 F_{11}、F_{10}、f_{11}、f_{12}、E_4、E_5。左坝肩中上部高程，由于采取了混凝土洞塞置换，其置换洞塞里面的测点，相对位移较小；总体上断层 F_{11} 相对位移大，尤其是中、下部测点位移较大；其次是断层 f_{12} 相对位移较大；断层 f_{19} 离拱端近，相对位移也较大；断层 F_{20} 在中、下部高程位移较小，而在上部▽1210.00m 位移较大；断层 F_5 相对位移较小。由此可见，影响左坝肩稳定的主要断层和蚀变带是 F_{11}、f_{12}、f_{19}、F_{20}。建基面以下断层 F_{11}、F_5、F_{19} 的相对位移测点分别布置在▽935.50m 和▽875.50m，总体相对位移较小；断层 F_{11} 和 F_5 在▽935.50m 相对位移较大，这是因为该高程离建基面近，受建基面的影响较大；而▽875.50m 的相对位移均较小，这是由于该高程已位于建基面以下 75m，埋深较大，相对位移小。

8.3.5　模型破坏过程、破坏形态及安全度评价

在正常工况下，拱坝及坝肩工作正常。在降强试验阶段，大坝及坝肩位移增幅小，无异常现象，表明坝肩及抗力体仍处于正常工作状态。当超载系数 K_P 为 1.2～1.4 时，大坝及坝肩位移曲线出现微小波动，坝体应变曲线出现明显转折或拐点，表明拱坝上游侧坝踵附近有初裂现象；当 $K_P=2.0$ 时，右拱端下游贴角与岩体接触面出现开裂；当 K_P 为 2.2～2.4 时，左坝肩上游侧推力墩附近岩体从▽1210.00～1240.00m 出现裂缝；当 $K_P=2.6$ 时，左拱端下游贴角与岩体接触面出现裂缝。随着超载倍数的增加，两坝肩及抗力体裂缝增多，并延伸扩展，相互贯通；当 $K_P=3.3$ 时，大坝下游面左半拱出现一条裂缝，从▽1110.00m 拱端附近向上开裂至坝顶；当 $K_P=3.5$ 时，大坝下游面右半拱出现一条裂缝，从▽1050.00m 高程拱端附近向上开裂至▽1210.00m。最终破坏形态如图 8.3.10 和图 8.3.11 所示。

图 8.3.10　$K_P=3.5$ 时右坝肩上、下游中、下部破坏形态

图 8.3.11　$K_P=3.5$ 时左坝肩上、下游中、上部破坏形态

右坝肩位于右拱端的断层 F_{11} 和 F_{10} 及附近岩体在 ▽1245.00～1310.00m 开裂破坏；右拱端下游▽1170.00m 附近岩体开裂，这主要受三类岩体和蚀变带 E_1 的影响；下游贴角与岩体接触面开裂破坏。

左坝肩左拱端▽1245.00m 推力墩附近岩体开裂破坏，由于受 40°中缓倾角影响，坝顶上部岩体出现沿中缓倾角的裂缝；坝肩下游中下部岩体受断层 F_{11} 的影响，在▽1130.00m附近断层 F_{11} 出现裂缝；拱端贴角与岩体接触面开裂破坏。

拱坝建基面上游侧开裂破坏严重，上游侧坝踵附近从左岸至右岸出现贯通性裂缝。

拱坝整体地质力学模型试验采用超载与降强相结合的综合试验方法进行破坏试验，在正常工况下，先降低主要断层抗剪断强度约20%，再超载至 $3.3P_0$～$3.5P_0$时，坝体及坝肩抗力体相继发生大变形，并出现失稳趋势，加载停止。根据试验获得的成果分析，得到强度储备系数 $K_S'=1.2$，超载系数 K_P' 为 3.3～3.5，则：$K_{SC}=K_S'\times K_P'=1.2\times(3.3\sim3.5)=3.96\sim4.2$，即小湾拱坝与地基整体稳定安全度为 3.96～4.2，满足设计要求。

8.4　小湾工程建设情况与运行现状

小湾电站大坝最大坝高 294.5m，其基岩峰值水平加速度、坝顶弧长、总水推力等关键指标，在世界拱坝建设中均居第一。项目由葛洲坝集团和水电四局具体承建，中水十四局也参加了大坝建设和机电安装。拱坝的布置与体形受制于特定的地质、地形条件、枢纽总布置及坝基稳定情况，其体形设计要同时满足施工期、正常运行期及地震时的应力标准，难度很大。坝顶高程▽1245.00m，坝身设 5 个溢流孔、6 个泄洪中孔、2 个放空底孔、3 个导流中孔和 2 个导流底孔，总浇筑体积为 865 万 m³。

自 2005 年 12 月 12 日小湾电站首仓混凝土浇筑以来，项目业主及设计、施工、监理大力开展管理创新和技术创新，及时解决面临的重大难题，保证了大坝高质量快速推进。小湾建设者通过不断创新，发扬集体智慧，取得了连续 18 个月单月浇筑强度保持在 20 万 m³ 以上的优异成绩，创造了国内外同类工程连续浇筑强度的最高纪录，作为复杂地质条件下建设的高拱坝，小湾水电站的建设攻克了一系列设计和施工中的技术难题，刷新了多项世界纪录，推进了我国的高拱坝建设水平。

电站于 2002 年 1 月 20 日正式开工，2004 年 10 月 25 日提前一年实现大江截流，2005 年 12 月 12 日大坝首仓混凝土浇筑，2008 年 12 月 16 日实现导流洞下闸蓄水。去年 9 月 25 日首台机组投产发电，当年实现"一年三投"目标(第一台于 2009 年 9 月 25 日投产，第二台于 2009 年 11 月 15 日投产，第三台于 2009 年 12 月 23 日投产)。随着最后一台机组并网发电，小湾水电站 6 台机组共 420 万 kW 全部投产，整个电站建设的总工期比原计划缩短两年。

2010 年 3 月 8 日，小湾电站大坝全线浇筑封顶，至此 300m 级双曲拱坝正式诞生。2010 年 8 月 22 日，小湾水电站第 6 台机组经过 72h 试运行正式投产发电，标志着小湾水电站 6 台机组共 420 万 kW 全部投产。小湾水电站工程枢纽全貌如图 8.4.1 所示。

图 8.4.1　小湾水电站工程枢纽

第9章 武都重力坝三维地质力学模型试验研究

9.1 工程概况及试验研究内容

9.1.1 工程概况

武都水库工程是武都引水工程的水源工程，位于四川省江油市境内的涪江干流上，是四川省"西水东送"总体规划中确定的以防洪、灌溉为主、结合发电、兼顾城乡工业生活及环境用水等综合利用的大(1)型水利工程，是国家重点投资建设的大型骨干工程。控制流域面积 5807 km²，年径流量 44.2 亿 m³，多年平均流量 140m³/s，水库总库容 5.72 亿 m³，其中防洪库容 8614 万 m³，兴利库容 35289 万 m³，电站装机 3×50MW。

枢纽区主要建筑物有碾压混凝土(RCC)重力坝及坝后式厂房，拦河坝及坝身泄水建筑物级别为 1 级，坝后式厂房为 3 级，工程地震设防烈度为 8 度。武都碾压混凝土重力坝坝顶高程 660.14m，建基面最低高程 541.00m，最大坝高 119.14m。大坝坝顶长度 727m，共分为 30 个坝段，从左岸至右岸依次为：左岸非溢流坝段共 12 段(1#～12#坝段)、厂房坝段共 3 段(13#～15#坝段)、表孔底孔坝段共 3 段(16#～18#坝段)、右岸非溢流坝段共 12 段(19#～30#坝段)。

武都水库工程区位于龙门山褶断带前山构造带的北段，库尾附近、库首段分别有龙门山主中央断裂带和前山断裂带通过，区内主要构造线呈 NE-SW 向展布，岩层总体产状 N41°～68°E/NW∠66°～78°。坝区内断裂构造发育，褶皱发育次之，形成了以北东向为主的断裂，如断层 F_5、F_{11}、F_7、F_{31}、F_{58}。坝址区为泥盆系中统白石铺群观雾山组可溶岩地层，按岩性分为 9 个工区层位，即 D_2^1 结核灰岩，D_2^2 微层泥灰岩，D_2^3 介壳灰岩，D_2^4、D_2^6、D_2^8 为灰岩；D_2^5、D_2^7、D_2^9 为白云岩。工区层位中夹有透镜体状岩层，其岩性分别为 D_2^{4-1} 泥质介壳灰岩，D_2^{5-2} 灰岩，D_2^{5-5} 白云质灰岩、D_2^{5-6} 微层泥灰岩、D_2^{7-2} 结核灰岩；D_2^{4-1} 白云岩，D_2^{7-1} 和 D_2^{5-3} 为结核白云岩类，D_2^{5-1} 为沥青质白云岩。

武都坝址区 16#～19#坝段(坝横 0+330.00～坝横 0+425.00)是武都水库工程的最高坝段，也是工程地质缺陷集中反映的典型坝段。16#～19#坝段坝基内存在 4 条缓倾断层 10f₂(倾角 27.5°)、f_{101}(倾角 16°)、f_{114}(倾角 22°)、f_{115}(倾角 17°)，1 条陡倾断层 F_{31}(倾角 66.9°)，以及 5 条层间错动带 JC6-B、JC7-B、JC60-B、JC2-C、JC21-C，这些不利地质构造在坝基中形成了典型的双斜滑面滑移通道，坝基的深层抗滑稳定问题十分严峻。

武都水库工程在不同勘测设计阶段所揭示的坝基地质构造略有不同，初设阶段和技施阶段所揭示的典型坝段地质构造如图 9.1.1 和图 9.1.2 所示，由图可见坝基存在深层滑动问题。

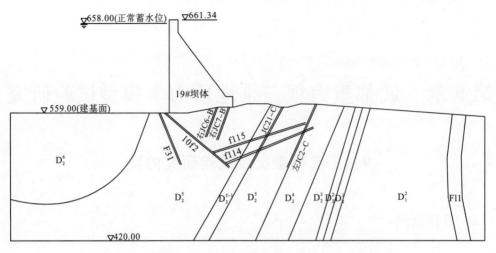

图 9.1.1 武都 RCC 重力坝典型坝段地质构造图(初设阶段)

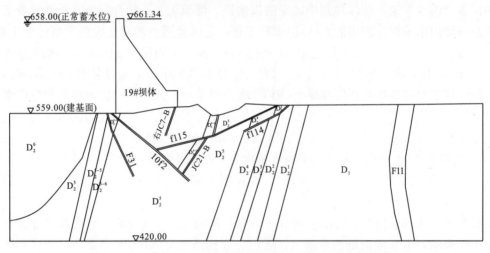

图 9.1.2 武都 RCC 重力坝典型坝段地质构造图(技施阶段)

9.1.2 模型试验研究内容

武都水库工程重大，坝基地质条件十分复杂，存在断层、层间错动带和缓倾角结构面等多种不利地质结构，坝基的深层抗滑稳定问题非常突出，工程技术难度大。根据武都水库工程坝址区地形地质条件、16♯~19♯坝段的坝体形态和设计工况等，对坝基加固前后稳定问题分两个阶段进行了两个三维地质力学模型试验。

第一阶段，根据初设阶段的地质构造，对天然地基条件下坝与地基的稳定问题，采用超载试验法对 16♯~19♯坝段进行三维地质力学模型破坏试验研究，研究坝体、基岩以及主要断层的变形分布特征，探讨坝与地基整体失稳的破坏过程、破坏形态和破坏机理，揭示影响坝基稳定的控制性因素，获得坝基稳定超载安全系数，评价工程安全性，提出坝基加固处理的措施和建议，为加固方案的确定和处理措施的设计提供重要依据。

第二阶段，根据技施阶段的地质构造，以及天然地基方案的研究成果及设计单位提供的加固处理方案，对加固处理后的坝基采用超载与降强相结合的综合法进行三维地质力学模型破坏试验，研究加固处理后坝与地基的稳定及安全问题，并与天然状态下的情况进行对比分析，评价加固处理效果，论证加固处理方案的可行性。

9.2　三维地质力学模型试验方案与模型设计

9.2.1　模型相似常数及原模型力学参数

由于地质力学模型试验属破坏试验，因此它必须满足破坏试验相似律的要求，由地质力学模型相似理论，模型相似满足下列关系：$C_\gamma = 1$，$C_\varepsilon = 1$，$C_f = 1$，$C_\mu = 1$，$C_\sigma = C_\varepsilon C_E$，$C_\sigma = C_E = C_L$，$C_F = C_\sigma C_L^2 = C_\gamma C_L^3$。由此得出武都重力坝加固前后两个模型试验采用的相似常数，如表 9.2.1 所示。

表 9.2.1　两个模型试验方案的相似常数表

相似常数	天然地基	加固地基
几何相似常数 C_L	150	150
容重相似常数 C_γ	1.0	1.0
变模相似常数 C_E	150	150
摩擦系数相似常数 C_f	1.0	1.0
荷载相似常数 C_F	150^3	150^3
凝聚力相似常数 C_c	150	150

根据设计单位提供的坝体材料、各类岩体和主要结构面的物理力学参数，按相似关系换算得到各类模型材料的物理力学参数。原型和模型的主要物理力学参数如表 9.2.2 所示。

表 9.2.2　原型和模型材料主要物理力学参数表

岩层类别	坝基情况	原型材料参数				模型材料参数			
		$\gamma_p/$ (g/cm³)	E_{0p} /GPa	f'_p	c'_p /MPa	$\gamma_m/$ (g/cm³)	E_{0m} /MPa	f'_m	c'_m /kPa
坝体材料 *	天然	2.4	20	1.2	1.1	2.4	133	1.2	7.33
	加固	2.4	20	1.2	1.1	2.05、2.16	133	1.2	7.33
置换混凝土	加固	2.42	20	1.1	1.5	2.42	133	1.1	10
D_2^5、D_2^7	天然/加固	2.81	6.5~10.0	1.0~1.2	1.0~1.1	2.81	55	1.1	7.00
D_2^4、D_2^6	天然/加固	2.70	7.00	1.0~1.2	1.0~1.1	2.70	46.6	1.1	7.00
$D_2^2 D_2^{5-6}$	天然/加固	2.65	2.65	0.65	0.45	2.65	18	0.65	3.00
D_2^1、D_2^3、 D_1^2	天然/加固	2.72	5.50	0.9	0.9~1.0	2.72	35	0.9	6.33
	天然/加固	2.72	7.00	1.0~1.2	1.0~1.1	2.72	46	1.1	7.00
D_2^{5-1}	天然/加固	2.78	6.00	1.0	1.0	2.78	40	1.0	6.67

岩层类别	坝基情况	原型材料参数				模型材料参数			
		$\gamma_p/$ (g/cm³)	E_{0p} /GPa	f'_p	c'_p /MPa	$\gamma_m/$ (g/cm³)	E_{0m} /MPa	f'_m	c'_m /kPa
f_{115}、f_{114}、$10f_2$、F_{31}	天然	1.65	0.055	0.37	0.02	1.65	0.37	0.13	0.5
f_{114}、$10f_2$	加固	1.65	0.055	0.55	0.1	1.65	0.37	0.55	0.67
F_{31}、f_{101}、f_{115}	加固	1.65	0.055	0.45	0.06	1.65	0.055	0.45	0.4

　　注：加固坝基条件下坝体材料的容重按扬压力等效原则进行了折减。

9.2.2　天然地基方案模型试验

　　根据武都重力坝地基的主要地质构造特性、试验研究的任务要求等因素综合分析，确定天然地基条件下模型模拟的范围为：横河向范围为 16♯～19♯ 坝段；顺河向的上游范围取 1.5 倍坝高，下游范围取 2 倍坝高；坝基模拟深度取 1.0 倍坝高，即模型底板为 ▽420.00m。综上，确定出模型尺寸为 3.55m×0.63m×0.8m(顺河向×横河向×竖直向)，相当于原型工程 533m×95m×120m 范围。天然坝基模型制作完成时的全貌如图 9.2.1。

图 9.2.1　天然坝基模型全貌

　　根据武都重力坝的受力特点，天然地基条件下模型试验主要考虑上游水压力、淤沙压力及自重。水压力按上游正常蓄水位▽658.00m 计，不计下游水位与扬压力；淤沙压力按淤沙▽585.00m 计；水沙荷载由千斤顶加载系统来施加，自重由模型材料与原型材料容重相等来实现。综上可知，试验中采用的荷载组合为：水压力＋淤沙压力＋自重。

　　试验采用油压千斤顶加载，千斤顶数量由荷载分布及荷载分块确定，坝体荷载分层分块主要根据沿坝高方向水沙荷载的分布形态、荷载大小、千斤顶油压与出力等因素综合考虑。结合武都重力坝模型荷载分布特点，首先按相似理论将原型荷载换算为模型荷载，并按坝体分缝分为 4 段；然后将荷载沿坝高方向分层，在保证每层千斤顶的供油压相同的前提下，依据分块荷载大小和千斤顶出力来选定千斤顶的规格和油压。综上所述，武都重力坝天然地基条件下坝体上游受载面共分为 13 块，由 13 支千斤顶分 3 层控制，选用 3 个油道分别加压，并将各分块荷载的重心位置作为荷载作用点，通过传压系统将荷载施加在坝体上游面，如图 9.2.2 和图 9.2.3 所示。

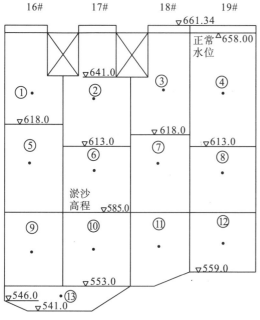

图 9.2.2　坝体上游荷载分块图（高程单位：m）

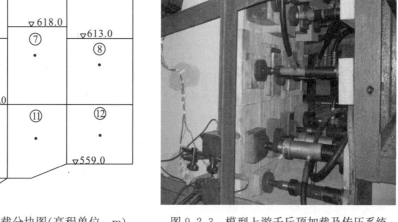

图 9.2.3　模型上游千斤顶加载及传压系统

针对武都重力坝典型坝段坝基的地质构造特征，坝基中存在断层 $10f_2$、f_{114}、f_{115}、f_{101}、F_{31} 等控制坝基稳定的主要因素，应重点监测这些断层的相对变位及其出露处的表面变位。此外，在重力坝坝体下游坝面及外侧坝面布置表面变位测点，以及在坝体建基面附近布置少量的应变测点，以应变值的变化特征作为判断安全系数的参考依据之一。综上所述，在地质力学模型试验中主要布置有三大量测系统，即外部变位量测、内部相对变位量测、坝体应变量测系统，以外部变位和内部变位量测系统为主。坝体表面变位及应变测点如图 9.2.4(a) 所示。

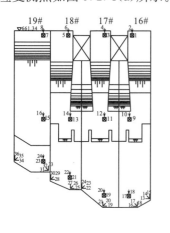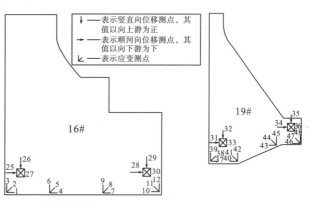

(a) 天然坝基模型

图 9.2.4　模型坝体表面变位及应变测点布置图（高程单位：m）

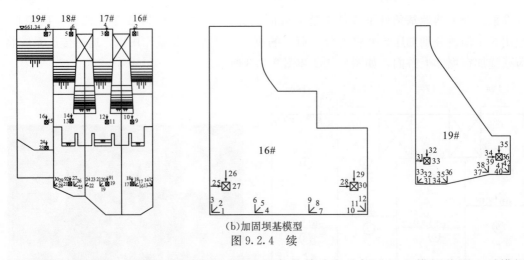

（b）加固坝基模型

图9.2.4　续

模型制作流程：根据试验的精度、试验的条件等确定几何比尺和模拟范围，对模拟范围内的地质构造进行概化，重点模拟4条缓倾断层$10f_2$、f_{101}、f_{114}、f_{115}，陡倾断层F_{31}等地质构造。按表9.2.2中的物理力学参数分别研制坝体、岩体、软弱结构面等模型材料，模型材料以重晶石粉为主，加石膏粉、机油、水等材料，按模型材料的力学指标选定配合比，满足力学相似原理。模型采用小块体砌筑，断层采用铺填法进行制模。模型上布设内部位移计、外部位移计及坝体应变片三大量测系统，以便在试验中获得位移和应变等数据。水沙荷载按荷载相似关系用油压千斤顶分层施加在上游坝面。

超载法试验程序：首先对模型进行预压，然后逐步加载至一倍正常荷载，在此基础上对水荷载进行超载，每级荷载以$0.2P_0 \sim 0.3P_0$（P_0为正常工况下的荷载）的步长进行增大，直至$K_P=3.0$坝基发生破坏、坝与地基出现整体失稳为止。

9.2.3　加固地基方案模型试验

加固地基条件下三维地质力学模型模拟坝段范围与天然地基条件下基本相同，横河向范围为16♯～19♯坝段；上游范围取1.0倍坝高，下游范围取2.5倍坝高；坝基模拟深度取1.0倍坝高，即模型底板为▽420.00m。加固坝基模型全貌如图9.2.5所示。

图9.2.5　加固坝基模型全貌

通过对天然地基条件下坝基稳定的分析研究可知，所研究坝段存在深层滑动问题。因此，必须对天然坝基岩体进行加固处理，以保证工程的安全运行。根据前期的研究成果，设计单位提出了 16♯～19♯坝段加固处理方案(图 9.2.6)，各坝段的加固措施具体如下。

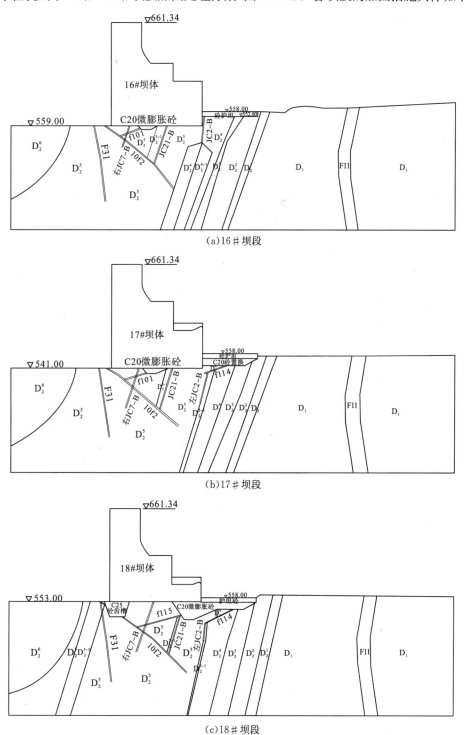

(a)16♯坝段

(b)17♯坝段

(c)18♯坝段

图 9.2.6　16♯～19♯坝段坝基加固处理方案(高程单位：m)

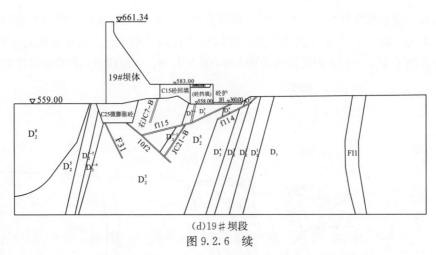

(d)19#坝段

图 9.2.6 续

(1)16#坝段的主要加固处理措施。在坝基面将出露的断层 f_{101} 挖除，置换 C20 微膨胀混凝土。挖除范围为下底宽度 10m，深度挖至▽537.00m，两侧边坡比为 1∶1、1∶3 的梯形置换槽。在坝趾后设长 66m、厚 6m 的混凝土护坦。

(2)17#坝段的主要加固处理措施。将坝基面出露的断层 f_{101} 挖除，置换 C20 微膨胀混凝土。挖除范围为下底宽度 10m，深度挖至▽535.13m，两侧边坡比为 1∶1、1∶3 的梯形置换槽。在坝趾后挖除出露的断层 f_{114}，挖除范围为长 66m、深 6m(至▽552.00m)，然后以 1∶2 的坡比挖至▽544.00m，置换深 8m 的 C20 混凝土，在其上设置长 66m，厚 6m 的 C20 混凝土护坦。

(3)18#坝段的主要加固处理措施。在坝踵处设置梯形 C25 混凝土齿槽，梯形齿槽上底面宽 30m，下底面宽 17.9m，高程为▽535.00m，两边的坡比分别为 1∶0.4、1∶0.3。在坝趾后将出露的断层 f_{115} 挖除置换 C25 混凝土，在▽552.00m 以上设置混凝土护坦，其后按 1∶1.5 的坡比挖除天然岩体。

(4)19#坝段的主要加固处理措施。①坝横 0+404.9 剖面：在坝踵处设置梯形 C25 混凝土齿槽，梯形齿槽上底面沿坝基面水平距离 57m，下底面为▽535.00m、宽 38m，两边的坡比分别为 1∶0.4、1∶0.3。在坝趾后回填 C15 混凝土至▽583.00m，回填长度为 39.5m；其后回填砂卵石至同一高程，回填长度为 28m；最后设置混凝土挡墙。②坝横 0+419.9 剖面：在坝踵处设置梯形 C25 混凝土齿槽，梯形齿槽下底面为▽540.85m，宽 29.87m，两边的坡比均为 1∶0.4。在坝趾后回填 C15 混凝土至▽583.00m，回填长度至坝纵 0+109；其后回填砂卵石至同一高程，回填长度至坝纵 0+165；最后按 1∶2 的坡比回填石碴，从▽583.00m 降至▽576.00m，长度回填至天然岩体。

在加固地基条件下，三维地质力学模型试验采取的试验条件与天然地基条件下的模型保持基本一致，如作用荷载、加载系统与量测系统、模型制作方法等，略有不同的是：①采用综合法试验，试验程序稍有不同；②按等效荷载模拟扬压力的作用，荷载组合为：水压力+淤沙压力+扬压力+自重。

由于在加固地基模型中采用了综合法试验，因此需研制变温相似材料，用以模拟影响坝基稳定的主要结构面 $10f_2$、f_{101}、f_{114}、f_{115}，通过升温降强的方法，使其强度在试验中能逐步降低。所配制的变温相似材料的抗剪断强度与温度关系曲线如图 9.2.7 所示。

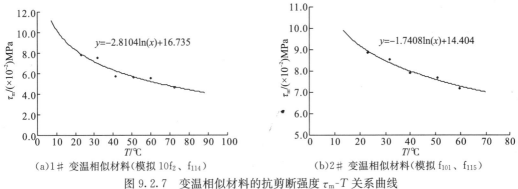

(a)1# 变温相似材料（模拟 $10f_2$、f_{114}）　　(b)2# 变温相似材料（模拟 f_{101}、f_{115}）

图 9.2.7　变温相似材料的抗剪断强度 τ_m-T 关系曲线

综合法试验程序：首先进行模型预压，随即逐步加载至正常荷载，然后在此基础上进行强度储备试验，即升温降低坝基中断层 $10f_2$、f_{101}、f_{114}、f_{115} 的抗剪断强度约 15%～20%，升温降强过程共分为五级。最后在保持材料的降强状态基础上进行超载试验，超载荷载按 $0.2P_0$（P_0 为正常工况下的荷载）的步长进行增大，直至 K_P＝4.6 坝与地基出现整体破坏失稳趋势式，则终止试验。

9.3　天然坝基模型试验研究成果

9.3.1　变位及应变成果

由模型中布设的外部表面变位、内部相对变位、坝体应变等三大量测系统，通过试验可以获得坝与地基的表面变位 δ，坝体应变 μ_ε，各软弱结构面相对变位 $\Delta\delta$ 的变化过程等，由此可绘制出一系列坝与地基的表面变位、坝体应变、结构面内部相对变位与超载倍数的关系曲线，典型曲线如图 9.3.1～图 9.3.4 所示。图中变位值已根据相似理论由模型量测值换算为原型变位值，单位为毫米，其中顺河向变位向下游为正，竖直向变位向上为正，结构面相对变位方向以断层上盘岩体相对于下盘岩体向下滑动为正。

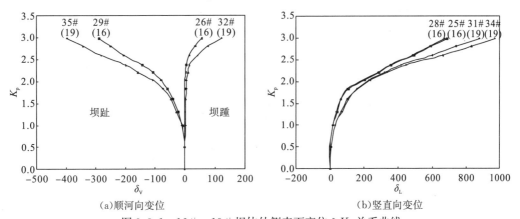

(a)顺河向变位　　　　　　　　　　(b)竖直向变位

图 9.3.1　16#、19#坝体外侧表面变位 δ-K_P关系曲线

注：括号中的数字表示测点所在坝段，下同。

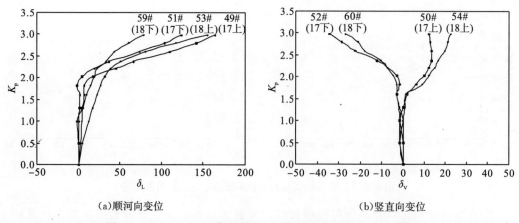

(a)顺河向变位　　　　　　　　　　　(b)竖直向变位

图 9.3.2　f_{114}、f_{115} 河床出露处上下侧基岩表面变位 $\delta\text{-}K_P$ 曲线

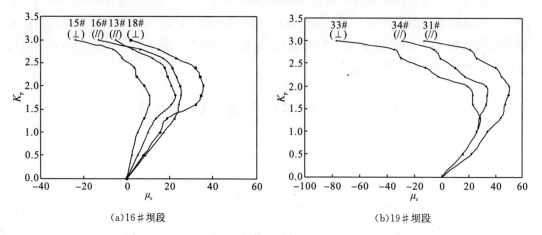

(a)16#坝段　　　　　　　　　　　(b)19#坝段

图 9.3.3　16#、19# 坝体下游坝面应变 $\mu_\varepsilon\text{-}K_P$ 关系曲线

注：括号中的符号 //、⊥ 分别表示 0°、90°方位的应变，下同。

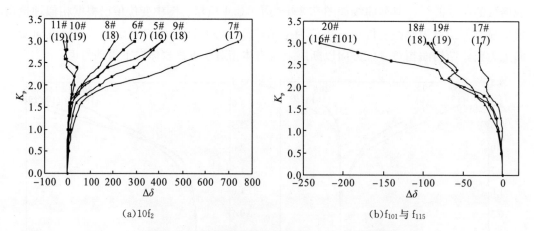

(a)10f_2　　　　　　　　　　　(b)f_{101}与f_{115}

图 9.3.4　结构面内部相对变位 $\Delta\delta\text{-}K_P$ 关系曲线

　　试验结果表明，在正常工况下，天然地基方案的坝体变位分布符合常规，坝体总体发生向下游的顺河向变位，最大顺河向变位发生在坝顶处。下游坝基面变位值较小，变位值随着超载倍数的增加而逐渐增大；坝趾处的变位较大，测点变位值向下游逐步递减；基岩

总体发生了向下游的顺河向变位和竖直向的沉降变位，顺河向变位相对于竖直向变位较大。

根据各断层内部相对变位与超载倍数的关系曲线，断层 F_{31} 的相对变位较小，对坝基的抗滑稳定影响较小；断层 $10f_2$、f_{101}、f_{114}、f_{115} 均产生了较大的相对变位，对坝与地基的深层抗滑稳定起控制性作用。各控制性断层的相对变位变化规律大致相似，其主要变形特征为：在正常工况 $K_P=1.0$ 时，各断层沿结构面的相对变位较小；在超载阶段，当 K_P 为 $1.6\sim2.0$ 时，变位曲线出现拐点，变位值开始明显增大，发生初裂；当 K_P 在 $2.0\sim2.4$ 以后，变位曲线再次出现拐点或发生波动，变位增幅显著加大，沿断层面产生较大的相对变位，发生破坏形成滑动破裂面。

9.3.2　模型破坏形态与破坏机理

武都重力坝天然地基模型超载至 $2.4P_0\sim3.0P_0$ 时，坝与地基呈现出整体失稳趋势，其最终破坏形态显示，模型的破坏区域主要发生在坝踵、坝趾及软弱结构面上，破坏范围从坝踵 0+000m 处延伸到下游坝纵 0+245m 处，在高程上从建基面▽559.00m 向下延伸到▽470.00m。各坝段坝体发生了坝踵向上、坝趾向下的不均匀竖直向变位，横河向变位左右不均衡，在平面上有轻微的顺时针方向的转动。坝基岩体破坏严重，坝基内断层、层间错动带等软弱结构面都发生了破坏，对坝与地基的稳定和变形有较大的影响。

坝踵处的断层 F_{31}、$10f_2$ 沿结构面发生了贯通性的开裂，其中 $10f_2$ 在坝踵处开裂破坏较严重，坝踵处岩体被拉裂张开，模型裂缝间隙宽度达 2～3mm(图 9.3.5)，对坝与地基的稳定和变形都存在较大的影响；F_{31} 沿结构面的相对变位较小，对坝基的稳定影响不大，但对坝踵的变形及开裂影响大。倾向上游的缓倾角断层 f_{101}、f_{114} 和 f_{115} 沿结构面发生了较大的相对变位，产生了贯通性裂纹，与上游的 $10f_2$ 断层组合形成控制性滑动面，部分岩体已沿滑动面滑出基岩。

图 9.3.5　19♯坝段上游坝踵处的开裂

各坝段的破坏情况如下：

(1)16♯坝段，断层 f_{101} 裂纹与断层 $10f_2$ 相交并贯通到坝基面，坝基浅层形成 $10f_2$-f_{101}-坝基面的组合滑动面趋势(图 9.3.6)。

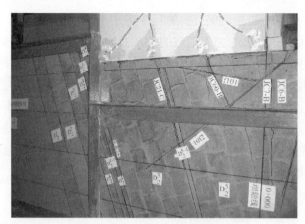

图 9.3.6   16♯坝段外侧破坏形态

(2)17♯、18♯坝段，断层 F_{31}、$10f_2$、f_{114}、f_{115} 的裂纹相互贯通，形成了 $10f_2$-f_{114}、$10f_2$-f_{115} 的组合滑动面，部分岩体已沿 f_{114}、f_{115} 结构面滑出基岩面(图 9.3.7)。

图 9.3.7   模型下游基岩表面的破坏形态

(3)19♯坝段，断层 F_{31}、$10f_2$ 发生贯通性开裂，$10f_2$ 的开裂间隙较大，在其下游侧的基岩内有大量相互贯通的节理裂隙，形成由深到浅的裂隙破坏区，并且破坏区有形成向下游滑动失稳的趋势(图 9.3.8)。

图 9.3.8   19♯坝段外侧破坏形态

模型的最终破坏形态表明，天然地基状态下武都重力坝的坝基破坏机理为典型的双滑面深层滑动，须采取必要的工程措施对坝基进行加固处理。

9.3.3　超载稳定安全系数评价

在天然地基条件下，武都 RCC 重力坝典型坝段的超载法试验安全系数评价如下。

根据坝基中断层内部测点的相对变位 $\Delta\delta$-K_P关系曲线、下游基岩外部测点的表面变位 δ-K_P关系曲线、坝体典型高程外部测点的的表面变位 δ-K_P关系曲线、坝体应变测点应变 μ_ε-K_P关系曲线、试验现场的观测记录，并结合由试验结果分析得到的模型破坏过程和破坏机理，综合评定各坝段的超载安全系数 K_P：①16♯坝段超载至 $1.8P_0$发生初裂，超载安全系数 $K_{SP}=2.4$；②17♯坝段超载至 $1.6P_0$发生初裂，超载安全系数 $K_{SP}=2.0$；③18♯坝段超载至 $1.6P_0$发生初裂，超载安全系数 $K_{SP}=2.2$；④19♯坝段超载至 $2.0P_0$发生初裂，超载安全系数 $K_{SP}=3.0$。

9.3.4　坝基加固处理的必要性

根据天然坝基模型试验研究成果综合分析，武都重力坝工程存在坝基深层滑动失稳问题，且与类似工程——广西百色碾压混凝土重力坝坝基稳定地质力学模型试验相比较，其超载安全系数相对较低（百色重力坝 $K_{SP}=3.9$）。此外，在天然坝基模型试验中未考虑扬压力，如考虑扬压力对坝基抗滑稳定的影响，各坝段的超载安全系数还会进一步降低。因此，为了保证工程建设的安全性，有必要对武都重力坝的坝基进行加固处理，以提高坝与地基的稳定性。

由试验结果显示的破坏形态和破坏区域，以及揭示的坝基薄弱环节和综合分析得到的破坏机理，坝基中倾向下游的断层 $10f_2$ 和倾向上游的缓倾角断层 f_{114}、f_{115}、f_{101} 对坝与地基的稳定起控制性作用。此外，断层 F_{31} 和坝基下的多条层间错动带对坝与地基的变形影响较大。对坝基的加固处理，应对影响坝与地基变形和稳定的软弱结构面进行重点加固处理，可采取混凝土置换、抗剪洞塞、固结灌浆、锚索等加固处理措施，处理时可将埋深较浅和分布范围较小的断层 f_{101} 进行挖除置换。对体型较小的 19♯坝段可适当增大坝体尺寸，并在其坝趾后开挖回填适当的混凝土，使 19♯坝体的抗变形能力和坝基的承载能力得以提高。在加固处理时，还应对坝踵部位的处理给予足够的重视，防止坝踵发生开裂。

天然坝基模型试验结果为武都重力坝工程的安全评价和加固设计提供了科学依据，设计单位根据模型试验研究成果，同时结合多家科研单位对武都工程坝基抗滑稳定与加固措施的研究成果，最终提出了以开挖回填及混凝土置换齿槽为主的加固处理方案，详见图 9.2.6。

9.4 加固坝基模型试验研究成果

9.4.1 变位及应变成果

通过对坝基加固处理后的武都重力坝开展模型试验研究,获得了坝与地基的表面变位、坝体应变、结构面内部相对变位与超载倍数的关系曲线,典型曲线如图 9.4.1～图 9.4.4所示。

图中数值为原型变位值(单位:mm),变位方向与天然坝基模型相同,即顺河向变位向下游为正,竖直向变位向上为正,结构面相对变位方向以断层上盘岩体相对于下盘岩体向下滑动为正。

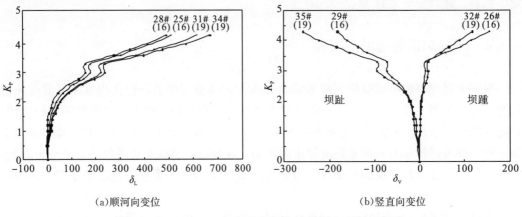

(a)顺河向变位 (b)竖直向变位

图 9.4.1 16#、19# 坝体外侧表面变位 δ-K_P 关系曲线

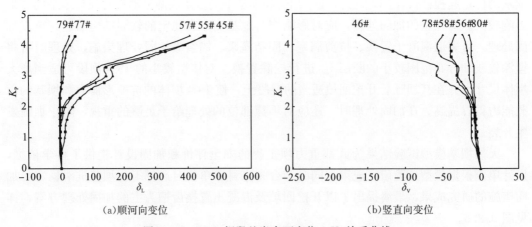

(a)顺河向变位 (b)竖直向变位

图 9.4.2 16# 坝段基岩表面变位 δ-K_P 关系曲线

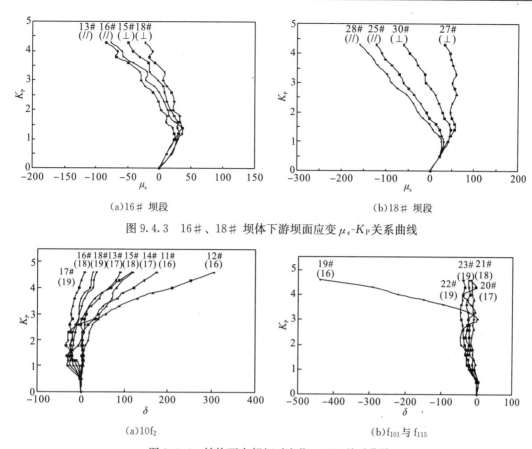

(a)16# 坝段　　　　　　　　　　　　　(b)18# 坝段

图 9.4.3　16#、18# 坝体下游坝面应变 μ_ε-K_P 关系曲线

(a)10f₂　　　　　　　　　　　　　(b)f₁₀₁与f₁₁₅

图 9.4.4　结构面内部相对变位 $\Delta\delta$-K_P 关系曲线

　　试验结果表明，在正常工况下，坝体变位的分布符合常规，变位正常。坝体总体发生向下游的顺河向变位，最大顺河向变位发生在坝顶处。加固方案与未加固方案的最大顺河向变位相比较，坝体变位得到明显降低，坝与地基的整体刚度得到提高。在超载过程中，变位逐步增大，同时发生坝踵向上、坝趾向下的不均匀竖直向变位。各坝段以顺河向变位最大，竖直向变位次之，横河向变位较小。加固方案的下游坝基面变位值较小，变位值随着超载倍数的增加而逐渐增大，坝趾处的变位较大，测点变位值向下游逐步递减。基岩总体发生了向下游的顺河向变位和竖直向的沉降变位，顺河向变位相对于竖直向变位较大。

　　从变位曲线图中还可以看出，由于加固坝基中布置有置换混凝土，坝基得到明显加固。布置在护坦首、尾处的变位测点与紧靠护坦下游侧的基岩变位测点，其顺河向变位大小相当，变化情况基本一致；护坦尾部的竖直向变位与护坦下游侧的竖直向变位大小相当，变位值相对于护坦首部的变位得到了明显的降低。

　　从结构面的内部相对变位来看，倾向下游的断层 F_{31}、$10f_2$ 在未加固处理部位产生的变位较大，在加固处理部位产生的变位较小。当超载至 $2.3P_0$~$2.6P_0$ 时，F_{31}、$10f_2$ 的变位曲线出现明显的拐点和转折；超载至 $3.0P_0$~$3.3P_0$ 时，变位曲线增幅显著增大；超载至 $4.0P_0$~$4.3P_0$ 时，坝与地基发生大变形，呈现出失稳破坏趋势。倾向上游的断层 f_{114}、f_{101}、f_{115} 中，除 16# 坝段的 f_{101} 在超载后期当结构面发生开裂后有较大的变位之外，变位总体较小。

9.4.2　模型破坏形态

通过降强与超载相结合的综合法模型试验，模型主要在坝踵、坝趾、软弱结构面及建基面下部岩体等区域发生开裂破坏，最终破坏形态如图 9.4.5～图 9.4.10 所示。其中坝踵、坝趾处基岩的破坏相对较严重，16♯～18♯坝段的坝踵破坏主要以 F$_{31}$、10f$_2$ 的开裂为主（图 9.4.5）；18♯～19♯坝段的坝踵破坏主要以受拉区岩体的拉裂破坏为主（图 9.4.6）；坝趾处的破坏特征主要表现为基岩的节理裂纹（图 9.4.8）。

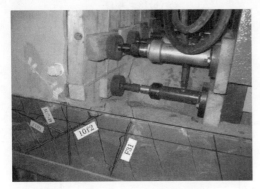

图 9.4.5　16♯坝段坝踵处的破坏形态

图 9.4.6　19♯坝段坝踵处的破坏形态

图 9.4.7　断层 f101 的破坏形态

图 9.4.8　下游基岩表面的破坏形态

图 9.4.9　16♯坝段外侧破坏形态

图 9.4.10　19♯坝段外侧破坏形态

各坝段均呈现出断层开裂与加固措施的布置紧密相关的破坏特征：在未加固部位，断层开裂较早、破坏程度较重；在加固部位，断层开裂较晚、破坏程度较轻。如 F_{31}、$10f_2$ 在 16♯～18♯坝段的坝踵处未进行加固则破坏较严重，而在 18♯～19♯坝段坝踵处得到加固则开裂发生较晚，形成的裂纹较小。

9.4.3　综合稳定安全系数评价

根据武都 RCC 重力坝典型坝段的加固地基条件，采用超载与降强相结合的综合法进行破坏试验，在加载至正常工况后，对主要断层的抗剪断强度降低约 15%～20%（即破坏时的降强系数 $K'_S = 1.2$），再超载至 $3.0P_0$～$4.0P_0$（即破坏时的超载系数 K'_P 为 3.0～4.0）时，变位幅度明显增大，坝与地基相继发生大变形，出现破坏失稳趋势。由试验成果综合分析得出，武都重力坝 16♯～19♯坝段加固处理后的综合稳定安全系数为

$$K_{SC} = K'_S \times K'_P = 1.2 \times (3.0 \sim 4.0) = 3.6 \sim 4.8$$

由天然地基的破坏试验研究结果可知，未加固坝基的超载安全系数为 K_{SP} 为 2.0～3.0。对比分析加固处理前与加固处理后的效果，加固处理后的坝基安全系数得到了明显的提高，加固措施起到了有效的作用。

9.4.4　坝基加固效果评价

根据各坝段地质条件和加固措施的具体布置，加固措施在不同坝段表现出了不同的加固效果。

（1）在 16♯（坝横 0+330.00）～17♯（坝横 0+369.00）坝段，坝基中部布置有 1 个混凝土加固塞，使埋深较浅的 f_{101} 开裂时间较晚，并且阻止了裂纹向建基面的扩展，起到了有效的加固作用，从而使 f_{101} 在坝基下没有形成贯通性的滑裂面。但坝踵处的 F_{31}、$10f_2$ 发生了开裂，并从 16♯坝段向 17♯～18♯坝段逐渐扩展，开裂情况较严重，裂纹最终在 17♯～18♯坝段的混凝土塞处被阻隔。与天然地基方案相比，断层 $10f_2$ 与 f_{101} 的裂纹虽已贯通，但受坝基中部混凝土加固塞的作用，裂纹未扩展至坝基面。

（2）在 17♯（坝横 0+369.00）～18♯（坝横 0+400.00）坝段，坝踵和坝趾处布置有三个混凝土加固塞，分别对 $10f_2$、f_{101}、f_{114}、f_{115} 等断层进行了加固处理，未处理的断层 F_{31} 的变位较大，其破坏情况较严重；加固处理的断层 $10f_2$、f_{101}、f_{114}、f_{115} 的变位较小，其破坏情况较轻微。

（3）在 19♯坝段（坝横 0+400.00～坝横 0+425.00），坝踵处布置有较大的混凝土塞，坝趾处有回填的混凝土和未开挖的山体。坝踵处的 F_{31}、$10f_2$ 均得到了有效的加固，由变位曲线图来看，加固处理后断层 F_{31}、$10f_2$ 的变位明显减小，从而使 F_{31}、$10f_2$ 在强降后并超载至 $3.0P_0$～$3.3P_0$ 时出现局部开裂。由于坝踵处有较大的置换混凝土塞、下游有足够的抗力体承担荷载，断层 f_{114}、f_{115} 的变位也较小，局部部位出现开裂。与天然地基方案相比，在 19♯坝段，倾向下游与倾向上游的断层未上下贯通形成滑移通道。

综合分析各坝段采取的不同加固措施和产生的加固效果，并对比加固地基和天然地

基条件下坝与地基的变位分布特征、破坏过程和破坏形态，可见以置换混凝土塞为主的加固方案对本工程的坝基起到了良好的加固作用，提高了坝基的刚度，改善了坝与地基的受力和变形特性，有效减少断层的起裂、扩展、滑移等现象的发生，使坝与地基的稳定安全系数得到显著提高，对坝基的深层抗滑稳定性有良好的改善作用。

9.5　武都水库工程建设情况与运行现状

武都水库工程是被邓小平同志誉为"第二个都江堰"——武都引水工程二期工程的龙头骨干工程，也是迄今涪江上最大的水利枢纽工程，同时也是水利部、四川省重点水利工程。作为武都引水工程二期工程的核心，建成后可为武都引水工程灌区 228 万亩农田和涪江中、下游城乡工业、生活用水提供可靠的水源保证，受益农民将达 500 万人之众，同时可将绵阳市及沿江城镇、农村及重要基础设施的防洪标准，从 20～50 年一遇提高到 50～100 年一遇。武都水库工程曾被评选为"2012 全国有影响力的十大在建水利工程"，是四川唯一入选的水利建设项目。

武都水库工程重力坝采用三维地质力学模型试验及其他坝基稳定研究专题论证了重力坝的整体稳定性，揭示了坝与地基存在的薄弱环节，为工程的设计、施工提供了科学依据，保障了工程建设的顺利进行。

武都水库工程于 2004 年 11 月 1 日正式开工，2005 年 11 月进行坝基开挖时新揭示存在影响大坝深层抗滑稳定的地质缺陷，随即停工进行补充勘察和设计，由水利水电规划设计总院技术审查后进行地质缺陷处理，2007 年 1 月开始恢复施工，大坝工程开始混凝土浇筑。

2008 年 5 月 12 日，一场突如其来的特大地震给水库大坝工程建设施工造成了严重影响，上、下游围堰因地震受到致命性损害，已经浇筑的大坝出现 13 处贯穿性裂缝，机具设备、混凝土拌和系统被破坏，溶洞垮塌严重，工程建设被迫停下来，施工计划严重受阻。但是，经专家用现代高科技手段多次检测表明，本次震动影响都在设计可控范围内。经过固结灌浆等加固技术处理后的工程符合设计要求，混凝土与岩体接触胶结较紧密，无错动迹象，没有造成实质性的震损破坏。省质监部门和监理方对已验收的 1452 个单元工程质量进行了评定：验收合格率 100%，优良数为 1176 个，优良率平均在 80% 以上，这表明水库建设者已完全战胜了地震灾害对工程的影响。2008 年 10 月 29 日，因地震灾害影响停工近半年的全省最大在建水利工程项目武都水库全面复工。

2009 年，四川武都水库工程大坝浇筑、基础处理、灾后重建全面展开，武都电站进入设备安装阶段，施工强度达到历史最高峰。

2011 年 8 月 29 日，武都水库正式下闸蓄水。武都水库工程自导流洞下闸蓄水以来，各项指标均达到设计要求，工程正常施工不受影响。据观测，导流洞内渗流量正常，无大的渗漏通道出现，洞内封堵施工按计划展开。左右岸坡面无明显渗流现象，基础处理效果良好。大坝底孔过流正常，坝前水位稳定在 590m 高程，上游水域面积少量增加，下闸前浑浊的水面已变得清澈，水质有明显提高。

2011 年 11 月 1 日，武都水库电站首台机组发电，投入正式运行送电上网；其余两台机组于当年相继并网发电。

2012 年 11 月 8 日，武都水库大坝最后一仓混凝土入仓，实现大坝封顶、主体工程完工。

2013 年 8 月 16 日，武都水库通过正常水位蓄水 658m 阶段验收，标志着武都水库工程已全部建成并开始全面发挥效益。工程建设至今，各方面运行良好。

建成后的武都水库大坝如图 9.5.1 所示，武都水库开闸泄洪情况如图 9.5.2 所示。

 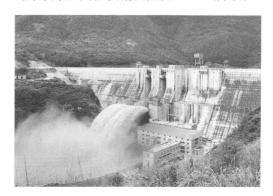

　　图 9.5.1　建成后的武都水库大坝　　　　　　　图 9.5.2　武都水库开闸泄洪

第10章 国外典型大坝工程地质力学模型试验

20世纪60年代末，意大利ISMES进行了多项地质力学模型试验，到20世纪七、八十年代，美国、德国、苏联、日本和意大利等国家也开展了大坝模型试验的研究工作。地质力学模型试验方法得到了广泛而深入的发展，主要用于研究坝体与坝基的联合作用、重力坝的抗滑稳定、拱坝的坝肩稳定、地下洞室围岩的稳定等问题。伴随着这些国家建坝高峰期的褪去，地质力学模型试验在水工结构方面的应用逐渐减少。目前国外具有较大规模的该类型实验室，主要有俄罗斯国家水工科学研究所、法国国家水工实验室、葡萄牙里斯本国家土木工程实验室和印度中央水利水电研究所等。

10.1 伊泰普空腹重力坝

10.1.1 工程概况

伊泰普(Itaipu Binacional)水利枢纽位于南美洲巴西和巴拉圭边界的巴拉那河上，是巴西和巴拉圭两个国家共同兴建的工程。工程于1975年动工兴建，1991年完成。装机容量14000MW(20×700MW)，设计年平均发电量900亿kW·h，是目前世界上第二大水电站，同时还具有防洪、航运、渔业、旅游及改善生态等综合效益。巴拉那河为世界第五大河，全长5290km，流域面积280万km²，伊泰普水电站坝址以上控制流域面积为82万km²，多年平均流量为8500m³/s，水库总库容为290亿m³，有效库容为190亿m³。

伊泰普坝址区范围宽广，地形、地质复杂，工程规模大，综合效益大，枢纽组成的水工建筑物较多，布置也分散。枢纽全长7744m，左岸属巴西，右岸属巴拉圭。水工建筑物沿坝轴线自左向右有左岸土坝，左岸堆石坝，导流明渠及其控制建筑物、主坝、发电厂房、右岸翼坝、溢流坝、右岸土坝等(图10.1.1和图10.1.2)。

(1)横跨主河床的主坝——混凝土双支墩空腹重力坝，最大坝高196m，坝顶长1064m，是目前世界上同类型坝中的最高坝。

(2)右岸混凝土翼坝为单支墩大头坝，在平面上呈圆弧形，连接主坝与右岸溢洪道，长986m，最大坝高64.5m。

(3)右岸土坝，布置在溢洪道的右侧，最大坝高10m，长842m。

(4)左侧导流控制坝段为重力坝，最大坝高162m，长170m。

(5)左岸堆石坝，最大坝高70m，长1984m。

(6)左岸土坝，最大坝高30m，长2294m。

(7)发电厂房设在主坝和控制建筑物下游侧，总长968m，除布置在整个河床和导流明渠部分外，还在左岸堆石坝与导流明渠及其控制建筑物之间预留后期扩建新发电厂房位置。

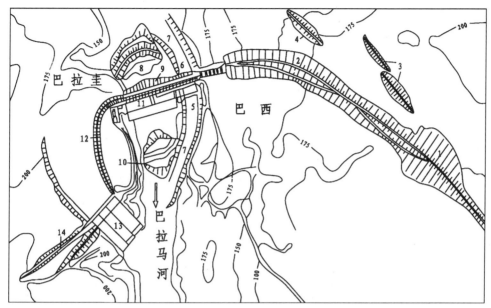

①左岸土坝；②堆石坝；③、④堤；⑤导流明渠；⑥导流控制坝段；⑦混凝土拱形围堰；⑧上游围堰；⑨双支墩主坝；⑩下游围堰；⑪发电厂房；⑫单支墩大头翼坝；⑬岸边溢洪道；⑭右岸土坝

图 10.1.1 伊泰普水利枢纽布置图

图 10.1.2 伊泰普水电站实景照片

(8)溢洪道设在右岸山脊上，宽 355m，最大溢流量 62200m³/s。

(9)通航建筑物，包括引航道及三级船闸，每级船闸长 210m，宽 17m，深 5m。

(10)导流明渠底宽 100m，最大开挖深度 90m，两侧边坡坡比为 20：1，最大导流量达 30000m³/s。上游围堰高 90m，下游围堰高 70m，临时建筑物的工程量很大。

由于坝基为多次喷发的玄武岩，产状近于水平，特别是河床主坝坝基岩体内有多层的软弱结构面，包括剪切带、接触带和裂隙带，其中还有软弱夹层。所以设计和施工当局都对此坝基的深层处理予以特别的注意。

10.1.2　工程地质条件

伊泰普水利枢纽位于巴拉那盆地的侏罗纪玄武岩上，岩层近于水平。玄武岩层内，岩性变化有一定的规律，每层中心部分为深灰色细粒的玄武岩，逐渐过渡为粗粒结晶的玄武岩，然后成为气孔状、杏仁状的玄武岩。最上部的边缘为角砾岩过渡带，厚度为 1~30m，比较松软易变形。平行于层面的不连续夹层通常分布在层间的接触面上或过渡带的底部。

坝址的岩层主要倾向 NE(上游)，倾角为 1°~2°。直接与大坝基础有关的有五层，按从老到新、由下到上的顺序排列，称为 A、B、C、D、E 层。其中上面的四层主要在山坡上出露，A 层只在河床上有出露。每层厚度为 30~70m。较厚的 E、C、B、A 层都有熔岩冷却过程中产生的节理，并形成块状、圆柱和棱柱状的结构。由于巴拉那河下切，使河谷边坡岩体失去了侧向限制，从而向河床产生轻度位移，形成了若干接近水平的结构面，如图 10.1.3 和图 10.1.4 所示。

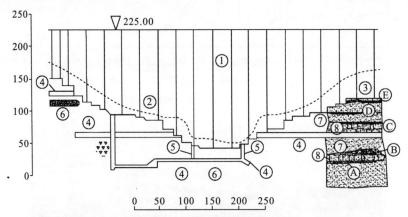

①坝—双支墩混凝土重力坝；②天然地面剖面；③开挖剖面；④排水隧洞；⑤地勘竖井和平洞；⑥剪力键槽；⑦致密的玄武岩；⑧角砾岩和多孔状玄武岩

图 10.1.3　伊泰普大坝下游立视图(单位：m)

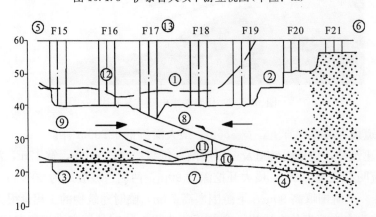

①天然地面剖面；②开挖剖面；③ A-B 张开接触层；④ A-B 闭合接触层；⑤右岸；⑥左岸；⑦第一剪切层；⑧第二剪切层；⑨第三剪切层；⑩致密的玄武岩；⑪角砾岩；⑫混凝土坝支墩；⑬坝段编号

图 10.1.4　河床坝基不连续层组成结构示意图(单位：m)

　　软弱结构面主要出现在角砾岩上部和致密玄武岩下部之间的接触带上，是影响大坝稳定的主要水平滑动面。为了查明软弱结构面的分布范围和力学特性，曾进行了大量的勘测工作和试验工作。勘测工作从 1972 年 1 月开始，分两个阶段进行，到 1977 年基本完成勘测工作。

　　第一阶段的勘测在导流前进行，主要查明了以下问题：①位于不连续夹层出露处的岩体风化和应力释放发展很快，是最危险的部位；②主河床中存在断裂带和软弱带的位置。

　　根据上述情况，把右岸直径 4.0m 的竖井，从▽120.00m 向下开挖至▽7m，以低于不连续面 A，并在最软弱夹层处打支洞，以便在导流前挖出软弱带并进行试验。同时，在竖井内▽70.00m、▽59.00m 和▽12.00m 处分别开挖了三个平硐，用以查明 B 层角砾岩、B 层底部破碎带、节理面（▽62.00m）、AB 两层接触面（▽20.00m）与节理 A（▽12.00m）的性质，并在▽62.00m、▽20.00m 平硐中进行了 1.0m×1.0m 试块的直剪试验（现场直剪试验共达 14 组）。根据这些勘测和试验，证实不连续夹层是主坝基础中的一个关键问题，而主河床的断裂带和软弱带却未构成不连续面。

　　第二阶段的勘测在导流之后进行。右岸在▽60.00m 处开挖一条长 165m 的平硐，左岸在▽55.00m 处开挖另一条长 210m 的平硐，以便对充填黏土的节理 B 进行探查。并在▽125.00m 处挖平硐，对上部岩层的结构面 D 进行探查。为了深入了解▽20.00m 和▽12.00m 的结构面，又在河床上开挖了四个竖井，竖井挖至▽10.00m，低于河床建基面 20~30m。在井内沿 AB 层界面开挖了总长达 1000m 的平硐，对河床坝段下的剪切带进行直接观测。在洞内进行三组 1.0m×1.0m 的现场直剪试验，六个岩石变形试验，同时在平硐内打岩心钻孔，以补充确定软弱破碎带的位置和延伸情况。

10.1.3　坝基岩体力学特性研究

　　坝址区岩体力学的实验包括变形与强度试验。①变形试验：6 组千斤顶试验；7 组平板加荷试验；49 组钻孔弹模试验。②强度试验：14 组直剪试验（1m×1m 试块）；60 组岩芯的应力试验。

　　根据试验成果及当地的岩石条件，坝基剪切带或不连续面夹层可归纳为 5 种类型：①岩石和岩石接触面有粒状充填，$\varphi=35°$；②带有黏土薄膜并有严重裂隙的平面，$\varphi=30°$；③糜棱岩带，其中部分含有少量黏土，$25°<\varphi<30°$；④黏土质母岩中带有坚硬的或轻微蚀变的角砾状碎片，$\varphi=25°$；⑤充填有塑性黏土的，$\varphi<25°$。

　　通过岩体力学试验和坝体中主要结构面的力学试验，所得到模型断面，以及材料和节理的特性值见表 10.1.1 和表 10.1.2。

表 10.1.1　岩体材料特性表

岩层 L	变形模型 E/GPa	σ_c/MPa	σ_k/MPa	容重 γ/(t/m³)
C_1	20	14~15	1.2	2.7~2.8
C_2A	7.2	7.5~8.0	0.6~0.7	2.5~2.7
C_2B	9.6	8.5~9.5	0.7	2.5~2.7

续表

岩层 L	变形模型 E/GPa	σ_c/MPa	σ_k/MPa	容重 γ/(t/m³)
C_2C	14.3	9.5～10.5	0.8～0.9	2.5～2.7
C_3	7.2	6.5～7.0	0.6～0.7	2.3～2.5
C_4	10	6.5～9.5	0.9	2.4～2.7

表 10.1.2　节理材料特性表

节理	单位剪切刚度 K_i/MPa	内摩擦角 φ/(°)	备注
J_1A	3～5	30	
J_1B	4～5	30	
J_1C	5～6	30	
J_2A	6～7	35	
J_2B	6～7	40	节理凝聚力
J_3A	6～7	35	$c'=0$
J_3B	6～7	40	
J_3C	4～5	30	
J_4	5～7	35	

10.1.4　地质力学模型试验

伊泰普混凝土大坝具有以下几个主要的特点:主坝高达 196m,是当时世界上最高的混凝土双支墩空腹重力坝;主坝包含有 14 个 6.7m×22m 的大孔径泄流建筑物;坝基中除存在软弱带外,在右岸单支墩翼坝坝段,每个坝段下游部分都坐落在倾斜的混凝土"支墩"上,而此"支墩"是在紧靠厂房开挖基坑的上游边坡浇制而成,其稳定问题极其重要。在大坝设计过程中,除进行常规计算和有限元法计算外,还进行了物理模型实验(共制作了最高空腹重力坝段、导流建筑物及门槽细部结构、带下游倾斜支座的坝段三个平面模型),验证了结构在弹性阶段和破坏阶段的完整性与安全性。成果除了表明坝体状态在弹性阶段与计算值保持一致外,还提供了从弹性阶段到破坏阶段明确的破坏机理及相应的安全系数,其结果比较可靠,满足了工程建设的需要。

但是,上述模型未包括基岩部分,不能反映大坝沿坝基软弱面的抗滑稳定安全程度,所以在意大利 ISMES 又进行了三维地质力学模型试验,以确定混凝土坝和基岩联合作用系统中的最软弱部位,查明其潜在的破坏机理。三维地质力学模型试验得出的安全系数值,既考虑了从弹性阶段至破坏时的基岩性状,又考虑了三维效应的影响,从而可对用常规方法和二维有限单元法计算得出的成果进行评价,为设计的完善性提供了可靠的论证。

伊泰普工程的地质力学模型是目前世界上使用过的最大模型,如图 10.1.5 所示。它包括了全部混凝土坝段,以保证中央部分合适的边界条件。基岩则按其强度性质而模拟到最低建基面以下 110m 的深处。地基的上游部分通过立式发电机的圆柱面,此面相当于假定的上游坝基的破裂面。模型下游的范围延伸到相当于节理 J_1 的出露处，节理 J_1 是验算岩体抗滑稳定的最低主要节理面。

图 10.1.5　伊泰普大坝三维地质力学模型试验图

　　模型主要进行了三方面的模拟：①混凝土坝和岩层；②岩体的不连续面（接触面、大节理和破碎带）；③荷载（自重、水压力和扬压力），在正常荷载基础上进行水压力超载，直至破坏为止。

　　在模拟过程中，对伊泰普重力坝的地质特征进行了适当概化以便模拟，模型的几何形状与工程实际形状略有差别，主要是从有利于本工程试验研究方面进行的考虑。主要的差别为：位于河床中央的 16 个厂房坝段在模型中只用了 14 个；右安装间和中央安装间的实际开挖剖面比模型中的开挖剖面小一些。地质特征主要概化到适合用几何比尺 C_L=130 的模拟范围，用单一的模型层（相同的高度、变形特性和强度特性）来代替一些非危险的岩层组；大节理则用无凝聚力的摩擦面来代替，使其偏于安全；与节理有联系或无联系的破碎带，均以破碎带顶部无凝聚力的摩擦节理来代替；节理的单位剪切刚度 K_i，则由 ISMES 的一种特殊装置予以适当地考虑；破碎带的单位正常刚度则被转化为相当的变形模量 E。

　　由于野外调研进度和开挖进度不一样，选用的参数便不一定能完全反映实际情况，而是采用比较保守的假定，或采用补救的一些野外测试来加以验证，这样使最后设计和施工的情况比地质力学模型上进行试验时的情况更为安全。1977 年 6 月，在模型施工时最后确定了岩体参数。

　　研制模型材料时，为使其自重、变形模量和强度与原型相似，并使模型破坏主要发生在岩基中而不是混凝土中（因为混凝土建筑物不是地质力学模型试验研究的主要对象），岩层模拟材料是用绝缘油与粉末的混合物加压制成，并且根据所处的不同高程，分别采用了不同的制模方法，以保证各部分材料都符合规定的参数。岩体中节理的单位剪切刚度 K_i 和摩擦角 φ，每一个参数都在全部范围内通过聚乙烯薄膜（其合成的 K_i 和 φ 的特性都先经过测试）的适当组合进行了模拟。

此外据文献记载，伊泰普工程首先在模型中采用了橡皮囊加压的方法来模拟扬压力。坝底下作用的三角形或梯形的典型扬压力，通过转换成等效的矩形荷载，用充填适宜材料的气密式橡皮囊进行加压模拟。模型中共有 4 组节理，在每一组节理面上都装设有两个或三个扬压力囊。

在考虑扬压力的试验中，除了要模拟基本的扬压力荷载(设计扬压力)外，还对较高的"超"扬压力的情况进行试验研究。另外，在模型的一组很重要的试验中，还考虑了第三种情况的扬压力，即节理 J_1 中引入的所谓"降低摩擦力的扬压力"，是将 J_1 的摩擦角从原来采用的 30°(1977 年 6 月确定的参数)降低到约 25°的情况(1978 年 9 月确定的参数)。从现场剪切试验的成果看，这种考虑是合适的。最后还考虑了第四种情况的扬压力，在试验中采用了所谓的"特殊扬压力"，即进一步加大了节理 J_1 上的扬压力。

在地质力学模型中，主要量测的是位移，在伊泰普模型的 19 个主要断面上共布置了大约 200 多个位移计。

1978 年 7~9 月，在意大利 ISMES 共进行了 24 次试验。试验的全部过程及其成果表明，在如此复杂情况下所得的结论比较一致。如在不同横断面及沿坝轴线上得到了约 5000 个荷载－位移关系曲线，均表明了内部变位的一致性；在广泛的和不同系列的模型试验中，其结果也同样表现出这种一致性。此外，模型研究的成果与常规的弹性范围的位移计算结果，以及同有限单元法的弹－塑性二维滑动的分析结果进行了比较，也得出了相应的一致性。

10.2　瓦依昂拱坝

10.2.1　工程概况

瓦依昂(Vajont)拱坝位于意大利东部阿尔卑斯山区皮亚韦河(Piave)的支流瓦依昂河下游河段，横跨于深切的瓦依昂峡谷之中。坝址附近有兰加伦镇，坝址距下游汇入皮亚韦河的河口约 2km。

瓦依昂拱坝于 1960 年建成，是当时世界上的最高拱坝，也被列为世界已建成的第四高坝。该工程包括一座稍不对称的双曲薄拱坝、泄水建筑物及左岸地下厂房，其布置如图 10.2.1 所示。

瓦依昂双曲拱坝，最大坝高为 261.6m，坝顶长 190.5m，坝顶宽 3.4m，坝底宽 22.6m。泄水建筑物包括：坝顶设 16 个宽 6.6m 的泄洪表孔；左岸布置上、中、下 3 条直径分别为 3.5m、3.5m、2.5m 的泄洪隧洞。左岸还布置一条发电隧洞，通向地下发电厂房。此外，在大坝底部还设有一个放空洞。

瓦依昂工程的地质勘察工作开始于 1928 年；1956 年 10 月开始坝肩和坝基开挖，于 1958 年 4 月完成开挖；1958 年 5 月开始对大坝进行混凝土浇筑，1960 年 9 月混凝土完成浇筑。工程土石方开挖总量为 41.07 万 m^3，其中石方开挖量为 38.5 万 m^3。水库正常蓄水位为▽722.50m，总库容为 1.69 亿 m^3，有效库容为 1.65 亿 m^3，电站装机容量为 0.9 万 kW。

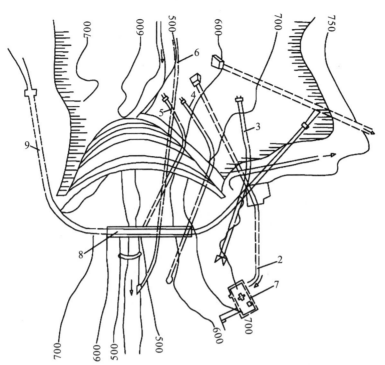

①大坝；②发电引水隧洞；③表空泄洪隧洞；④中孔泄洪隧洞；⑤底孔泄洪隧洞；⑥导流隧洞；⑦地下厂房；
⑧坝后桥；⑨交通隧洞

图 10.2.1　瓦依昂拱坝枢纽布置图

10.2.2　瓦依昂坝址地质特征

瓦依昂峡谷是连绵的阿尔卑斯山区切割出来的峡谷，出露的地层有：下侏罗纪里阿斯统岩石；中侏罗纪道格统岩石，主要是灰岩及部分白云质灰岩，其厚度约为 350m；上侏罗纪麻姆统岩石，以及上、下白垩统岩石，主要是结核灰岩、石灰岩和局部泥灰岩。白垩统岩层厚度一般为 5～15cm，而麻姆统及其上麻姆统的石灰岩平均层厚为 20～100cm。麻姆统和白垩统岩层总厚度为 230～350m。此外，还有第四系更新世冰渍层。坝址所在峡谷两岸陡峭，底宽仅 10m，岩层倾向上游，岩层内分布有薄层泥灰岩和夹泥层，基岩具有良好的不透水性。

坝址区主要地质问题为向斜褶皱裂隙和断裂带较发育，褶皱轴向大致为东西向，且稍向东缓倾，即河床岩层由下游向上游微倾。向斜褶皱两翼岩层由河谷两岸向河床倾斜。据地质勘察，河谷中央部分岩层近于水平，向两侧延伸的岩层走向为南北向，向东倾角为 18°～20°，再向两侧延伸，岩层突然陡倾，向上延伸，其岩层走向变为东西，左岸倾向北，右岸倾向南，其倾角为 40°～50°。

瓦依昂坝址的向斜构造岩层，在复杂的造山运动过程中，裂隙和断裂带均较发育。裂隙统计资料表明，坝址区主要有三组裂隙：一是层理和层理裂隙，裂隙面一般粗糙，充填有极薄的泥化物，经分析鉴定主要成分是蒙脱石；二是南北（垂直河流流向）走向的垂直裂隙；三是两岸岸坡卸荷裂隙，它们重叠分布，形成深度为 100～150m 的卸荷软弱带。这三组裂隙将岩体切割成 7m×12m×14m 的斜棱形体。

除上述构造外，坝址区石灰岩内岩溶现象普遍，岸坡表面有很多落水洞。河床部位亦有断层分布。坝址区地震基本烈度为 7～8 度。

10.2.3　瓦依昂坝基岩石力学试验

瓦依昂坝基岩石力学试验主要包括室内试验、现场试验等。

室内试验主要有岩石静弹性模量试验及地质力学模型试验。试验结果表明，石灰岩的静弹性模量 $E=(78.7～85.0)×10^4$ MPa，河谷底的石灰岩弹性模量更高。

瓦依昂拱坝在设计阶段进行过大量的隧洞压水试验，同时还进行了现场地震波试验，以研究坝与地基的变形特性。隧洞压水法岩体变形试验是在两岸不同高程的平硐内进行。试验结果表明，高边坡处岩体弹性模量 $E=(4～5)×10^4$ MPa，低边坡处岩体弹性模量 $E=(5～18)×10^4$ MPa。前者在 24 MPa 压力下进行，后者在 40MPa 压力下进行。在高边坡和低边坡处的地震波试验结果表明，高边坡处岩体弹性模量 $E=(33～46)×10^4$ MPa，低边坡处岩体弹性模量 $E=(31.4～140)×10^4$ MPa。由上述结果可以看出，地震波量测得到的岩体弹性模量大致是隧洞水压法量测得到的弹性模量的 8～9 倍，甚至高达到 11 倍。

瓦依昂拱坝地基灌浆前后变形试验结果表明，灌浆前岩石弹性模量 $E=(3～10)×10^4$ MPa，灌浆后量测得到的弹性模量 $E=(7.5～16)×10^4$ MPa。

10.2.4　地力学模型试验

地力学模型试验是研究坝和地基的整体模型试验，瓦伊昂拱坝模型几何比尺和应力比尺（C_L 和 C_σ）均为 1：85，密度相似比尺 $C_\rho=1$。原型岩石中均质岩石弹性模量 $E=60×10^4$ MPa，而岩体总体参数则按弹性模量 $E=20×10^4$ MPa 考虑，模型材料为硫酸钡石膏和不同类型的胶体。

模型的制作方法是将硫酸钡石膏材料预制成 16cm×14cm×9cm 的斜棱柱体，共约3200 块。然后将预制块体一层层地砌筑起来，以模拟大坝和地基实际轮廓、三组主要裂隙及一些顺河断层和结构面。其中，裂隙面的粗糙度是用不同类型的胶体灌注在裂缝内来模拟的，顺河断层和结构面是在大结构面所在位置将模型切开来制作的。采用液体加载方式施加荷载，并在试验中测量其应力、应变值。最后制作完成的模型总尺寸为：7m×5m×3m(长×宽×高)。

模型试验结果表明，与整体、均质、无裂隙的整体模型相比较，建筑在具有裂隙断层坝基上的整体模型具有较低的稳定安全系数 $K=2.0$，其拱冠变形为前者的五倍。因此，根据模型试验研究结果，决定在坝肩部位采取了固结灌浆和加锚索的加固措施。

1960 年 2 月水库开始蓄水，由于库水浸泡，左岸坡面变形较大，并开始出现局部崩塌。1963 年 9 月 28 日至 10 月 9 日，水库上游连降大雨，引起两岸地下水位升高，并使库水位壅高。10 月 9 日晚上 22 时 41 分，岸坡发生了大面积整体滑坡，范围长 2km、宽约 1.6km，滑坡体积达 2.4 亿 m^3。滑坡体将坝前 1.8km 长的库段全部填满，淤积体高出库水面 150m,致使水库报废(当时的库容为 1.2 亿 m³)。滑坡时,滑动体内质点下滑运动速度为 15～30m/s,涌水淹没了对岸高出库水面 259m 的凯索村。滑坡时,涌浪高达 250m,漫过坝顶,漫顶水深约 150m,约有 300 万 m³ 水注入深 200 多米的下游河谷,使汇口对岸的兰加伦镇和附近 5 个村庄大部分被冲毁,死亡人数达 1925 人。这就是震惊世界的托克山滑坡灾害。

灾害发生后,意大利政府组织了对事故原因的大量调查研究,1977～1988 年又由美国专家进行了重新评估,认为造成滑坡的原因主要是由于地质查勘不充分,造成地质人员的判断失误,调查发现河谷两岸发育的 2 组卸荷节理,加上倾向河床的岩石层面,构造断层和古滑坡面等组合在一起,在左岸山体内形成一个大范围的不稳定岩体,其中有些软弱岩层,尤其是黏土夹层成为主要滑动面,是水库失事的主要原因;长期岩溶活动使地下孔洞发育。山顶地面岩溶地区成为补给地下水的集水区;地下的节理、断层和溶洞形成的储水网络,使岩石软化、胶结松散,内部扬压力增大,降低了重力摩阻力;1963 年 10 月 9 日前连续约 2 周的大雨,使库水位达到最高,同时滑动区和上部山坡有大量雨水补充地下水,使地下水位升高、扬压力增大,以及黏土夹层、泥灰岩和裂隙中泥质充填物中的黏土颗粒受水饱和膨胀产生附加上托力,使滑坡区椅状地形的椅背部分所承受的向下推力增加,椅座部分抗滑阻力则减小,最终导致古滑坡面失去平衡而重新活动,从缓慢地蠕动立即转变为瞬时高速滑动。

托克山滑坡灾害发生时,滑坡及涌浪对拱坝形成约 400 万 t 推力,由于坝体设计安全余量较大,施工质量较好,而且两岸坝肩进行了锚固和灌浆处理,最终大坝及坝肩经受住了 2～3 倍的超载考验,实践证明了坝肩加固措施的正确性与有效性。失事后的瓦依昂拱坝成为世界上最高的一座报废大坝,它的成功与失败给人们留下了惨痛的经验教训与沉重的思考。瓦依昂拱坝修建完成蓄水的照片,以及滑坡灾害发生后现状照片如图 10.2.2 和图 10.2.3 所示。

图 10.2.2　瓦依昂双曲拱坝(1963 年)

图 10.2.3　瓦依昂水库现状

10.3　川 俣 拱 坝

10.3.1　工程概况

川俣(Kawamata)拱坝位于日本枥木县盐谷郡栗山村、利根川水系(Tonegawa)鬼怒川上,地属国立日光公园范围。利根川长约 332km,流域面积 16840km², 是日本国内第二长、流域面积最大的河流。鬼怒川总流域面积 1760km², 坝址控制流域面积 179.4 km², 多年平均径流量 9.53 m³/s,总库容 0.87 亿 m³,有效库容 0.73 亿 m³,防洪库容 0.24 亿 m³。最高洪水位▽979.00m,正常蓄水位▽976.00m,死水位▽930.00m。

川俣拱坝采用不等厚变半径薄拱型式,最大坝高 117m,坝顶长 137m,最大厚度 15.5m(厚高比仅 0.13),坝体混凝土量 16.8 万 m³。川俣电站为坝后式,最大引用流量 30m³/s,总装机容量 2.7 万 kW,年发电量 0.62 亿 kW·h。川俣拱坝工程的主要目的是防洪、灌溉、发电。工程建成后,通过水库调节,可将坝址地区洪水流速由 1350m³/s 减至 550m³/s;同时可以解决下游沿岸面积为 194km² 农田的灌溉问题。工程于 1957 年 4 月开工,1965 年 5 月竣工,电站于 1963 年投入运行(图 10.3.1)。由建设省负责设计,工程建设单位为建设省及关东地方建设局,施工单位为鹿岛建设株式会社。

日本在 20 世纪 50 年代末 60 年代初修建了一系列拱坝,川俣拱坝是在取得丰富建坝经验以后修建的工程。川俣拱坝的坝址地质条件特别复杂,开工不久又逢法国马尔帕赛拱坝因左坝肩破坏造成失事,因此川俣拱坝的设计和施工单位对该坝的坝肩稳定和基础处理工作非常重视。经过大量科学试验和分析研究工作,川俣拱坝采用了较为扁平的拱坝以适应坝址复杂的地质条件,在左岸破碎基岩内修建了预应力锚固的传力墩,传力墩高约为 70m,深入岩体内的最大深度为 55m,墩厚 2.8～3.5m。同时采用先进的施工开挖方法,这在世界筑坝史上也是少见的。川俣工程坝基的基础处理费用达 15 亿日元,是坝体工程费用 10 亿日元的 1.5 倍。

10.3.2　工程地质条件

坝址河谷为狭窄的"U"形河谷，河谷高度比仅 1∶1，地形上宜修建薄拱坝。坝基地质为石英粗面质熔结凝灰岩，岩性致密、坚硬，具有高度抗侵蚀能力，但断层、层状裂隙及节理相当发育。其中有些遭受过热液蚀变，左岸 N10°～30°W 方向的裂隙组尤为明显，形成许多张开裂隙。坝址断层共 60 条，产状不利于坝肩的稳定。其中最大断层在左坝肩上游侧岩体中出露。右岸坝肩地质条件相对较好，断裂结构规模较小，产状也比较有利。

工程人员早在 1939～1940 年就已进行过规划阶段的地质勘测工作，1957 年决定工程施工后，又进行了选坝阶段和技施阶段的复勘工作，历年完成的实际工作量有勘探平洞 1100m，直井 1 个，深 25m，钻孔 32 个，共计 960m，基岩弹模试验点 24 处。

根据地质编录，其中与工程关系密切的主要断层有 F_{30}、F_1、F_8。断层 F_{30} 在左坝肩上游侧岩体中出露，是坝址最大断层，走向 N60°W。断层 F_{30} 正好位于左拱端范围，主要发育在大坝建基面高程以上约 50m 范围内（▽863.00m～▽910.00m）。该断层斜向穿越水库，向右岸上游侧延伸，并以 75°～80°倾角倾向右岸下游侧。在左拱端下游侧还存在另一条规模较大的断层 F_1，走向 N15°W，向西（向河谷）倾斜，倾角 75°，与 F_{30} 断层交切，使拱端岩体形成一个由 F_{30}、F_1 及山坡面三者相互切割组成的楔形单薄山体，如图 10.3.2 所示。

在楔形岩体内，由于成组发育的 NW 向层状张开裂隙群（如 F_7、F_9 等）及 N65°～75°W 产状的 F_8 断层切割，导致楔形岩体不仅单薄而且破碎，难以满足支承拱端的要求。另外由于左拱端外侧山体相当单薄，拱端推力方向在一定距离内与山坡地形接近平行，从坝肩稳定性条件看，容易产生沿 F_8 断层或 NW 向断层发生滑动失稳。

此外，左坝肩下游侧▽890.00m 以下的山坡，受到倾角 80°W 层状裂隙群及倾角 50°W 节理群切割，存在山坡崩塌的危险，需要进行加固保护。

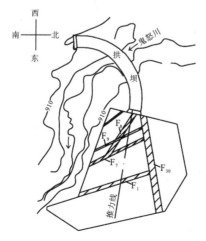

图 10.3.2　左岸▽910.00m 地质示意面图

右岸坝肩地质条件相对较好，虽然坝肩附近也存在产状为 N20°～40°W，80°～90°W 的裂隙带，但这些断裂结构规模较小，产状也比较有利。存在的主要问题是▽900.00m 上部拱座的下游侧山体比较单薄，且与拱端推力方向交角为 10°～15°的断裂带较为发育；同时▽900.00m 以上岩体也较风化，波速测试值仅为 2000～2200m/s。

坝址河床部分发育有 F$_{30}$ 断层，在坝后斜穿伸入水库，因此除了需要研究断层本身的承载能力，防止过度变形之外，还需考虑库水沿断层渗漏的防渗加固措施。

10.3.3　坝基岩体力学性质研究

日本在 1957 年开工兴建川俣拱坝时期，虽有建设上椎叶、鸣子等高拱坝的经验，但当时对基岩特性及岩体力学领域的认识尚很肤浅。在兴建川俣拱坝时，尚未建立岩级分类标准、工作不够细致，现将岩体力学的研究工作叙述如下。

1. 岩体变形模量的试验研究

川俣拱坝坝址在地质勘察阶段，曾在平洞中有代表性的基岩及断层上进行平板荷载试验。试验方法系借助两个 160t 油压千斤顶加荷，并通过直径 80cm 的柔性板作为加荷板进行测定。由于承压板法测试成果只代表局部狭隘范围内基岩状况，而弹性波波速能反映较宽范围基岩特性，因此两者的对比有助于全面进行基岩评价。弹性波波速与基岩静弹模间的相关关系比较复杂，为了最大限度地减少外在干扰因素，应尽可能在同一地点对同一岩种进行测试工作，因此川俣拱坝工程进行了弹性波速测试。承压板变形试验得到的基岩静弹模及其附近区域相应的弹性波速，弹性波速随传播方向而异，川俣拱坝坝址近垂直方向的节理裂隙发育，根据承压板试验加载方向确定采取垂直方向弹性波波速作为与基岩静弹模对比的基础。

川俣拱坝设计时采用的基岩静弹性模量数值见表 10.3.1。

表 10.3.1　基岩静弹性模量值表

位置	高程	弹性模量 E/GPa
左岸	▽940.00m 以上	6.7
	▽915.00～940.00m	6.0
	▽895.00～915.00m	5.5
	▽895.00m 以下	6.0
右岸	▽940.00m 以上	6.2
	▽900.00～940.00m	8.0
	▽900.00m 以下	8.36

2. 岩体抗剪断试验研究

由于川俣拱坝兴建时，还未建立岩体分级标准，在坝基开挖后对照菊地、斋藤氏的岩石风化等级分类标准进行岩体分组和设计。川俣拱坝址的左岸断层及基岩进行了现场剪切试验，最后采用的抗剪断强度设计值为：断层破碎带 $f'=0.7$，$c'=0.5\sim0.8\text{MPa}$，岩体 $f'=1.0$，$c'=3\text{MPa}$。

10.3.4　坝肩岩体稳定分析及采用的安全系数

由于川俣拱坝的地质情况复杂，断层、层状裂隙和节理将岩体切割成了可能滑动的楔形岩体，因此对坝肩稳定进行了较深入的研究。计算时采用了三维数值分析方法，即采用所谓的岩柱法，并求出抗滑稳定安全系数，同时还进行了二维物理模型试验。

1.　数值计算分析

川俣拱坝的稳定计算分析采用刚体法中的岩柱法，这种方法是将由断层或软弱带切割形成的滑动体视做岩柱，根据拱端推力、边界面反力等综合荷载作用下，由岩柱与周围介质的变位相容条件确定边界面反力，并最终求得抗滑稳定安全系数：

$$K = \frac{c'_R A_R + \tau_F A_F + f'W}{H} \tag{10.3.1}$$

式中，τ_F 为岩柱侧、底面及断层带的抗剪断强度；f' 为摩擦系数；c'_R 为岩柱的底面黏聚力；A_F 为滑动面的面积；W 为岩柱自重；H 为平行于滑动面的下滑力；K 为安全系数。

川俣拱坝在进行稳定分析时，注意了以下几个关键问题：

(1)断层 F_{30} 使拱座传到基岩上的力不能扩散，以致拱端附近岩体内的应力和变形增加；同时断层 F_{30} 可能处于帷幕的上游，形成了一个与推力方向大概垂直的静水压力，因而会增加坝肩推力，并使总推力向岸坡方向偏转；另外断层 F_{30} 与下游其他不利断层或裂隙组合，可能成为危险的滑动面。

(2)断层 F_8 恶化了拱坝附近的应力变形状态，造成局部应力升高，影响拱推力向山体内部传递，同时与下游不利断层或裂隙组合成为可能的滑动面。

(3)断层 F_{30} 与河流方向大致垂直，且倾向下游，除需研究防渗问题之外，还应视其倾斜角度和宽度，研究其变形对坝体应力的影响。

计算结果表明：安全系数大致与拱端距离成正比，在较低高程拱座附近的抗滑稳定系数较小，不能满足安全系数 $K>4.0$ 的设计要求，故需进行加固。在加固处理之后，在 $\tau_f=0$ 的情况下(即断层抗剪断强度等于零)到达安全系数 $K>4.0$ 的要求。

2.　物理模型试验研究

川俣拱坝除进行稳定计算分析外，还进行了二维物理模型试验。为了减少左岸拱座附近断层带所承担的拱推力，设计采用了可将拱推力传递至坚硬岩体的混凝土传力墩，传力墩的形状和尺寸根据二维模型试验结果确定。

模型根据实际地质情况进行模拟，几何比尺为 $1:100$，二维模型的厚度为 10cm。模型使用的材料为石膏和硅藻土的混合物，其弹性模量值见表 10.3.2。

表 10.3.2   模型材料力学参数及配比表

断层	断层实际厚度/m	模型材料弹性模量/MPa	硅藻土/石膏/%	水/(石膏+硅藻土)
F_{30}	5.0	0.3	130	1/0.55
F_1	3.0	1.5	40	1/0.82
F_7	2.0	2.0	50	1/0.90
F_8	3.0	2.0	50	1/0.90
F_9	0.5	1.5	40	1/0.82
F_{11}	0.5	1.5	40	1/0.82
良好岩体		70	仅用石膏	1/1.53

模型使用石膏材料，在弹性限度范围内测定应力是很合适的。但是在破坏试验中，其破坏机制与实际破坏机制有所不同，严格地讲其破坏的相似规律并不一致。但强度和弹性模量之间有一定的相关性，破坏时的相似率大体上能够满足要求。另外，在模型制作过程中，根据不同的弹性模量分别制成不同的模块，然后利用黏结剂黏合成试验所需要的形状。

试验时首先对岩体未加处理的模型进行加载，模型在加载达到设计荷载的 1.2 倍时发生破坏，然后加设拱端传力墩制作加固后的模型，墩宽分别采用 2m、3m、5.5m 三种形式。当墩宽为 2m 时，加载至设计荷载的 1.45～1.70 倍，传力墩自身及其端部岩体受剪切力发生破坏；当墩宽在 3m 以上时，传力墩端部岩体受压破坏显著。因此，为了防止传力墩端部岩体压裂破坏，将传力墩的端部改做成直径为 5m 的圆拱形，以减小集中应力。最后，对宽度为 3.5m 的传力墩模型进行试验，其破坏荷载提高到设计荷载的 3.4～4.0 倍，其破坏形态如图 10.3.3 所示，由此确定了传力墩的设计方案。

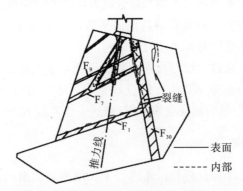

图 10.3.3   布置 3.5m 宽传力墩后的破坏形态

10.3.5   基础处理

修建川俣拱坝时恰逢法国马尔帕塞拱坝失事，因此人们对坝肩稳定问题极为重视。首先从坝型上予以改进，改为扁平型拱坝，使拱端推力向山体深部转动了 5°～8°，以增加坝肩的稳定性。川俣拱坝基础处理的重点为左岸坝肩部分，左岸拱端因断层 F_{30} 及 F_1 的切割形成楔形岩体，岩体被 NW 向层状张开裂隙及断层 F_8 切割得非常破碎，不仅影响拱端推力传递，而且存在沿 F_8 或 NW 向结构面滑动的危险。因此考虑采用基础处理措施。

1. 处理方案的选定

共考虑了三种处理方案：①用混凝土置换断层和裂隙；②用预应力钢筋将断层与裂隙组锚固，加强断层断裂面抗剪切能力；③在左拱端基岩内设置传力墩，以传递拱端推力，减少施加于断层和裂隙的剪应力。

经研究分析，方案①因裂隙太多难以实现；方案②施工费用太高；方案③较为切实有效，但考虑到传力墩的开挖会使山体分裂并松动围岩，此外库水位变化及温度变化会使拱推力偏转，导致传力墩与围岩脱开，而达不到加固目的。最后决定采用方案②与方案③结合的方案，方案③起到改进基岩力学性能的作用，方案②则起到固结山体、加强阻滑力的作用，弥补方案③之不足。

通过模型试验，确定传力墩在▽910.00m 的厚度为 3.5m，传力墩长度自▽870.00m 处的 55m，向上至▽930.00m 减少为 30m，传力墩头部设计为圆弧形。由于试验测得在垂直于拱端推力方向有一定数量拉应力，为抵消这一部分拉应力，同时为防止传力墩与周围基岩脱开，在左拱端下游侧山坡面▽877.00～945.00m 范围内设置预应力锚筋，施加 15500t 预应力(相当于该部位拱端总推力的 4％)锚筋，以抵消基岩中的拉应力。

2. 传力墩

混凝土传力墩从▽856.00～935.00m，高 70m，厚 2.8～3.5m，最深处深入基岩 55m。传力墩在各高程都是沿着拱推力线，因此它是倾斜的，与主要裂隙组交角 40°～50°。基岩裂隙近于垂直而且非常发育，这样就给施工开挖带来困难。经研究后采用下述工序修建传力墩：首先开挖用于进行预应力施工的大宽度平硐，随后立即浇筑混凝土衬砌以防止岩石塌落，然后在这些平硐上开挖导洞，从这些导洞向上开挖、扩大和整理，最后从底板开始浇筑混凝土。

3. 断层 F_{30} 的处理

断层 F_{30} 走向与河床大致垂直，并在大坝上游侧河床出露。对通过河床部分的 F_{30} 进行了处理，其主要目的是防渗。但是 F_{30} 向下游倾斜，通过几个坝段的地基，需开挖至一定深度，并以混凝土置换，混凝土塞厚度 4～10m。由于处理工作量较大，一般坝段深度为 12m，中央悬臂梁下面的处理深度达 55m。断层 F_{30} 的混凝土塞采用与传力墩相同的方法进行施工。

传力墩与断层混凝土塞的开挖，使用光面爆破，以减少岩石松动，对断层进行全面开挖后立即进行混凝土回填。传力墩与混凝土塞的接缝部分设置键槽，并对施工缝进行灌浆。通过传力墩与断层 F_{30} 的锚孔深达 90m，每孔用 6 根直径 27mm 钢筋组成钢筋束。每根钢筋施加预应力 40t(每个钢筋束为 240t)。重复张拉数次，1～2 月后再用加铝粉的砂浆进行封堵,以防钢筋锈蚀。

　　传力墩内还埋设有观测仪器,但未成功取得资料。对于传力墩的作用,在日本仍有不同的意见,反对者认为传力墩将坝肩岩石分为两个大块体,破坏了拱端基岩的完整性。但川俣拱坝已建成正常运行几十年,说明其加固措施是十分有效的。

主要符号表

符号	含义	符号	含义
C	相似常数，相似比	C_L	几何相似常数，几何比尺
p	下标，表示原型参数	C_E	变形模量相似常数，变形模量比
m	下标，表示模型参数	C_μ	泊松比相似常数，泊松比比
L	几何尺寸	C_f	摩擦系数相似常数，摩擦系数比
E	弹性模量	C_c	凝聚力相似常数，凝聚力比
G	剪切模量	C_γ	容重相似常数，容重比
μ	泊松比	C_F	集中力相似常数，集中力比
f'	抗剪断摩擦系数	C_X	体力相似常数，体力比
c'	抗剪断凝聚力	C_σ	应力相似常数，应力比
ρ	密度	C_τ	剪应力相似常数，剪应力比
γ	容重	C_ε	应变相似常数，应变比
X	体力	C_δ	位移相似常数，位移比
F	集中力	K_P	超载系数，超载倍数
P	荷载	K_S	强度储备系数，降强系数，降强倍数
σ	正应力	K_{SP}	超载法安全系数
τ	剪应力	K_{SS}	强度储备法安全系数
ε	应变	K_{SC}	综合法安全系数
μ_ε	微应变	σ_R	材料破坏强度
γ_{xy}	剪应变	σ_S	材料出现微裂时的应力
$\delta_{x,y,z}$	变位	A	试件截面面积
T	温度	ΔL	几何尺寸伸长量
ΔT	温度变化值	P_w	弱化试验水压
R	电阻	W_i	材料参数弱化率
K_0	单一金属丝的灵敏系数	K_I	应力强度因子
K	应变片的灵敏系数	K_{IC}	材料的断裂韧度
R_a	工作应变片	G_F	断裂能
R_k	补偿应变片	δ	绝对误差
$\alpha(t)$	电阻温度系数	Δ	相对误差
β_z	温度膨胀系数	U	真值
β_s	丝栅的线膨胀系数	$\sigma_{\bar{x}}$	标准误差

主要参考文献

巴赞特. 1991. 岩土和混凝土力学[M]张庙康，等译. 重庆：重庆大学出版社.

蔡美峰，何满朝，刘东燕. 2002. 岩石力学与工程[M]. 北京：科学出版社.

陈安敏，顾金才，沈俊，等. 2004. 地质力学模型试验技术应用研究[J]. 岩石力学与工程学报，23(22)：3785—3789.

陈刚. 2001. 碾压混凝土高拱坝结构可靠度分析与破坏试验研究[D]. 成都：四川大学硕士学位论文.

陈国，刘富德. 1990. 拱坝稳定模型研究方法的改革[J]. 水力发电，(7)：46—49.

陈建叶，张林，陈媛，等. 武都碾压混凝土重力坝深层抗滑稳定破坏试验研究[J]. 岩石力学与工程学报，26(10)：2097—2103.

陈进. 1991. 用离心机作结构模型试验的若干问题探讨[J]. 长江科学院院报，8(3)：59—65.

陈四利，冯夏庭，李邵军. 2003. 岩石单轴抗压强度与破裂特征的化学腐蚀效应[J]. 岩石力学与工程学报，23(4)：547—551.

陈兴华. 1984. 脆性材料结构模型试验[M]. 北京：水利电力出版社.

陈媛，张林，何江达，等. 2005. 碾压混凝土断裂特性与诱导缝开裂条件研究[J]. 四川大学学报(工程科学版)，37(3)：15—19.

陈媛，张林，周坤，等. 2005. 高碾压混凝土拱坝分缝形式和破坏机理研究[J]. 水利学报，36(5)：519—524.

陈媛，张林，何显松，等. 2007. 基于断裂力学理论的诱导缝开裂相似试验模拟[J]. 四川大学学报(工程科学版)，39(1)：28—32.

陈媛，张林，陈建叶，等. 2008. 基于相似理论的重力坝扬压力等效模拟方法研究[J]. 四川大学学报(工程科学版)，40(3)：53—58.

陈媛，张林，杨宝全，等. 2012. 木里河立洲拱坝整体稳定地质力学模型试验研究[J]. 岩石力学与工程学报，31(S2)：3928—393.

陈宗梁. 1983. 伊泰普水电站大坝基础深层处理[J]. 水力发电，(1)：58—63.

陈祖坪. 2000. 拱坝线性破坏轨迹的随机分析[J]. 水利学报，(2)：42—48.

程久龙，于师建，王渭明，等. 2000. 岩体测试与探测[M]. 北京：地震出版社.

程立，刘耀儒，潘元炜，等. 2014. 基于模型试验与变形加固理论的高拱坝整体稳定性判据研究[J]. 岩石力学与工程学报，33(11)：2225—2235.

崔广心. 1990. 相似理论与模型试验[M]. 徐州：中国矿业大学出版社.

代思波. 2013. 拱坝坝肩软弱结构强度弱化对整体稳定性的影响研究[D]. 成都：四川大学硕士学位论文.

邓仕涛，廖明菊，张仲卿. 2010. 万家口子双曲拱坝整体稳定地质力学模型试验研究[J]. 红水河，29(6)：43—47.

丁遂栋，孙利民. 1997. 断裂力学[M]. 北京：机械工业出版社.

丁泽霖. 2011. 高拱坝坝肩稳定地质力学模型试验关键技术问题研究[D]成都：四川大学博士学位论文.

丁泽霖，张林，姚小林，等. 2010. 复杂地基上高拱坝坝肩稳定破坏试验研究[J]. 四川大学学报(工程科学版)，42(6)：25—30.

丁泽霖，张林，陈媛，等. 2011. 重力坝深层抗滑稳定三维地质力学模型破坏试验研究[J]. 水利学报，42(4)：499—504.

董建华，谢和平，张林，等. 2007. 大岗山双曲拱坝整体稳定三维地质力学模型试验研究[J]. 岩石力学与工程学报，26(10)：2027—2033.

董建华，谢和平，张林，等. 2009. 光纤光栅传感器在重力坝结构模型试验中的应用[J]. 四川大学学报(工程科学版)，41(1)：41—46.

董来启，刘建周，岳克泰，等. 2009. 小浪底水利枢纽对断层活动性的影响分析[J]. 中州煤炭，(8)：6—8.

杜应吉. 1996. 地质力学模型试验的研究现状与发展趋势[J]. 西北水资源与水工程，7(2)：64—67.

段斌，张林，陈媛，等. 2011. 复杂岩基上重力坝坝基稳定模型试验与有限元分析[J]. 四川大学学报(工程科学版)，43(5)：77—82.

段斌，张林，陈刚，等. 2013. 高拱坝整体稳定地质力学模型综合法试验与数值分析[J]. 水力发电学报，32(4)：166—170.

冯夏庭，赖户政宏. 2000. 化学环境侵蚀下的岩石破裂特性——第一部分：实验研究[J]. 岩石力学与工程学报，19(4)：403—407.

傅晏，刘新荣，张永兴，等. 2009. 水岩相互作用对砂岩单轴强度的影响研究[J]. 水文地质工程地质，6：54—58.

龚召熊，陈进. 1996. 岩石力学模型试验在三峡工程中的应用与发展[M]. 北京：水利电力出版社.

龚召熊，郭春茂，刘建. 1991. 地质力学模型新技术研究——用离心机作静力结构模型试验[J]. 长江科学院院报，8(2)：1—9.

官福海，刘耀儒，杨强，等. 2010. 白鹤滩高拱坝坝趾锚固研究[J]. 岩石力学与工程学报，29(7)：1323—1332.

何显松，陈静，张林，等. 2003. 变温相似材料在地质力学模型试验中附加温度场的影响程度评价[J]. 四川大学学报(工程科学版)，35(3)：38—41.

何显松，马洪琪，张林，等. 2009. 地质力学模型试验方法与变温相似模型材料研究[J]. 岩石力学与工程学报，28(5)：980—986.

何显松，马洪琪，张林，等. 2006. 地质力学模型试验中变温相似材料的温度特性研究[J]. 四川大学学报(工程科学版)，38(1)：34—37.

华东水利学院. 1984. 模型试验量测技术[M]. 北京：水利电力出版社.

黄达海. 2000. 碾压混凝土拱坝的发展[J]. 水利水电科技进展，(3)：21—21.

黄国军，周澄，赵海涛. 2004. 牛头山双曲拱坝整体稳定三维地质力学模型试验研究[J]. 西北水电，(2)：49—52.

黄薇，陈进. 1996. 离心结构模型试验相似材料的研究[J]. 长江科学院院报，13(1)：40—44.

黄文熙. 1982. 水工建设中的结构力学与岩石力学问题[M]. 北京：水利电力出版社.

姜小兰，操建国. 2001. 江口双曲拱坝整体稳定地质力学模型试验研究[J]. 人民长江，(3)：28—30.

姜小兰，操建国，孙绍文. 2002. 构皮滩双曲拱坝整体稳定地质力学模型试验研究[J]. 长江科学院院报，19(6)：21—24.

姜小兰，陈进，孙绍文，等. 2008. 高拱坝整体稳定问题的试验研究[J]. 长江科学院院报，25(5)：88—93.

蒋昱州，姜小兰，王瑞红，等. 2014. 乌东德双曲拱坝三维地质力学模型试验研究[J]. 长江科学院院报，31(10)：139—145.

孔德坊. 1992. 工程岩土学[M]. 北京：地质出版社.

李朝国. 1995. 结构模型试验新方法及其安全度评价[J]. 四川水力发电，(4)：88—89.

李朝国，胡成秋. 1997. 右江百色RCC重力坝坝基稳定三维地质力学模型研究[J]. 红水河，16(2)：1—6.

李朝国，马衍泉，胡成秋. 1988. 地质力学模型材料力学特性的试验研究[J]. 成都科技大学学报，(6)：1—6.

李朝国，马衍泉，胡成秋. 1991. 岩体中软弱夹层力学特性试验模拟新技术研究[J]. 模型结构，5：20—27.

李朝国，张林. 1994. 拱坝坝肩稳定的三维地质力学模型试验研究[J]. 成都科技大学学报，(3)：73—76.

李朝国，张林. 1995. 变温相似材料在结构模型试验中的应用[J]. 长江科学院院报，11(2)：63—67.

李朝国，张林，胡成秋. 1996. 普定碾压混凝土拱坝破坏试验研究[J]. 水力发电，(1)：63—65，55.

李朝国，陆金池，张林，等. 1997. 综合法与超载法在沙牌RCC拱坝坝肩稳定分析中的应用[J]. 四川联合大学学报(工程科学版)，1(3)：64—70.

李德寅，王邦楣，林亚超. 1996. 结构模型试验[M]. 北京：科学出版社.

李佳伟，徐进，王璐，等. 2013. 砂板岩岩体力学特性的水岩耦合试验研究[J]. 岩土工程学报，35(3)：597—604.

李晓红，卢义玉，康勇，等. 2007. 岩石力学模型试验[M]. 北京：科学出版社.

李仲奎，王爱民. 2006. 三维地质力学模型试验中光纤传感器的应用研究[J]. 实验技术与管理，23(12)：57—60.

李仲奎，徐千军，罗光福，等. 2002. 大型地下水电站厂房洞群三维地质力学模型试验[J]. 水利学报，(5)：

31—36.

李仲奎，卢达溶，中山元，等. 2003. 三维模型试验新技术及其在大型地下洞群研究中的应用[J]. 岩石力学与工程
　　学报，22(9)：1430—1436.

刘光廷，谢树南，李鹏辉，等. 2002. 碾压混凝土拱坝设人工短缝的应力释放及止裂作用[J]. 水利学报，(5)：
　　9—14.

刘浩吾. 1999. 混凝土重力坝裂缝观测的光纤传感技术及神经网络[J]. 水利学报，(10)：61—64.

刘立，陈睿，乔高乾. 2010. 锦屏一级水电站左岸高边坡工程整体稳定性的模型试验研究[J]. 岩石力学与工程学报，
　　29(5)：952—959.

刘伟明，陈媛，张林. 2011. 武都重力坝加固处理前后坝基抗滑稳定性研究[J]. 西南交通大学学报，46(S)：
　　19—24.

刘新荣，傅晏，王永新，等. 2009. 水-岩相互作用对库岸边坡稳定的影响研究[J]. 岩土力学，30(3)：613—616.

罗晶. 2011. 碾压混凝土拱坝整体稳定性分析及分缝形式研究[D]. 成都：四川大学硕士学位论文.

罗晶，张林，陈媛，等. 2010. 地质力学模型试验中变温相似材料的应用与温度影响行为分析[J]. 四川水力发电，
　　29(1)：84—87.

马时强，刘斌. 2008. 锦屏高边坡稳定地质力学模型试验研究[J]. 西华大学学报(自然科学版)，27(4)：101—104.

南京水利科学研究院. 1985. 水工模型试验[M]. 北京：水利电力出版社.

邱绪光. 1988. 实用相似理论[M]. 北京：北京航空学院出版社.

沈崇刚. 1988. 国外碾压混凝土坝建设情况及发展趋势[J]. 水利学报，1(2)：5—20.

沈崇刚. 2002. 中国碾压混凝土坝的发展成就与前景(上)[J]. 贵州水力发电，(2)：1—7.

沈泰. 2001. 地质力学模型试验技术的进展[J]. 长江科学院院报，18(5)：32—35.

沈泰，邹竹荪. 1988. 地质力学模型材料研究和若干试验技术的探讨[J]. 长江科学院院报，(4)：12—22.

四川省水利局. 1976. 拱坝简捷计算[M]. 成都：四川人民出版社.

孙振东. 1979. 因次分析原理[M]. 北京：人民铁道出版社.

汤连生，周萃英. 1996. 渗透与水化学作用之受力岩体的破坏机理[J]. 中山大学学报(自然科学版)，35(6)：
　　95—100.

汤连生，张鹏程. 2000. 水化学损伤对岩石弹性模量的影响[J]. 中山大学学报(自然科学版)，39(5)：126—128.

汤连生，张鹏程，王思敬. 2002. 水-岩化学作用之岩石宏观力学效应的试验研究[J]. 岩石力学与工程学报，21
　　(4)：526—531.

王汉鹏，李术才，张强勇，等. 2006. 新型地质力学模型试验相似材料的研制[J]. 岩石力学与工程学报，25(9)
　　1842—1847.

王汉鹏，李术才，郑学芬，等. 2009. 地质力学模型试验新技术研究进展及工程应用[J]. 岩石力学与工程学报，28
　　(Z1)：2765—2771.

王鹏. 1996. 水工结构试验工[M]. 郑州：黄河水利出版社.

王锺琦，孙广忠，刘双光，等. 1986. 岩土工程测试技术[M]. 北京：中国建筑工业出版社.

吴持恭. 2003. 水力学[M]. 第3版. 北京：高等教育出版社.

肖建波. 2009. 小湾拱坝坝肩加固处理方案稳定性分析及破坏机理研究[D]. 成都：四川大学硕士学位论文.

谢立诚. 2010. 大岗山拱坝整体稳定地质力学模型试验及有限元分析[D]. 四川大学硕士学位论文.

徐德敏. 2008. 高渗压下岩石(体)渗透及力学特性试验研究[D]. 成都：成都理工大学博士学位论文.

徐慧宁，周钟，徐进，等. 2013. 锦屏一级水电站软弱岩体高水头弱化效应的试验研究[J]. 岩石力学与工程学报，
　　32(增2)：4207—4214.

徐明明，徐进，任浩楠，等. 2012. 大理岩岩体力学特性的水压-应力耦合试验研究[J]. 长江科学院院报，29(8)：
　　34—38.

徐世烺，赵国潘. 1991. 混凝土断裂力学研究[M]. 大连：大连理工大学出版社.

徐挺. 1982. 相似理论与模型试验[M]. 北京：中国农业出版社.

徐志英. 1993. 岩石力学[M]. 第三版. 北京：中国水利水电出版社.

杨宝全. 2012. 锦屏一级高拱坝整体稳定研究与岩体结构面弱化效应分析[D]. 四川大学博士学位论文.

杨宝全，陈媛，张林，等. 2015. 基于地质力学模型试验的锦屏拱坝坝肩加固效果研究[J]. 岩土力学，36(3)：819−826.

杨宝全，张林，陈建叶，等. 2010. 小湾高拱坝整体稳定三维地质力学模型试验研究[J]。岩石力学与工程学报，29(10)：2086−2093.

杨宝全，张林，陈建叶，等. 2010. 复杂地质条件下拱坝坝肩稳定分析及密集节理影响研究[J]. 岩石力学与工程学报，29(S2)：3972−3978.

杨宝全，张林，胡成秋，等. 2011. 复杂岩基上高拱坝坝基、坝肩浅层卸荷影响与稳定性研究[J]. 四川大学学报(工程科学版)，43(5)：71−76.

杨宝全，张林，徐进，等. 2015. 高拱坝坝肩软岩及结构面强度参数水岩耦合弱化效应试验研究[J]. 四川大学学报(工程科学版)，47(3)：21−17，35.

杨朝晖. 1996. 工程结构安全监测的光纤传感技术及神经网络方法研究[D]. 成都：四川大学博士学位论文.

杨庚鑫，吕文龙，张林，等. 2010. 高拱坝坝肩稳定三维地质力学模型破坏试验研究[J]. 水力发电学报，29(5)：82−86.

杨庚鑫，陈建叶，张林，等. 2013. 混凝土传力抗剪结构在拱坝坝肩加固处理中的效果分析[J]. 四川大学学报(工程科学版)：45(3)：34−39.

杨庚鑫，马德萍，张林，等. 2014. 地质力学模型试验中软弱结构面内埋式位移系统的研制与应用[J]. 岩土力学，35(3)：901−907.

杨俊杰. 2005. 相似理论与结构模型试验[M]. 武汉：武汉理工大学出版社.

杨田，张林，陈媛，等. 2014. 锦屏一级高拱坝地质力学模型材料试验研究[J]. 人民长江，45(3)：79−82.

于骁中. 1991. 岩石和混凝土断裂力学[M]. 长沙：中南工业大学出版社.

于骁中，陶振宇，谯常忻，等. 1984. 岩石、混凝土断裂力学在国内的进展[J]. 水利学报，(9)：1−10.

俞茂宏. 1998. 双剪理论及其应用[M]. 北京：科学出版社.

章冲，薛俊华，张向阳，等. 2013. 地质力学模型试验中围岩断裂缝测试技术研究与应用[J]. 岩石力学与工程学报，32(7)：1331−1336.

张立勇，张林，李朝国，等. 2003. 沙牌 RCC 拱坝坝肩稳定三维地质模型试验研究[J]. 水电站设计，19(4)：20−23.

张林，马衍泉，胡成秋. 1994. 高边坡稳定的三维地质力学模型试验研究[J]. 水电站设计，(3)：39−44

张林，李朝国，胡成秋. 1995. 高碾压混凝土拱坝结构特性试验研究[J]. 成都科技大学学报，(6)：11−18.

张林，范景伟，何江达. 2000. 拱坝坝肩含断续节理岩体破坏机理研究[J]. 四川大学学报(工程科学版)，32(1)：7−11.

张林，陈建康，张立勇，等. 2004. 溪洛渡高拱坝坝肩稳定三维地质力学模型试验研究[G] // 中国岩石力学与工程学会. 第八次全国岩石力学与工程学术大会论文集. 北京：科学出版社：946−950.

张林，刘小强，陈建叶，等. 2004. 复杂地质条件下拱坝坝肩稳定地质力学模型试验研究[J]. 四川大学学报(工程科学版)，36(6)：1−5.

张林，费文平，李桂林，等. 2005. 高拱坝坝肩坝基整体稳定地质力学模型试验研究[J]. 岩石力学与工程学报，24(19)：3465−3469.

张林，杨宝全，丁泽霖，等. 2009. 复杂岩基上重力坝坝基稳定地质力学模型研究[J]. 水力发电，35(5)：39−42.

张泷，刘耀儒，杨强，等. 2013. 杨房沟拱坝整体稳定性的三维非线性有限元分析与地质力学模型试验研究[J]. 岩土工程学报，35(S1)：239−246.

张泷，刘耀儒，杨强，等. 2014. 基于地质力学模型试验的大岗山拱坝整体稳定性分析[J]. 岩石力学与工程学报，33(5)：971−982.

张强勇，李术才，焦玉勇. 2005. 岩体数值分析方法与地质力学模型试验原理及工程应用[M]. 北京：中国水利水电出版社.

张小刚，宋玉普，吴智敏. 2004. 碾压混凝土穿透型诱导缝等效强度和断裂试验研究[J]. 水利学报，(3)：98

—102.

张学言，闫澍旺. 2004. 岩土塑性力学基础[M]. 天津：天津大学出版社.

赵光恒. 2004. 中国水利百科全书：工程力学、岩土力学、工程结构及材料分册[M]. 北京：中国水利水电出版社.

郑颖人. 1989. 岩土塑性力学基础[M]. 北京：中国建筑工业出版社.

中国航空研究院. 1982. 应力强度因子手册[M]. 北京：科学出版社.

中国金属学会，《断裂》编辑部. 1980. 断裂分析与断裂韧性测试研究[M]. 长沙：湖南科学技术出版社.

中华人民共和国国家标准编写组. 2013. GB/T50266−2013 工程岩体试验方法标准[S]. 北京：中国计划出版社.

中华人民共和国行业标准编写组. 2007. DL/T5368−2007 水电水利工程岩石试验规程[S]. 北京：中国电力出版社.

中华人民共和国行业标准编写组. 2001. SL264−2001 水利水电工程岩石试验规程[S]. 北京：中国水利水电出版社.

钟永江. 2001. 高碾压混凝土坝结构分缝及材料特性研究[J]. 水力发电，(8)：17−19.

周维垣，赵吉东，黄岩松，等. 2002. 高拱坝稳定性评价和准则研究[J]. 混凝土坝技术，(3)：8−13.

周维垣，杨若琼，刘耀儒，等. 2005. 高拱坝整体稳定地质力学模型试验研究[J]. 水力发电学报，24(1)：53−58，64.

周维垣，林鹏，杨强，等. 2008. 锦屏高边坡稳定三维地质力学模型试验研究[J]. 岩石力学与工程学报，27(5)：893−901.

周维垣，林鹏，杨若琼，等. 2008. 高拱坝地质力学模型试验方法与应用[M]. 北京：中国水利水电出版社.

朱伯芳. 1992. 碾压混凝土拱坝的温度应力与接缝设计[J]. 水力发电，(9)：11−17.

朱鸿鹄，殷建华，张林，等. 2008. 大坝模型试验的光纤传感变形监测[J]. 岩石力学与工程学报，27(6)：1188−1194.

朱维申，李勇，张磊，等. 2008. 高地应力条件下洞群稳定性的地质力学模型试验研究[J]. 岩石力学与工程学报，27(7)：1308−1314.

左东启. 1984. 模型试验的理论和方法[M]. 北京：水利电力出版社.

E·富马加利. 1979. 静力学模型与地力学模型[M]. 蒋彭年译. 北京：水利电力出版社.

Seifarts L A，等. 1985. 伊泰普各建筑物性态的评价[C] //第十五次大坝会议论文集. Ⅰ.

Ambrose T P，Huston D，Fuhr P L. 1992. Lessons learned in embedding fober sensors into large civil structures. SPIE，1978：194−199.

Ansari F. 1992. Real-time monitoring of concrete structures by embedded optical fibers[C]. Proceedings of the ASCE, San Autonio. T.，April，1：22.

Bellier J，Londe P. 1976. The malpasset dam[C] //Proceedings of Engineering Foundation Conterence on Evaluation of Dam Satety. Paciti Grove：76−136.

Bock W J，Voot M R H，Bcaulien M，et al. 1992. Design and performance of fiber-optic pressure cell based on polarimetric sensing[C]. SPIE，1795：28−35.

Charles Jaeger. 2009. Rock mechanics and engineering[M]. Second edition. Cambridge：Cambridge University Press.

Chen Jianye，Zhang Lin，Chen Yuan，et al. 2010. Equivalent method for simulating uplift pressure in dam model test [J]. Advances in structural engineering，13(6)：1063−1073.

Chen Qiuhua，Ding Yutong. 1999. study of structural joint design of shapai RCC arch dam[J]. Int. symposium on roller compacted concrete dam，April，21−25，Chengdu，China.

Chen Yuan，Zhang Lin，Chen Jianye，et al. 2011. Cracking similarity simulation of induced joints and its application in model test of a RCC arch dam[J]. KSCE Journal of Civil Engineering，15(2)：327−335.

Chen Yuan，Zhang Lin，Yang Gengxin，et al. 2012. Anti-sliding stability of a gravity dam on complicated foundation with multiple structural planes[J]. International Journal of Rock Mechanics & Mining Sciences，55(10)：151−156.

Chen Yuan，Zhang Lin，Yang Baoquan，et al. 2015. Geomechanical model test on dam stability and application to jinping high arch dam[J]. International Journal of Rock Mechanics & Mining Sciences，76(6)：1−9.

Caric D M. 1982. 伊泰普空心重力坝[J]. 周端庄译. 人民长江，(5)：87−94.

Escoder M，et al. 1990. Fiber optics and curing concrete[J]. Photonics Spectra，1：22

F. paes de Barros，等. 1985. 伊泰普大坝地基的一般特性[C] // 第十五次大坝会议论文集. I.

Fei Wenping，Zhang Lin，Zhang Ru. 2010. Experimental study on a geo-mechanical model of a high arch dam[J]. International Journal of Rock Mechanics & Mining Sciences，47(2)：299−306.

Fuhr P L，Huston D，Spillman W B. 1992. Multiplexed fiber optic pressure and vibration sensors for hydroelectric dam monitoring[C]. SPIE，1798：247−252.

Gusmeroli V，Martinelli M，Barberis A. 1994. Thermal expansion measurements of a concrete structure by embedded fiber-optic an effective example of simultaneous strail-temperature detection[C]. Second european conference on smart Structure and Materials，Glasgow，Scotland，12−14，October，SPIE，1994：220−223.

Hendrick R O，Shadram M，Nazarian S，et al. 1992. Measuring stress distribution in pavements using single-mode fiber[C]. SPIE，1798：200−252.

Hillerborg A. 1983. Analysis of one single crack[G]// Wittmann F. Fracture mechanics of concrete Amsterdam：Elsevier Scientific Publishing Company.

Hillerborg A. 1985. Numerical methods to simulate softening and fracture of concrete[G]// Sih G C，Ditominaso. Fracture mechanics of concrete：structural application and numerical calculation. The Hague：Martinus Nijhoff Publishers.

Holst A，et al. 1992. Fiber-optic intensity-madulated sensors for continuous observation of concrete and rock-fill dams，Proc. 1st european conference on smart structure and materials.

Huston D，Fuhr P L，Kajenski P，et al. 1992. Installation and preliminary resulted from fiber optic sensors embedded in a concrete building. Proc. 1st european conference on smart structure and materials，Glasgow：409−411.

Measures R M，Alavie T，Maaskant R，et al. 1993. Multiplexed bragg laser sensors for smart structures[C]. SPIE，2071：21−29.

Measures R M，Alavie T，Maaskant R，et al. 1994a. Multiplexed bragg grating fiber optic sensing for bridge and other structures[C]. Second european conference on smart structure and materials. Glasgow，Scotland，12−14，October，1994，SPIE，162−167.

Measures R M，Alavie T，Maaskant R，et al. 1994b. Bragg intra-grating sensing system for smart structures[C]. SPIE，2191：436−445.

Measures R M，Alavie T，Maaskant R，et al. 1994c. Multiplexed bragg grating structural sensing system for bridge monitoring，SPIE，2294：53−59.

Mendez A，et al. 1989. Application of embedded optical fiber sensors in reinforced concrete buildings and structures [C]. SPIE，1170：60−69.

Nanni A，Yang C C，Pan K，et al. 1991. Fiber-optic sensors for concrete strain /stress measurement. ACI，Mat.，Jor.，88(3)：257−264.

Pope C，Wu S P，Chuang S L，et al. 1992. An integrated fiber optic strain sensors[C]. SPIE，1779：113−121.

Rashid Y R. 1968. Analysis of prestressed concrete pressure vessels[J]. Nuclear engineering and design，7(4)：334−344.

Roelfstra P E，Wittmann F H. 1986. Numerical method to link strain softening with failure of concrete[G]// Wittmann F H. Fracture toughness and fracture energy of concrete. Amsterdam：Elsevier.

Rossi P，et al. 1989. New method for detecting cracks in concrete using fiber optics[C]. Materials and Sturctures，Research and Testing (RILEM).

Rots J R，Renede Borts. 1986. Ananlysis of Concrete Fracture Speciments[G]// Wittmann F H. Fracture Thoughness and Fracture Energy of Concrete. Amsterdam：Elsevier.

Tardy A，Jurczyszyn M，Caussignac J M，et al. 1989. High sensitivity transducer for optic pressure sensing to dynamic mechanical testing and vehicle detection on roads[C]. Springer Proceedings in Physics，44：215−221.

Teral S. 1992. Vehicle weighing in motion with fiber optic sensors Proc. 1st european conference on smart structure and materials, Glasgow: 139—142.

Voss K F, Wanser K H. 1994. Fiber sensors for monitoring structural strain and cracks. Second European Conference on Smart Structure and Materials, Glasgow, Scotland: 12—14.

Wanser K H, Voss K F. 1994. Crack detection using multimode fiber optical time domain reflectometry. SPIE, 2294: 43—52.

Wittke W D, Leonhards G A. 1987. Modified hypothesis for failure of malpasset dam[J]. Engineering Geology, (24): 367—394.

Wolffr, Miesseler H. 1992. Monitoring of concrete structures with optical fiber sensors. Proc. 1st european conference on smart structure and materials, Glasgow: 23—29.

Yang Gengxin, Chen Yuan, Zhang Lin, et al. 2013. Application of an inbuilt displacement measurement system in a high arch dam geo-mechanical Model[C]. In//Proceedings of the 6th international conference on structural health monitoring of intelligent infrastructure, Hongkong, China.

Zhang Lin, Chen Yuan, Dong Jianhua, et al. 2013. Destructive methods for global stability of high arch dam and foundation and its engineering applications[C]. In//Proceedings of the 81st annual meeting of the international commission on large dams. Seattle, USA.

Zhu Honghu, Yin Jianhua, Dong Jian Hua, et al. 2010. Physical modeling of sliding failure of concrete gravity dam under overloading condition[J]. Geomechanics & Engineering, 2(2): 89—106.

Zhu Honghu, Yin Jianhua, Zhang Lin, et al. 2010. Monitoring internal displacement of a model dam using FBG sensing bars[J]. Advances in Structural Engineering, 13(2): 249—261.